MANUEL ET CODE

D'ENTRETIEN ET DE CONSTRUCTION, D'ADMINISTRATION ET DE POLICE

DES ROUTES

ET DES

CHEMINS VICINAUX.

PARIS. — IMPRIMERIE DE HENRI DUPUY, RUE DE LA MONNAIE, N. 11.

MANUEL ET CODE

D'ENTRETIEN ET DE CONSTRUCTION, D'ADMINISTRATION ET DE POLICE

DES ROUTES

ET DES

CHEMINS VICINAUX

RÉSUMÉ

DES MÉTHODES D'ENTRETIEN ET DE CONSTRUCTION LES PLUS SIMPLES, LES PLUS ÉCONOMIQUES, LES PLUS AVANCÉES,

ET DE TOUTES LES LOIS ET ORDONNANCES QUI RÉGISSENT LA MATIÈRE;

PAR

STÉPHANE FLACHAT-MONY,

Ingénieur-Civil, ancien Élève de l'École royale des Mines;

ET G. BONNET,

Ingénieur-Civil, ancien Élève de l'École royale des Ponts-et-Chaussées.

A PARIS,

CHEZ L. TENRÉ, LIBRAIRE, RUE DU PAON, N° 1;

ET CHEZ HENRI DUPUY, IMPRIMEUR, RUE DE LA MONNAIE, N° 11.

—

M DCCC XXXV.

PRÉFACE.

C'est une œuvre superflue aujourd'hui que de chercher à démontrer les avantages des voies de communication et leur influence sur les progrès de la civilisation et de la richesse. Personne ne nie plus qu'il soit utile et bon de rapprocher les hommes les uns des autres, de leur faire franchir les distances et plus vite et à meilleur marché, et de faire circuler à plus bas prix les matières premières et les matières fabriquées. L'agriculteur et le commerçant, le propriétaire et le manufacturier, tous y gagnent, sans qu'aucun y perde. Un nouveau chemin, un chemin amélioré, sont toujours un bienfait. Parmi les créations du génie ou de l'activité humaine, il en est peu de qui l'on puisse dire, comme des voies de communication, qu'elles ne peuvent jamais être un mal.

Ces notions aujourd'hui ont pénétré et jeté racine dans le public; à cet égard, il n'a plus rien à apprendre. Aussi, de toutes parts, voit-on se manifester le plus vif empressement pour contribuer, chacun selon ses forces, à l'amélioration des routes et des chemins. La législature et l'administration, les conseils-généraux de départemens et les communes semblent à cet égard rivaliser d'ardeur. Heureux le pays s'il n'avait à être témoin que de luttes de ce genre!

Toutefois, cet élan général vers des perfectionnemens si nécessaires et si féconds se trouve trop souvent amorti par la même cause qui, au début, sembla devoir frapper de stérilité et d'impuissance, la loi sur l'instruction primaire. Nous voulons parler de l'absence d'*hommes pratiques*. Ici les professeurs manquaient; là, les *cantonniers*, les *commissaires voyers* font défaut. Combien d'hommes sont profondément pénétrés de l'utilité des routes! Combien peu en sauraient diriger l'exécution! Et cependant personne de nous n'ignore plus que le temps de parler est passé désormais, et que nous sommes arrivés à celui où il faut réaliser.

Les lois actuelles sur les chemins vicinaux, tout imparfaites qu'elles soient, mettent, aux mains des maires et des préfets, des ressources dont quelques administrateurs habiles et persévérans ont su tirer un parti qui étonne. Si l'on étudie leurs moyens de succès, on arrive cependant à s'en rendre aisément compte. Ils ont trouvé ou formé des hommes pratiques; ils ont appris et fait apprendre l'art de faire et d'entretenir des routes. Quand vous rencontrez une bonne route, un chemin vicinal bien entretenu, soyez sûr qu'un bon cantonnier est là. Former, en France, de bons cantonniers, de bons commissaires-voyers, cela est aussi utile, aussi urgent, que de former de bons instituteurs primaires.

L'art du tracé et de l'entretien des routes n'offre pas les difficultés dont quelquefois on semble vouloir l'entourer. Le nombre de préceptes qui en forment le fondement est restreint, et tous sont accessibles aux intelligences ordinaires; il n'est pas besoin d'être ingénieur consommé pour bien faire, pour bien entretenir une route.

Mais s'il ne faut pas s'exagérer les difficultés du tracé et de l'entretien des voies publiques, il faut aussi se garder de l'excès contraire, et ne pas croire que l'on puisse diriger ce genre de travail sans aucune étude préalable. Pour reposer sur des préceptes simples et peu nombreux, l'art du tracé et de l'entretien des routes a néanmóins ses exigences, qu'on ne viole pas impunément. Les administrateurs des deniers communaux doivent d'autant plus se pénétrer de cette vérité, que les ressources appliquées par les communes à leurs chemins sont généralement très-modiques; et que toute faute commise dans l'établissement ou l'entretien d'une route se résout, en définitive, en argent.

Ce sont ces idées générales qui ont inspiré la conception du *Manuel et Code des routes et des chemins vicinaux*. Notre ouvrage a surtout pour but d'aider les administrateurs qui ont sérieusement à cœur le bien public, à former des cantonniers et des commissaires-voyers, en leur mettant entre les mains un livre élémentaire, où les notions de l'art du tracé et de l'entretien des routes, et en même temps celles de leur administration et de leur police, se trouvent présentées sans appareil technique, sans prétention scientifique. Avons-nous réussi dans le but que nous nous proposons? Nous pouvons dire du moins que nous n'y avons épargné aucun effort. Aucun livre de ce genre n'existant d'ailleurs encore, ce n'est pas sans doute faire acte de fausse modestie que de réclamer quelque indulgence pour notre travail.

MANUEL ET CODE

DES

ROUTES ET DES CHEMINS VICINAUX.

Les *Manuels* et les *Codes* spéciaux ont été reçus par le public avec une faveur marquée, toutes les fois qu'il y a reconnu une œuvre de conscience et d'expérience. Ces deux genres d'ouvrages satisfont, en effet, à un même besoin, celui d'une instruction facile, d'un travail commode et élémentaire, d'un guide sûr à travers le dédale de nos lois, ou d'un résumé synthétique des progrès accomplis par les sciences dans une branche spéciale.

Parmi tant de *Manuels* et de *Codes* publiés avec succès sur la plupart des industries ou sur les parties les plus essentielles de la législation, il y avait lieu de s'étonner qu'on n'eût entrepris ni le *Code des chemins vicinaux*, ni leur *Manuel*. Toutefois cette lacune s'expliquait, peut-être avec raison, par cette considération que, pour faire un bon manuel ou un bon code des chemins vicinaux, et surtout pour les réunir tous deux en un même ouvrage, il fallait rassembler à la fois les connaissances de l'ingénieur et celles du publiciste.

Cette difficulté, restée jusqu'ici sans solution, et qui laissait une lacune si regrettable dans une des branches les plus importantes des sciences utiles et de l'administration des intérêts publics, a été levée par l'association de deux écrivains, M. S. Flachat-Mony, dont les travaux comme publiciste sont depuis long-temps connus, et qui est aujourd'hui l'un des ingénieurs du chemin de fer de Saint-Germain, et M. G. Bonnet, ingénieur sorti de l'École des ponts-et-chaussées, et qui a construit le chemin de fer d'Épinac. Ils ont cru qu'il y avait lieu de populariser les notions qui sont nécessaires pour la confection, l'entretien et l'administration des chemins vicinaux ; que ce résumé élémentaire, pour être utile, devait être complet, et qu'il devait en embrasser à la fois le côté technique et le côté administratif. Cette pensée, qui est certainement nouvelle, et que nous avons crue, avec ses auteurs, utile et bonne, a produit le livre que nous publions sous le titre de *Manuel et Code d'entretien et de construction, d'administration et de police des routes et des chemins vicinaux*.

Les auteurs du livre que nous annonçons ont, dans la préface, développé la pensée qui le leur a inspiré. Nous les laisserons parler :

« C'est une œuvre superflue aujourd'hui que de chercher à démontrer les

» avantages des voies de communication et leur influence sur les progrès de la
» civilisation et de la richesse. Personne ne nie plus qu'il soit utile et bon de
» rapprocher les hommes les uns des autres, de leur faire franchir les distances
» et plus vite et à meilleur marché, et de faire circuler à plus bas prix les ma-
» tières premières et les matières fabriquées. L'agriculteur et le commerçant,
» le propriétaire et le manufacturier, tous y gagnent, sans qu'aucun y perde.
» Un nouveau chemin, un chemin amélioré, sont toujours un bienfait. Parmi
» les créations du génie ou de l'activité humaine, il en est peu de qui l'on puisse
» dire, comme des voies de communication, qu'elles ne peuvent jamais être
» un mal.

» Ces notions aujourd'hui ont pénétré et jeté racine dans le public; à cet
» égard, il n'a plus rien à apprendre. Aussi, de toutes parts, voit-on se mani-
» fester le plus vif empressement pour contribuer, chacun selon ses forces, à
» l'amélioration des routes et des chemins. La législature et l'administration, les
» conseils-généraux de départemens et les communes semblent, à cet égard,
» rivaliser d'ardeur. Heureux le pays, s'il n'avait à être témoin que de luttes de
» ce genre !

» Toutefois, cet élan général vers des perfectionnemens si nécessaires et si fé-
» conds se trouve trop souvent amorti par la même cause qui, au début, sembla
» devoir frapper de stérilité et d'impuissance la loi sur l'instruction primaire.
» Nous voulons parler de l'absence d'*hommes pratiques*. Ici les professeurs man-
» quaient ; là, les *cantonniers*, les *commissaires voyers* font défaut. Combien
» d'hommes sont profondément pénétrés de l'utilité des routes ! Combien peu en
» sauraient diriger l'exécution !

» Les lois actuelles sur les chemins vicinaux, tout imparfaites qu'elles soient,
» mettent aux mains des maires et des préfets des ressources dont quelques ad-
» ministrateurs habiles et persévérans ont su tirer un parti qui étonne. Si l'on
» étudie leurs moyens de succès, on arrive cependant à s'en rendre aisément
» compte. Ils ont trouvé ou formé des hommes pratiques ; ils ont appris et fait
» apprendre l'art de faire et d'entretenir des routes. Quand vous rencontrez une
» bonne route, un chemin vicinal, bien entretenu, soyez sûr qu'un bon can-
» tonnier est là. Former en France de bons cantonniers, de bons commissaires-
» voyers, cela est aussi utile, aussi urgent, que de former de bons instituteurs
» primaires.

» L'art du tracé et de l'entretien des routes n'offre pas les difficultés dont
» quelquefois on semble vouloir l'entourer. Le nombre de préceptes qui en for-
» ment le fondement est restreint, et tous sont accessibles aux intelligences or-
» dinaires ; il n'est pas besoin d'être ingénieur consommé pour bien faire, pour
» bien entretenir une route.

» Mais s'il ne faut pas s'exagérer les difficultés du tracé et de l'entretien des
» voies publiques, il faut aussi se garder de l'excès contraire, et ne pas croire
» que l'on puisse diriger ce genre de travail sans aucune étude préalable. Pour
» reposer sur des préceptes simples et peu nombreux, l'art du tracé et de l'entre-
» tien des routes a néanmoins ses exigences, qu'on ne viole pas impunément.

» Les administrateurs des deniers communaux doivent d'autant plus se péné-
» trer de cette vérité, que les ressources appliquées par les communes à leurs
» chemins sont généralement très-modiques ; et que toute faute commise dans
» l'établissement ou l'entretien d'une route se résout, en définitive, en argent.

» Ce sont ces idées générales qui ont inspiré la conception du *Manuel et Code*
» *des routes et des chemins vicinaux.* Notre ouvrage a surtout pour but d'aider
» les administrateurs qui ont sérieusement à cœur le bien public, à former des
» cantonniers et des commissaires-voyers, en leur mettant entre les mains un
» livre élémentaire, où les notions de l'art du tracé et de l'entretien des routes,
» et en même temps celles de leur administration et de leur police, se trouvent
» présentées sans appareil technique, sans prétention scientifique, etc.

Le *Manuel et Code des chemins vicinaux* a paru en août 1835, au moment où
les conseils-généraux de département étaient rassemblés. Quelques membres de
ces deux conseils le jugèrent digne de leur attention, et firent voter l'achat d'un
certain nombre d'exemplaires. La publicité que reçoivent annuellement les procès-verbaux du conseil-général de la Gironde nous permet de faire connaître
l'opinion et les décisions de ce conseil sur le *Manuel et Code des chemins vicinaux.*

Extrait des procès-verbaux du conseil-général de la Gironde, session de 1835.

Page 141 (séance du 26 septembre). — « Consulté par M. président (M. le duc
» Decaze) sur l'ouvrage de MM. Flachat-Mony et Bonnet, intitulé : *Manuel et*
» *Code d'entretien et de construction, d'administration et de police des routes et*
» *des chemins vicinaux,* M. Billaudel, ingénieur en chef des ponts-et-chaussées,
» en fait un éloge mérité, et croit qu'il serait très-utile de mettre cet ouvrage
» entre les mains de ceux qui s'occupent des chemins dans le département. »

Page 149. — « M. le président rappelle que M. l'ingénieur a exprimé l'opi-
» nion la plus favorable sur l'ouvrage de MM. Flachat-Mony et Bonnet sur les
» chemins vicinaux, que cet ouvrage serait de la plus grande utilité dans les
» arrondissemens entre les mains des citoyens qui s'occupent de la viabilité vi-
» cinale et à toutes les constructions ou réparations de routes. Il propose donc
» au conseil de voter l'achat de cent exemplaires de cet ouvrage pour être, par
» M. le préfet, procédé à leur distribution, selon les besoins de chaque localité.

» Le conseil, à l'unanimité, met à la disposition de M. le préfet, sur les fonds
» destinés aux dépenses imprévues, une somme de 300 fr, pour être consacrée
» à l'achat de l'ouvrage de MM. Flachat-Mony et Bonnet, et s'en rapporte à
» M. le préfet pour la meilleure répartition des exemplaires achetés. »

Depuis la publication du *Manuel et Code,* une loi nouvelle sur les chemins
vicinaux a été votée par les Chambres. Un appendice ajouté à la partie de l'ouvrage qui forme le code des chemins vicinaux fait connaître cette loi, en ex-
plique et en commente toutes les dispositions essentielles.

La table des matières contenues dans l'ouvrage achèvera de faire connaître
l'esprit dans lequel il a été conçu et réalisé par ses deux auteurs.

TABLE

DES CHAPITRES.

Le *Manuel et Code des routes et chemins vicinaux* se trouve chez L. Tenré, libraire-éditeur, rue du Paon, n° 1, et chez H. Dupuy, imprimeur, rue de la Monnaie, 11.

Prix : 3 fr. 25 c.

Les personnes qui ont acheté l'ouvrage avant la publication de la nouvelle loi sur les chemins vicinaux recevront l'*Appendice* qui contient et commente cette loi pour le prix de 25 c.

Affranchir les lettres.

IMPRIMERIE DE HENRI DUPUY, RUE DE LA MONNAIE, 11.

MANUEL ET CODE

D'ENTRETIEN ET DE CONSTRUCTION, D'ADMINISTRATION ET DE POLICE

DES

ROUTES ET DES CHEMINS VICINAUX.

INTRODUCTION,

DÉFINITIONS, PRINCIPES, PLAN DE L'OUVRAGE.

Nos études sur les constructions nous ont convaincu depuis long-temps que l'art de faire de bonnes routes est aussi simple dans ses principes que facile dans ses applications. S'il est nécessaire d'avoir beaucoup appris et beaucoup pratiqué pour bien diriger de grands travaux de maçonnerie, des constructions hydrauliques, des ateliers de machines et d'autres établissemens industriels, en revanche, tout homme actif, soigneux et intelligent, qui possède les connaissances qu'on acquiert dans les écoles primaires, peut faire exécuter et entretenir de bonnes routes et de bons chemins.

Or, depuis que le mouvement des idées vers la question des améliorations matérielles a conduit à réfléchir sur l'importance des voies de communication, il n'est personne qui n'ait déploré leur mauvais état dans presque toute la France et senti qu'il y a là un obstacle immense à la circulation, et par suite à la prospérité industrielle du pays. Dès-lors, beaucoup de bons esprits se sont appliqués à l'étude de cette importante question; les économistes et les publicistes ont donné l'élan en faisant palper sa gravité; la législature en a été saisie plus d'une fois, et l'administration des ponts-et-chaussées a provoqué à diverses reprises la publication des mémoires sur les routes composés par les ingénieurs les plus distingués du corps. Jamais on n'avait vu surgir, en si peu de temps, des documens aussi variés et aussi dignes d'estime. Jamais les procédés de construction et d'entretien usités en France et même en Europe n'avaient été mieux observés, mieux décrits, mieux analysés. Jamais enfin les imperfections n'avaient été aussi bien signalées, les améliorations aussi nettement indiquées.

Tout n'est certainement pas achevé dans cette direction; la voie du progrès n'a pas été fermée à ceux qui viendront après nous; mais un grand pas a été fait en ce sens, qu'on peut aujourd'hui indiquer des procédés sûrs pour rendre les routes et les chemins bien viables; les documens qui nous arrivent de toutes parts ne contiennent pas seulement des résultats isolés, des méthodes empiriques, des théories contestables; on peut les grouper tous autour d'un système; les réunir en un corps de doctrine, susceptible d'être exposé rationnellement dans un traité élémentaire. C'est ce traité que nous livrons aujourd'hui au public.

Nous venons de dire notre but; voici main-

1

tenant la méthode que nous nous proposons de suivre :

Nous n'écrivons pas seulement pour des ingénieurs qui nous comprendraient à demi-mot, et qui d'ailleurs savent tous la plus grande partie de ce que nous allons exposer, mais pour la classe bien plus nombreuse des hommes qui s'occupent par devoir ou par goût de l'amélioration des routes, sans avoir étudié l'art de l'ingénieur et les sciences qui en sont l'introduction nécessaire. C'est dire que nous nous sommes imposé d'avance l'obligation de n'omettre ni une définition ni un principe, de ne passer aucun intermédiaire, enfin de nous mettre par tous les moyens possibles à la portée des hommes les plus étrangers au sujet que nous allons traiter. Nous n'avons visé qu'à la clarté et à l'exactitude ; quant à la concision, nous l'avons fait consister à omettre tout ce qui ne tend pas directement au but que nous voulons atteindre.

Définitions et Principes.

Les mots de *route* et de *chemin* sont à peu près synonymes. Cependant on donne plus particulièrement le nom de *chemins* aux voies de communications locales, et le nom de *routes* à celles qui ont une importance générale.

Ainsi, on appelle *chemins vicinaux et cantonnaux*, ceux qui intéressent toute une commune, tout un canton ; *chemins de desserte*, ceux qui sont tracés dans une commune pour mettre quelques propriétés en communication avec les chemins vicinaux ; *routes royales*, *routes départementales*, *routes d'arrondissement*, les grandes voies qui traversent tout le royaume, tout un département, tout un arrondissement.

Ces distinctions intéressent à un haut degré le législateur et l'administrateur, mais elles n'ont pas une grande valeur technique. L'ingénieur, et tous les agens spécialement chargés de la construction des routes, ne doivent les envisager que sous deux rapports : la fatigue plus ou moins grande qu'elles éprouvent par suite de l'activité de la circulation, et la nature des ressources dont ils peuvent disposer pour remédier aux effets de cette fatigue.

On réserve le nom de *sentier* pour les voies étroites qui sont destinées aux piétons, et quelquefois aux chevaux, mais sur lesquelles les voitures ne peuvent pas circuler.

On appelle *bords* ou *arêtes* d'une route les lignes qui séparent sa surface des fossés ou des talus.

On appelle *axe* une ligne tracée sur cette surface parallèlement aux deux arêtes, et à égale distance de chacune d'elles.

Enfin, on nomme *profil en travers*, ou simplement *profil*, toute section faite dans la route par un plan vertical perpendiculaire à son axe.

Dans la fig. 2 (PL. I) qui représente une portion de route vue en perspective, la ligne A B représente l'axe, les lignes *a b* et *a' b'* les arêtes, et toute section faite dans la route par un plan vertical qui passerait par l'une des lignes *m n*, *p q*, en serait un profil en travers.

Les fig. 5, 6, 7, 8, 9, 10, 11, 12, 13, 14 et 15 (PL. I) représentent différens modèles de profils. Nous expliquerons au chapitre Ier comment on détermine leur forme et leur largeur.

Pour bien comprendre ce que nous dirons plus tard sur la pente des routes, il importe de bien retenir les définitions suivantes.

On appelle ligne verticale toute ligne dont la direction est indiquée par celle du fil à plomb.

Tout plan qui passe par une ligne verticale est un plan vertical.

Ainsi, soit (PL. I — 3) B le plomb d'un fil libre ; la ligne A B sera verticale, et tout plan, tel que M N, P. Q, qui passera par cette ligne ou qui la contiendra, sera vertical.

Tout plan perpendiculaire à la verticale du lieu, est un *plan horizontal*. On lui donne aussi le nom de *plan de niveau*. On aura une idée nette de la position d'un pareil plan, en se rappelant que la surface des eaux dormantes est horizontale ; qu'il en est de même des planchers de nos appartemens, des surfaces de nos tables, etc., lorsqu'ils sont bien construits (1). On doit ne pas oublier qu'à une même verticale correspondent une infinité de plans horizontaux, placés les uns au-dessus des autres, parallèles entre eux, mais à diverses hauteurs.

On appelle *ligne horizontale* une ligne qui est contenue dans un plan horizontal. Tout plan qui n'est ni vertical, ni horizontal, s'appelle un *plan incliné*.

La surface d'une route se compose de plu-

(1) Les considérations présentées dans notre *Mécanique industrielle*, pages 15 et 16, complètent ces notions élémentaires.

sieurs parties de plans qui ont des inclinaisons diverses.

Ce que nous avons dit permet de bien concevoir ce que c'est qu'une *route horizontale*, qu'on appelle aussi *route de niveau* et *route en plaine*. Quant aux routes inclinées, elles se divisent en *montées* et en *descentes*, où, comme disent les ingénieurs, en *rampes* et en *pentes*. Il est évident qu'une route en rampe pour celui qui la parcourt dans un sens, est en pente pour celui qui la parcourt dans le sens opposé.

Quand on veut mesurer la rampe ou la pente d'une route, on rapporte cette pente à une certaine unité de longueur; on dit, par exemple, qu'une route a trois pouces par toise de pente, ou 25 millimètres par mètre, etc. On dit aussi une pente d'un centième, d'un cinq-centième, etc. Voici ce que signifient ces diverses dénominations.

Soit **A B** (Pl. I—4) une ligne qui exprime la pente d'une route. Par rapport au plan horizontal A Z, cette ligne est inclinée d'un certain angle. Prenons sur cette ligne une distance A I égale à un mètre, et descendons du point I, la perpendiculaire I K sur l'horizontale A Z. Cette perpendiculaire est la mesure de la pente de la route. Il ne s'agit plus que de savoir combien elle contient de fractions du mètre, et si, par exemple, elle contient 2 centimètres, on dira que la pente de la route est de 2 centimètres par mètre. Ce que nous venons de dire pour les mètres s'appliquerait également aux toises.

Supposons une rampe régulière de 600 mètres de long, dont le point le plus haut serait de 15 mètres au-dessus du point le plus bas. La pente de la route sera de 15 mètres divisés par 600 mètres, soit 0^m,025 par mètre. Si l'on rapproche cette opération de celle que nous avons faite tout-à-l'heure pour le mètre, on verra qu'en effet, elles sont identiques, et qu'ainsi la pente ou la rampe d'une route ou partie de route s'obtient en prenant la différence du niveau du point le plus haut et du point le plus bas, et en divisant cette quantité par la distance qui sépare les deux points.

Quand on dit qu'une route a une pente d'un centième, cela signifie que pour 100 pouces ou pour 1 toise 2 pieds 4 pouces de long, elle a 1 pouce de différence de niveau, et que pour 1 toise, elle a 8 lignes 64, et que pour 1 mètre de long, elle a 1 centimètre de pente. Une pente d'un trois-centième rapportée au mètre représente une pente de 0^m,00 33 par mètre.

Du reste, lorsque plus tard nous traiterons du chaînage et du nivellement, nous donnerons sur cette matière des développemens qui ne peuvent pas trouver place dans ces préliminaires.

Plan de l'Ouvrage.

Lorsqu'on veut établir une route, il faut d'abord la tracer et l'ouvrir, puis la mettre en état de viabilité. Ces deux opérations sont tout-à-fait distinctes, et exigent, comme on va le voir, des connaissances très-différentes.

Pour tracer une route, il faut savoir lever un plan, faire un nivellement, calculer et dessiner l'un et l'autre.

Pour l'ouvrir, il est nécessaire de savoir conduire et administrer de grands ateliers de terrassement.

Pour la mettre en état de viabilité, il faut seulement lui donner partout la largeur exacte qu'elle doit avoir, ouvrir les fossés qui doivent la border, et la faire recouvrir d'un pavé ou d'une couche de pierres cassées.

Les deux premiers travaux devant toujours précéder le troisième, il semble au premier abord qu'un traité méthodique de la construction des routes doit invariablement commencer par les règles du tracé.

Mais lorsqu'on y réfléchit, on ne tarde pas à reconnaître que ces trois parties sont absolument indépendantes l'une de l'autre, et qu'on peut intervertir l'ordre dans lequel on en parle, sans nuire à la clarté de l'exposition.

En second lieu, il y a en France beaucoup de routes à ouvrir, mais il y en a encore plus qui sont ouvertes, et qui ne sont ni assez larges ni bien viables. Les ingénieurs, les maires et les commissaires voyers ont donc bien plus à s'occuper d'améliorer les voies existantes que d'en créer de nouvelles. Enfin, l'art de régler le profil des routes et de les rendre bien roulantes, est plus facile à exposer et à pratiquer que les méthodes du tracé. Or, dans tout livre élémentaire, on doit, si l'on veut être bien compris, commencer par exposer les faits et les doctrines les plus simples. Nous avons cru devoir nous conformer à cette règle. En conséquence, la partie technique de notre livre est divisée en deux parties.

Dans la première, nous traitons de tout ce qui est relatif à l'entretien des routes.

Dans la seconde, nous traitons spécialement du tracé et de l'exécution des terrassemens.

La troisième partie est un résumé dans lequel nous présentons les principes fondamentaux de l'art de construire les routes, sous la forme de préceptes débarrassés de toute discussion.

Ces trois parties constituent le *Manuel des routes et chemins vicinaux*.

La quatrième renferme et résume les lois et dispositions administratives qui constituent le *Code des routes et chemins vicinaux*. Dans sa rédaction, nous avons eu particulièrement en vue de bien fixer les magistrats municipaux sur l'ensemble et les détails des droits que leur donnent les lois et ordonnances, et des obligations qu'elles leur imposent dans cette partie si essentielle et si utile de leurs fonctions.

PREMIÈRE PARTIE.

—

DE L'ENTRETIEN.

—

LARGEUR DES ROUTES, LEURS FORMES, QUALITÉS QU'ELLES DOIVENT AVOIR.

CHAPITRE PREMIER.

DU PROFIL DES ROUTES.

Généralités sur les profils.

On dit qu'une route est en *terrain naturel*, en *déblai*, ou en *remblai*, suivant que sa surface est au niveau, au-dessous ou au-dessus du sol des propriétés riveraines. Il est en outre des routes tracées à *mi-côte*, qui sont en déblai d'un côté et en remblai de l'autre.

La route représentée par la figure 1 (Pl. I) présente ces divers états. On la voit d'abord dans la partie la plus rapprochée du spectateur en remblai, c'est-à-dire supérieure au sol environnant; comme ce sol s'élève plus vite que la route, celle-ci à son second détour est à son niveau; elle est alors en terrain naturel, c'est-à-dire que c'est au niveau du terrain naturel lui-même, et sans autre travail que celui que nous décrirons plus loin, et qui constitue le travail de la chaussée proprement dit, que l'on a posé le pavé ou l'empierrement qui fait la chaussée. Puis la route s'élève le long d'une montagne, et vient sur son flanc, où elle est à *mi-côte*: enfin, la hauteur de cette montagne étant trop forte pour que la route s'élève jusqu'au sommet, on s'est décidé à y faire une tranchée; le point le plus éloigné de la route la montre donc en déblai.

Les figures 5, 6, 7, 8, 9, 10, 11, 12, 13, 14 et 15 (Pl. I) indiquent, comme nous l'avons déjà dit, les divers profils d'une route, savoir: les fig. 5, 6, 13, 14 et 15, une route en terrain naturel; les fig. 7 et 8, une route en déblai; la fig. 9, une route en remblai; les fig. 10, 11 et 12, une route à *mi-côte*.

La partie essentielle d'une route est la *voie*; comme sa largeur est déterminée par les besoins de la circulation, elle doit être la même dans les déblais et dans les remblais. Nous l'avons désignée par les lettres A B sur les 11 figures que nous avons mentionnées au paragraphe précédent. Elle se compose ordinairement de trois parties (fig. 13, 14 et 15): la chaussée M N qui occupe le milieu et qui est spécialement destinée à la circulation; les accotemens A M, N B, qui occupent les bords et qui servent à la fois à déposer les matériaux nécessaires à l'entretien de la chaussée, et à servir d'auxiliaires à celle-ci, lorsqu'ils sont praticables.

La chaussée est toujours recouverte d'un pavé ou d'un empierrement composé de plusieurs couches de pierres cassées; les accotemens sont en terrain naturel, de sorte que leurs propriétés varient avec celles du sol sur lequel la route est assise.

La voie d'une route doit remplir deux conditions essentielles: être commode pour les voitures, et facile à assécher.

Elle est commode pour les voitures, lorsqu'elle est solide, élastique et unie.

Elle est d'un asséchement facile, lorsque les eaux des terres voisines ne peuvent pas y arriver, et que les eaux pluviales qui tombent sur sa surface trouvent un écoulement libre.

On ne peut atteindre complètement ce but qu'en bombant la voie vers l'axe de la chaussée et en l'inclinant vers ses bords. En ce cas :

Si la route est en terrain naturel ou en déblai (fig 5, 7, 13, 14 et 15), il faut la border de deux fossés. Ces fossés sont de véritables canaux, qui reçoivent à la fois les eaux des terres voisines et celles de la chaussée, et qui doivent avoir une pente suffisante pour les conduire dans un endroit où elles ne produisent aucun effet nuisible.

Si la route est en remblai (fig. 9), les fossés deviennent inutiles, car le sol des terres voisines étant au-dessous de celui de la route, reçoit les eaux de celle-ci et n'y déverse pas les siennes.

Enfin, si la route est à mi-côte (fig. 10), il faut pratiquer un seul fossé du côté de la montagne. Il est même bon de mettre, de distance à autre, ce fossé en communication avec la partie inférieure du coteau par de petites rigoles souterraines telles que mn (fig. 12). On évite ainsi de faire faire un trop grand parcours aux eaux. Les fossés se dégradent moins et leur entretien est plus facile.

Tous les constructeurs ne suivent malheureusement pas ces règles si simples, et, dans de fausses vues d'économie, ils modifient quelquefois la forme des profils ainsi qu'il suit :

Si la route est ouverte en terrain naturel ou en déblai, ils n'ouvrent point de fossés, et inclinent les deux moitiés de la voie vers l'axe qui fait ainsi fonction de ruisseau (fig. 6 et 8).

Cette disposition, qu'on rencontre fréquemment dans les rues de nos grandes villes, est impraticable pour les chaussés en empierrement, car elle les exposerait à être profondément sillonnées par les eaux. Dans les chaussées pavées, elle a l'inconvénient de placer au milieu de la voie un courant d'eau incommode pour les pieds des chevaux, et qui, en détrempant le sol sur lequel le pavé est fondé, altère sensiblement la solidité de tout l'ouvrage ; enfin elle est d'un effet désagréable à l'œil.

Si la route est à mi-côte, on se dispense du fossé qui est vers la montagne, en donnant à toute la voie une pente générale vers la vallée (fig. 11). Or, comme les eaux auxquelles il faut donner un écoulement, arrivent presque entièrement de la montagne, il est clair qu'elles sont obligées de traverser toute la voie, et qu'elles ne peuvent le faire qu'en la détruisant plus ou moins. Une pareille pente peut en outre, si elle est considérable, être fort dangereuse pour les voitures, lorsque des causes quelconques rendent la chaussée glissante.

C'est pour tous ces motifs réunis que nous avons précédemment qualifié d'économies mal entendues les dispositions de ce genre.

Des Talus.

Les routes en terrain naturel doivent toujours être séparées des propriétés voisines par des fossés, les routes en déblai par des fossés et des talus, les routes en remblai par des talus seulement.

Dans la fig. 7 (Pl. 1), qui représente une route en déblai, les talus sont représentés par les lignes E G, F H. Dans la fig. 9, ils le sont par les lignes A G, B H. Les observations que nous allons faire s'appliquant indistinctement à ces deux profils, et généralement à tous ceux qu'on voudra considérer, nous nous contenterons de les faire porter sur la fig. 9.

Si par les points A et G qui sont ceux où commence et où finit le talus, on mène une verticale A I et une horizontale G I, la longueur G I s'appelle la base du talus ; la longueur A I en est la hauteur.

Les talus servent à raccorder la surface de la route avec celle du sol naturel, et à soutenir celle de ces deux surfaces qui est plus élevée que l'autre. Leur pente doit être assez douce pour que les terres soutenues ne glissent pas. Dans les roches dures, on peut les supprimer ou, pour parler plus exactement, faire leur surface verticale. Dans les roches qui se délitent facilement, ils doivent avoir moyennement $^1/_2$ de base pour 1 de hauteur (1). Dans les terres un peu solides, on doit leur donner autant de base que de hauteur. Enfin, dans les terres très-mobiles, on est quelquefois obligé d'aller jusqu'à 2 de base pour 1 de hauteur.

En thèse générale, lorsque la viabilité d'un chemin est compromise par le défaut de stabilité des talus, il faut adoucir leur pente jusqu'à ce qu'il n'y ait plus glissement. Cette opération se fait en enlevant des terres dans les déblais, et en en rapportant dans les remblais. Il peut cependant se présenter des cas tels que ce moyen soit insuffisant. Par exemple, si la base d'un talus est rongée par les eaux, on n'arrêtera complètement le mal qu'en la défendant par des plantations, par une rangée de pieux ou par un

(1) C'est-à-dire (Pl. I — 9) que la ligne G I devrait être égale à la moitié de la ligne A I.

mur de revêtement. Si les talus sont élevés, qu'ils soutiennent des terres mobiles ou divisées en courbes inclinées, il peut arriver que les couches supérieures glissent sur l'une des couches inférieures, et prennent ainsi un mouvement de translation. En pareil cas, une rangée de pieux battus à la masse ou avec une sonnette, suivant la gravité de l'éboulement, suffit presque toujours pour l'arrêter. Mais cette circonstance et quelques autres sont assez rares, et elles ne se présentent guère sur les chemins vicinaux et sur les routes ordinaires, où on ne pratique que des levées et des tranchées peu considérables.

Des Fossés.

On donne aux fossés la forme indiquée fig. 16 et 17 (Pl. 1). Les parois A B et C D sont ordinairement inclinées à 45°. Mais il est clair qu'on peut les faire presque verticales dans le rocher, et qu'on peut au contraire être obligé de leur donner une inclinaison moindre que 45° dans les terrains très-mobiles. Les seules conditions qui nous paraissent essentielles, sont qu'ils offrent un débouché suffisant aux eaux qui y affluent, et que le niveau de ces eaux y soit toujours plus bas que la surface du sol sur lequel repose le pavé ou l'empierrement de la route.

Les anciens réglemens voulaient que les fossés des routes royales eussent 2 mètres de largeur. C'est cette dimension qu'on leur donne le plus souvent encore aujourd'hui en France. Mais elle est presque toujours trop considérable, et elle n'est nécessaire que dans des terrains marécageux ou très-mobiles. En toute autre circonstance, des fossés de 1^m de large, et de $0^m,33$ de profondeur, de $0^m,33$ de fond, suffisent, surtout si leur curage s'opère avec régularité.

Des fossés plus grands ont le double inconvénient d'occuper un terrain qui pourrait être mieux utilisé, et de border la route de deux véritables précipices, qui sont l'occasion d'accidens aussi graves que nombreux.

En conseillant le rétrécissement des fossés de la plupart de nos routes, nous croyons devoir insister sur la nécessité d'en ouvrir partout où ils manquent. Ceux qui s'occupent de la construction des chemins vicinaux ne savent pas assez qu'un chemin sans fossés est toujours humide, et qu'un chemin humide ne tarde pas à être défoncé, quelques soins qu'on apporte à son entretien. Lorsqu'on ouvre une voie nouvelle dans un pays de plaine, on peut, avec un peu d'adresse, éviter de le tenir en déblai, en contournant les petites aspérités de terrain qui

se trouvent sur sa direction. En ce cas, ce qu'il y a de mieux à faire est d'ouvrir de très-petits fossés, de rejeter sur la voie la terre qu'on en retire, de l'aplanir et d'établir l'empierrement par dessus. Le sol de la route se trouve ainsi naturellement exhaussé d'à peu près 30 centimètres au-dessus du sol, et il est tout-à-fait à l'abri des eaux. Mais en pays de montagne, où cette disposition est rarement praticable, il faut toujours séparer la voie des terrains plus élevés qu'elle par un fossé d'un mètre de longueur. Cette règle ne souffre aucune exception.

De la Voie.

Les routes se divisent en France en trois catégories : les routes royales, les routes départementales et les chemins vicinaux. Les routes royales se subdivisent en trois classes, eu égard à leur importance.

La plupart des routes se divisent elles-mêmes en deux parties principales. La voie, c'est la partie du milieu de la route, qui est pavée ou empierrée, et les accotemens qui sont les deux bandes de terre non pavées ou empierrées, comprises entre la voie et les fossés.

Leur largeur, quoique déterminée par des réglemens d'administration publique, est fort variable, parce que les réglemens sont incomplets et mal exécutés. Mais les dimensions portées au tableau suivant sont celles qui sont le plus usitées.

	Accotemens.	Largeur de la voie.	Largeur totale.
Routes royales de 1re classe.	7m	6m	20m
— 2e classe.	5m	6m	16m
— 3e classe.	4m	6m	14m
Routes départementales. .	3m	6m	12m

Quant aux chemins vicinaux, leur largeur paraît avoir été déterminée par cette considération, que deux chars de foin pussent s'y rencontrer sans se barrer mutuellement le passage, et en conséquence elle a été fixée à 6 m. Mais on ne leur donne presque nulle part cette dimension théorique ; nous prouverons plus tard qu'on a raison.

La largeur des routes royales de première classe est de 20^m d'après le tableau ci-dessus ; mais, en réalité, elle est quelquefois plus grande aux abords des grandes villes, tandis que dans quelques localités, et notamment dans les pays de montagnes, des raisons d'économie ont porté à la réduire à 8 ou 10 mètres.

La forme du profil des routes françaises est aujourd'hui l'objet des plus vives attaques, et il est permis de croire que nous touchons au moment où elle sera radicalement changée.

On se plaint d'abord de l'excessive largeur des accotemens. Quel est, demande-t-on, leur but? Est-ce d'entreposer des matériaux? En ce cas, il est évident qu'ils sont beaucoup trop larges. Est-ce de suppléer pendant une partie de l'année à l'insuffisance de la chaussée? Mais tout le monde sait qu'ils sont presque toujours impraticables, et qu'en élargissant un peu la chaussée, on rendrait bien plus de services au roulage, qu'en laissant des dimensions si fastueuses aux fondrières décorées du nom d'accotemens. Est-ce d'offrir aux piétons une voie distincte de celle qui est réservée aux voitures? Mais il est évident que les piétons s'accommoderaient beaucoup mieux d'un petit sentier, dont la surface serait un peu exhaussée au-dessus de celle de la route, et serait par conséquent très-facile à assécher, et praticable dans toutes les saisons de l'année.

A cela, on ajoute avec raison que les accotemens, étant toujours mous et sales, sont un fort mauvais lieu de dépôt pour les matériaux qui s'enfoncent dans leur sol ou au moins se couvrent de boue. S'ils ménagent un peu la chaussée, ils lui causent un dommage notable, parce qu'ils sont en été couverts d'une poussière fine que le vent promène sur toute la voie; et en hiver d'une boue épaisse que les roues des voitures apportent sur le pavé ou l'empierrement, si bien que la présence des accotemens en terrain naturel rend l'entretien des routes ouvertes dans l'argile excessivement difficile en hiver.

Une autre remarque qu'il faut faire aussi, c'est que partout où il y a accotement, il y a encaissement de la chaussée dans la roche ou la terre. Or, la chaussée est de sa nature perméable et laisse filtrer les eaux jusqu'au sol sur lequel elle est fondée. Si ce sol est dominé de deux côtés par les accotemens, l'eau y séjourne, le détrempe; et la route est ramollie, et inévitablement gâtée.

Si l'on recherche la cause qui a amené les ingénieurs des siècles passés à donner cette forme vicieuse au profil de leurs routes, on voit qu'elle a dû résulter à la fois du désir d'imiter les voies romaines, et d'une idée fausse sur le luxe en matière de grandes routes.

Les voies romaines se composaient en effet d'une chaussée (*agger*) et de deux accotemens (*margines*). Mais ces marges, comme on les appelait, étaient proportionnellement beaucoup moins larges que les nôtres. D'ailleurs, elles n'étaient pas nues. Seulement la forme de leur empierrement n'était pas la même que celle de la chaussée. Ainsi, dans le cas où nos constructeurs de routes auraient été mus par un désir d'imitation, il est certain qu'ils ont mal imité.

Quant au luxe, tout le monde reconnaît aujourd'hui que c'est un luxe fort misérable que celui qui porte à élargir des routes au-delà de tous les besoins et à économiser sur la chaussée ce qu'on dépense mal à propos en accotemens. Le véritable luxe consiste à faire précisément le contraire, c'est-à-dire, à donner à la voie la largeur nécessaire et à la bien entretenir.

On reproche aussi à nos routes d'être trop bombées. La pente des accotemens est de $1/_{12}$, ou de $1/_{24}$, suivant la nature du terrain, et le bombement de la chaussée est du $1/_{12}$ de sa demi-largeur. En sorte que nos chaussées de 6 mètres sont bombées de 0^m25. Les Anglais ne donnent que le $1/_3$ de cette quantité, et ils s'en trouvent bien; on évite ainsi beaucoup d'accidens graves, malheureusement trop fréquens, surtout dans les temps de verglas.

Voici la forme de profil qui paraît le plus en en harmonie avec les besoins actuels de la circulation. Elle se rapproche beaucoup de celle qui est aujourd'hui prescrite dans toute l'Angleterre et exécutée dans beaucoup de localités.

1°. La chaussée, au lieu d'être constante, doit varier entre 6^m et 20^m, suivant les besoins de la circulation. Cette largeur de 20^m ne doit être employée que très-rarement et seulement aux abords des grandes villes.

2°. Les accotemens doivent être absolument supprimés dans toutes les terres argileuses; dans le sable ou les rochers, on doit n'en conserver qu'un et réduire sa largeur à $1^m,60$ ou 2^m, largeur tout-à-fait suffisante pour entreposer les matériaux nécessaires à la conservation de la chaussée.

3°. On pratiquera, au moins d'un côté de la route, une banquette pour les piétons. Elle devra avoir $1^m,50$ ou 2^m de large, et être en saillie de 20 centimètres sur la surface de la voie. Il devra y avoir entre cette banquette et la chaussée un très-petit ruisseau destiné à l'écoulement des eaux pluviales, et ce ruisseau devra, à certains intervalles, communiquer avec les fossés principaux par de petits canaux qui passeront sous la banquette.

4°. Le bombement de la chaussée et de la banquette devra être les 3 centièmes de sa demi-largeur.

5°. Deux fossés larges de 1^m borderont la route toutes les fois qu'elle ne sera pas en remblai.

Les fig. 13, 14 et 15 (Pl. Ire) représentent trois profils de routes de dimensions différentes, construites d'après ces principes. En les étudiant avec soin, on aura une idée parfaite des modifications que nous avons indiquées.

Dans chacune de ces figures, les fossés ont 1 mètre de largeur à l'ouverture, 33 centimètres au fond et 33 centimètres de hauteur.

Les banquettes pour les piétons ont 15 centimètres de saillie au-dessus de la chaussée. Voici quelles sont les dimensions des autres parties :

Désignation des figures.	Largeur de la chaussée.	Largeur de la banquette.
Fig. 13. — Route de 1re classe.	20m	2m
Fig. 14. — Route de 2e classe.	10m	1m,50
Fig. 15. — Chemin vicinal.	6m	1m,00

Ces profils sont le type le plus parfait que nous connaissions; mais on peut les modifier dans des vues d'économie.

Ainsi, on peut sur toutes les routes éloignées des villes importantes supprimer la banquette pour les piétons. On peut aussi faire cette suppression dans tous les chemins vicinaux.

Nous allons donner, au sujet de ces dernières voies de communication, quelques préceptes fort simples qui sont malheureusement trop ignorés.

Ces chemins sont, dans plusieurs parties de la France, devenus trop étroits par suite des empiétemens successifs des propriétaires riverains. C'est une nouvelle raison pour que les maires ne négligent pas de faire ouvrir, sur toute leur étendue, des fossés qui sont à la fois un moyen d'assèchement et de délimitation.

D'un autre côté, les maires sont souvent trop préoccupés de donner à tous les chemins de leur commune la largeur de 6 mètres prescrite par les réglemens. Il est bon de leur rappeler qu'un bon chemin est toujours préférable à un chemin large. Des chemins vicinaux de 4 mètres sont presque partout suffisans, surtout lorsqu'on prend la précaution de pratiquer de distance à autre des gares où les chars trop volumineux puissent au besoin se réfugier, et où il soit possible de déposer les matériaux d'entretien.

Enfin, un chemin vicinal doit être empierré sur toute sa largeur. On ne doit, dans aucun cas, y laisser les accotemens en terrain naturel. Nous donnerons quelques détails à ce sujet au chapitre suivant.

CHAPITRE II.

DE L'ÉTABLISSEMENT DE L'EMPIERREMENT.

Il est peu de questions plus simples en apparence que celle de la construction des chaussées empierrées; elle est cependant très-controversée. Nous allons présenter un résumé des discussions qui ont été élevées sur ce sujet, en les classant méthodiquement.

On donne le nom d'empierrement à une ou plusieurs couches de pierres cassées, étendues sur la voie de nos routes pour former un sol plus résistant que le sol naturel.

Une chaussée empierrée qui n'est ni usée ni tout-à-fait neuve est compacte, solide, unie, et n'est pas entièrement dépourvue d'élasticité. Les ingénieurs accordent assez qu'une pareille chaussée résiste à l'action des roues des voitures, seulement parce qu'elle repose sur un sol qui n'est que médiocrement compressible, et qu'en outre les frottemens qu'exercent les unes contre les autres les pierres qui la composent, s'opposent à leur déplacement. Il en est cependant qui ont voulu voir dans les détritus mêlés à ces pierres une espèce de gangue, c'est-à-dire de mortier; mais nous croyons cette opinion tout-à-fait erronée. Il n'existe, suivant nous, aucune chaussée en France qu'on puisse comparer à un travail de maçonnerie. M. Girard de Caudemberg a proposé, dans les *Annales des ponts-et-chaussées*, d'en construire de pareilles avec des cailloux et une gangue particulière, dont il a décrit la composition. Mais cette idée n'a pas reçu la sanction de l'expérience; nous ne pensons d'ailleurs pas qu'en application elle donnât de bons résultats. Tout le monde sait qu'un pavé dont les joints sont garnis de mortier au lieu de sable est promptement brisé et détruit par le passage des voitures. On n'ignore pas, en outre, qu'une chaussée ordinaire ne s'use pas par couches parallèles horizontales, mais qu'il s'y forme en peu de temps des ornières; il est probable que la même chose aurait lieu pour une chaussée en maçonnerie, et qu'en outre il s'en détacherait fréquemment des éclats par suite des chocs qu'on ne pourrait pas complètement éviter. Or, il est douteux qu'il fût possible de réparer ces accidens d'une manière à la fois prompte et satisfaisante.

Une autre question a été récemment soulevée. On proclamait depuis longues années la supériorité des pierres dures et siliceuses (1) pour la construction et l'entretien des chaussées empierrées; tout-à-coup un ingénieur des ponts-et-chaussées, M. Berthaut-Ducreux, est venu déclarer qu'il résultait de ses observations et de son expérience personnelle, que les pierres calcaires, plus tendres que les pierres siliceuses, pouvaient non-seulement être employées au même usage, mais qu'encore elles devaient être préférées. Nous n'avons pas d'expériences directes à opposer à celles de M. Berthaut-Ducreux; mais nous devons dire que, malgré son affirmation, les routes de France entretenues avec du caillou siliceux nous ont paru être généralement en meilleur état que celles qui sont faites de calcaire. Il y a pour cela deux causes; c'est que, d'abord, ces cailloux sont moins faciles à broyer, et qu'ensuite les détritus qu'ils donnent ne faisant pas pâte avec l'eau, ne se transforment pas pendant l'hiver en boue plus ou moins liquide comme ceux d'origine calcaire. En revanche, il paraît évident que,

(1) Nous ne pouvons pas donner ici une définition complète des pierres siliceuses et calcaires. Mais voici leurs caractères principaux :

Les pierres siliceuses étincellent sous le briquet et donnent des détritus qui ne font jamais pâte avec l'eau. Elles ont pour type la pierre à fusil, le cristal de roche et une pierre d'apparence laiteuse, nommée quartz par les minéralogistes et qui diffère du cristal de roche, en ce qu'elle n'a pas sa transparence.

Le grès que tout le monde connaît, par l'emploi qui en est fait pour une grande partie des pavés de France, et aussi par les pierres meulières, est une roche siliceuse qui se compose de grains de quartz agglutinés. Cette dernière pierre entre aussi comme élément essentiel dans la composition du granit. Enfin, la pâte des porphyres est de nature siliceuse.

On donne le nom de roches calcaires à toutes celles qui contiennent de la chaux. Telles sont la pierre à plâtre et la pierre à chaux proprement dite. On ne se sert jamais que de la dernière pour empierrer les routes.

Une plus ample description de ces matériaux ne saurait trouver place dans un traité tout pratique comme celui-ci. Toutes ces roches sont faciles à reconnaître lorsqu'on les a vues une fois; et lorsqu'on ne les a jamais vues, il est fort difficile de s'en faire une idée sur une description, quelque bien faite qu'elle soit.

précisément parce qu'ils durent davantage, ils sont plus long-temps à s'agréger et à constituer une chaussée bien solide. C'est là un grand vice, surtout en France; car il ne faut jamais perdre de vue que nos ingénieurs n'achèvent jamais les chaussées. Ils se bornent à les préparer en répandant sur le sol des couches plus ou moins épaisses de matériaux; mais lorsqu'elles sortent de leurs mains elles sont dures et fatigantes, à cause de l'excessive mobilité de leurs élémens. Elles ne peuvent être considérées comme achevées que lorsqu'elles ont été tassées par les pieds des chevaux et les roues des voitures, de sorte qu'on fait réellement supporter au roulage une partie des frais de leur construction. Cette partie est surtout très-considérable, lorsqu'on ne se sert pour construire la chaussée que de cailloux siliceux. La justice semblerait exiger que, dans ce cas, on recouvrît leur surface d'une couche de gravier ou de détritus, et qu'on fît subir à l'ensemble un damage au moins imparfait. Nous croyons qu'on observerait alors les résultats suivans :

1o. Un empierrement en cailloux siliceux coûterait plus cher que s'il était en pierre calcaire, parce que le cassage de la pierre et son emploi seraient à la fois plus dispendieux. On devrait en dire autant des réparations de même étendue, c'est-à-dire dans lesquelles il entrerait la même quantité de matériaux.

2o. En revanche, les réparations seraient moins fréquentes, et après compensation, l'avantage resterait aux chaussées siliceuses.

L'époque à laquelle M. Berthaut-Ducreux reviendra lui-même à cette opinion n'est peut-être pas fort éloignée; au reste, ce qu'il dit sur ce sujet dans sa brochure publiée en mai 1834 (P. 39) autorise à le supposer.

Quel que soit, du reste, le système qu'il adoptera un jour, on doit dire que la supériorité de l'une de ces qualités de pierres sur l'autre n'est pas tellement marquée qu'on doive, comme le faisaient autrefois quelques ingénieurs, aller chercher à grands frais des cailloux siliceux, pour entretenir les routes d'une localité qui fournit à bas prix du moëllon calcaire de bonne qualité; car l'un et l'autre donnent d'excellentes chaussées, lorsqu'ils sont bien employés, et si les travaux de M. Berthaut ne nous paraissent pas prouver l'infériorité des pierres siliceuses, nous croyons au moins qu'ils réhabiliteront la pierre calcaire aux yeux de tous les ingénieurs.

Nous arrivons maintenant à la grande question, à celle qui a été le plus vivement discutée, sur laquelle il a été émis le plus de systèmes différens. Quelle forme doit-on donner à une chaussée empierrée?

Nous adoptons volontiers encore ici l'opinion de M. Berthaut qui, après avoir vivement critiqué les idées de quelques ingénieurs sur cette matière, dit qu'on a donné à cette question plus d'importance qu'elle n'en a réellement, en ce sens, que toutes les espèces de chaussées, quel que soit le mode de leur construction primitive, sont excellentes, lorsqu'elles sont convenablement entretenues. Mais il ne nous paraît pas moins évident qu'il y a pour chaque localité un système de construction plus avantageux que les autres ; et voici quelques considérations qui pourront guider dans la recherche de ce système.

On dit qu'une chaussée est bonne, lorsqu'elle est bien roulante. On ne peut rendre une chaussée constamment bonne à peu de frais, que lorsqu'on diminue le plus possible l'influence des causes délétères qui agissent sur elle. Or, analysons ces causes.

En première ligne, il faut placer l'action des eaux ; elle agit de deux manières : d'abord, en détrempant les menus matériaux et les convertissant en boue ; ensuite, en diminuant la solidité des cailloux de forte dimension et les rendant plus susceptibles d'être brisés par le choc des voitures.

Les routes en empierrement ont plus à souffrir de cette action des eaux que les routes pavées. Voilà pourquoi on pave généralement les rues de nos villes qui sont bordées de hautes maisons et dont la surface est constamment mouillée, tandis qu'on empierre les routes et chemins proprement dits, dont la surface est très-vite asséchée par l'action de l'atmosphère.

Ces routes sont alors soumises à deux causes principales de destruction : le frottement exercé à leur surface par les roues de voitures, et la pression et les chocs exercés sur elles par ces mêmes roues.

Si la chaussée est bien égale, le frottement n'exerce que très-peu d'action. Des expériences qui nous paraissent précises prouvent qu'il ne tend à diminuer son épaisseur que de 2 ou 3 millimètres par an, sur celles qui sont en France le plus fréquentées par le roulage. Mais si la chaussée est inégale, les pierres qui sont en saillie seront heurtées par les roues, bouleversées, et souvent brisées contre celles qui, par leur position, s'opposent au déplacement.

Enfin, sur des chaussées inégales, les roues s'élèvent fréquemment pour retomber ensuite de tout leur poids ; la pression se transforme en choc, et l'action délétère exercée par le poids de la voiture est beaucoup augmentée.

De là résulte cette conséquence que, toutes choses égales d'ailleurs, une chaussée raboteuse s'use bien plus vite qu'une chaussée unie ; qu'il est, par conséquent, avantageux de ne livrer une route à la circulation, que lorsqu'elle est bien roulante, et de réparer les inégalités qui s'y forment par la circulation aussitôt qu'elles se manifestent.

Analysons maintenant d'une manière plus complète l'action exercée sur les routes par le poids des voitures et le choc de haut en bas.

De trois choses l'une :

Ou la route repose sur un sol dur, comme un banc de rocher, un pavé très-solide, etc. En ce cas, l'empierrement est dans la même position que s'il était placé sur une enclume ; les voitures agissent sur lui comme un poids très-considérable, et quelquefois comme un marteau ; il est brisé, changé en détritus et gâté en très-peu de temps.

Ou le sol est mou ; tels sont les terrains marécageux, l'argile détrempée par l'eau, etc. En ce cas, l'action des roues tend à enfoncer l'empierrement, à en disperser les élémens au milieu de la masse fluide sur laquelle il repose. M. Mac-Adam a prouvé par des expériences directes, faites en Angleterre, que, si le sol n'est pas excessivement mou, cette seconde cause n'est pas aussi énergique qu'on le croit généralement, tandis que la première l'est beaucoup plus qu'on ne le suppose. Ainsi, il a reconnu qu'une chaussée fondée sur le rocher dure moins que lorsqu'elle est établie sur un marais assez consistant pour porter le poids d'un homme (1).

Enfin, si le sol n'est ni mou ni dur, s'il est tendre (nous désignerons par ces mots l'état du sable encaissé et battu, ou de la terre sèche et

(1) Puisque nous citons ici pour la première fois le nom de Mac-Adam, nous croyons pouvoir dire quel parti nous avons tiré de ses ouvrages.

M. Mac-Adam est un homme plus soigneux qu'intelligent, plus praticien que savant. Il est venu en Angleterre à une époque où les routes étaient fort mal entretenues et fort mal administrées. A force d'observations, de travail et de persévérance, il est parvenu à les rendre bonnes. C'est un mérite que personne ne peut lui contester et qui est fort grand ; mais plus tard, Mac-Adam a voulu expliquer ses nombreuses observations et faire une théorie pour sa pratique. Il a complètement échoué. Il a donné des explications bizarres et une théorie inadmissible. Il y a en lui deux hommes distincts : celui qui raconte et celui qui juge. Le premier est à croire et à citer ; le second n'est pas même à lire. Lors donc que nous parlerons de M. Mac-Adam, nous laisserons de côté ses hypothèses pour ne nous occuper que de ses procédés. Lorsque nous ajouterons des explications, elles viendront de nous.

comprimée), le poids des roues y fait pénétrer les pierres d'une très-petite quantité; mais elles ne sont ni brisées ni complètement enfoncées.

Il résulte de là que les meilleures chaussées sont celles qui sont assises sur un fond de terre sèche, que cet état de siccité soit naturel, ou qu'il soit le résultat de précautions particulières prises par les constructeurs. Nous ajouterons qu'une route assise sur un sol tendre est sensiblement moins fatigante pour les voyageurs qui la parcourent en voiture, qu'une route assise sur le roc. Le mauvais état de la plupart de nos chaussées françaises a peut-être empêché ceux qui nous liront d'apercevoir cette particularité; mais c'est sur les chemins de fer, qui sont presque toujours bien roulans, qu'on peut l'apprécier. Là, on remarque que les cahots sont incontestablement plus fatigans, lorsqu'on est sur le rocher, que lorsqu'on est sur la terre, lorsque la pose a été faite sur des dés en pierre, que lorsqu'elle l'a été sur des traverses en bois, lorsqu'enfin les dés sont gros, que lorsqu'ils sont petits.

Les Romains qui ont presque toujours eu des idées fort nettes sur l'art des constructions nous semblent avoir très-bien senti l'avantage qu'on trouve à établir les empierremens sur une couche de terre sèche. Ainsi, Bergier, qui a composé au XVIIe siècle un ouvrage fort remarquable, intitulé *Histoire des grands chemins de l'Empire-Romain*, donne la description de plusieurs voies romaines qui, malgré des différences nombreuses, contiennent invariablement les trois parties suivantes :

1°. Un banc de maçonnerie imperméable, composé d'une couche de ciment, et d'une ou deux assises de pierres liées par du mortier, ayant en tout environ 30 centimètres.

2°. Une couche de conroy de 30 ou 40 centimètres d'épaisseur, composée, dit-il, d'une matière gluante, attachante et mollasse : il est probable qu'elle n'avait ces qualités que parce que la route qu'il examinait, étant abandonnée et traversant un marais, ses élémens étaient détrempés, et qu'ordinairement elle était simplement tendre. Cette couche était quelquefois accompagnée de sable, de gravier, de pierraille très-menue, qui remplissaient le même but qu'elle.

3°. De l'empierrement proprement dit ou du pavé.

En outre, les deux premières couches étaient contenues par des bordures de pierre de très-grandes dimensions et fortement cimentées.

La plupart des écrivains qui ont décrit ces beaux ouvrages ne les ont pas toujours convenablement appréciés, et nous croyons devoir, pour cette raison, insister un peu sur ce sujet.

Bergier, qui a fait ouvrir trois routes romaines placées dans des circonstances différentes, rapporte les observations suivantes :

Le premier chemin qu'il fit ouvrir traversait un marais. Les deux autres étaient établis sur un remblai.

Dans le premier, la couche imperméable se composait d'un banc de maçonnerie de 22 centimètres établi sur un coulage en bêton de 3 centimètres (1). Or, si nous voulions atteindre aujourd'hui le même résultat, nous ne saurions imaginer une disposition plus parfaite. Quoi de mieux, en effet, que de couler une aire de bêton sur le sol humide pour se débarrasser des eaux, et d'établir ensuite sur cette aire un massif de maçonnerie en gros matériaux ?

Bergier ne dit pas d'une matière positive que l'aire en bêton existât dans les deux routes en remblai qu'il a observées, et il est probable qu'en effet elles ne s'y trouvaient pas, parce que là elles étaient tout-à-fait inutiles.

La seconde couche était de composition très-variable. Dans le premier chemin décrit par Bergier, elle renfermait :

1°. Un banc de pierres tendres frappées à coups de batte dans le conroy qui servait à les allier. Le banc s'élevait sur le premier d'environ. . . . . 22 centimètres.

2°. Un conroy d'argile ou de craon dont l'épaisseur était de 33 centimètres.

Au-dessus était un empierrement de. . . . . 16 centimètres.

        Total. . . . 71 centimètres.

Dans le deuxième chemin, la seconde couche renfermait les mêmes élémens, mais leur ordre était interverti.

Enfin, dans le troisième, elle se composait :

1°. D'une couche de pierres sèches dont l'épaisseur était de. 30 centimètres.

2°. Immédiatement au-dessus était une couche de conroy dont l'épaisseur était de. . . . . . . 14 centimètres.

3°. Enfin, une couche de cailloux très-petits; car il ne s'en trouvait aucun, dit Bergier, qui

    A reporter. . . . . . 44 centimètres.

(1) On donne ce nom à un mélange de mortier et de cailloux de très-petite dimension. On l'emploie en l'étendant par couches, auxquelles on fait subir une percussion.

Report. . . . . 44 centimètres.
surpassât en grosseur une noix
commune. Ces cailloux étaient
alliés comme toujours à un con-
roy. L'épaisseur était de. . . . . 28 centimètres.

Total. . . . 72 centimètres.

Cette analyse est suffisante pour démontrer que les Romains n'étaient pas unanimes sur le choix de leurs procédés de construction. Ils s'accordaient seulement à faire reposer le pavé ou l'empierrement sur une couche à base d'argile, qu'ils maintenaient sèche à l'aide d'une fondation et de deux bordures en maçonnerie imperméable. Cette couche ne pouvait plus alors être détrempée que par les eaux pluviales filtrées par l'empierrement; mais ces eaux devaient produire peu d'effet sur elle, attendu qu'elles étaient accidentelles et que leur action n'était par conséquent pas continue.

Les trois chaussées décrites par Bergier sont représentées dans les fig. 18, 19 et 20 (Pl. Ire). Du reste, ce savant archéologue n'a pas cru devoir diviser en trois classes les couches qui composaient les chaussées romaines. Il a été porté, en les comparant au pavé intérieur des édifices, à leur donner des noms systématiques que nous n'avons pas conservés.

Quelques personnes ont voulu comparer aux chaussées romaines celles qui ont été établies en France par des ingénieurs au dix-septième et au dix-huitième siècle. Mais la description que nous allons en donner prouvera jusqu'à l'évidence qu'un tel parallèle n'est pas possible.

Les chaussées françaises, qui étaient généralement en usage au siècle dernier, et qui sont encore assez usitées aujourd'hui, se composent de trois couches.

La première est formée par des pierres posées de champ : son épaisseur est d'à peu près 0^m,24.

La seconde, qui a 8 centimètres d'épaisseur, est composée de pierrailles ramassées dans les champs, de cailloux, lorsqu'on peut s'en procurer, et, à défaut, de moellon cassé. Ces matériaux, quels qu'ils soient, doivent être réduits à une grosseur telle, qu'ils n'aient que 6 ou 8 centimètres de côté.

Enfin, la troisième, dont l'épaisseur est aussi de 8 centimètres, se fait avec du gros gravier, ou, mieux encore, avec des pierres dures cassées au marteau, de manière à n'avoir que 2 ou 3 centimètres de côté.

A proprement parler, la deuxième et la troisième couches constituent à elles seules l'em-

pierrement. Celle qui est au-dessus sert à rendre la voie plus roulante lorsqu'on la livre à la circulation; mais elle est bientôt écrasée et sillonnée par les voitures, de sorte qu'elle finit par se mêler d'une manière intime à la couche intermédiaire, et, au bout de quelque temps, il devient à peu près impossible de distinguer l'une de l'autre.

Cette chaussée est représentée fig. 21 (Pl. Ire). Elle ne s'exécute pas toujours absolument de la même manière. Quelquefois, les pierres qui composent la première couche sont simplement posées de champ les unes à côté des autres. En pareil cas, elles forment un système très-instable qui s'enfonce plus ou moins sous le poids des voitures. Il peut même arriver, si la chaussée vient à être bouleversée par suite d'un roulage excessif, que ces grosses pierres soient ramenées à la surface, et rendent la voie inégale au point d'être impraticable. D'autre fois, les pierres sont serrées au marteau. En pareil cas, la couche peut être assimilée à un pavé inégal, mais dont toutes les parties sont solidaires, et elle constitue une véritable fondation. Cette disposition assez chère ne se rencontre pas très-fréquemment, ce qui n'est pas à regretter, attendu qu'elle a l'inconvénient de faire reposer l'empierrement sur un sol impénétrable et dur, et que celui-ci ne peut manquer d'être rapidement détruit par le choc des voitures.

Quelquefois, les pierres de champ sont remplacées par une assise de pierres horizontales. Cette disposition nous paraît vicieuse sous plusieurs rapports. Des poids considérables doivent enfoncer une voie ainsi construite, et si l'empierrement n'est pas épais, la chaussée peut être en peu de temps bouleversée de manière à être impraticable. En outre, ces pierres, bien que posées à plat sur un sol mou, n'en forment pas moins enclume par rapport à l'empierrement, car tout le monde sait qu'un corps dur posé sur un corps très-pénétrable s'y enfonce avec le temps, mais qu'il résiste à un choc violent et rapide.

Enfin on voit quelquefois les deux dispositions réunies en une seule; c'est-à-dire qu'on fait reposer l'empierrement sur une couche de pierres posées de champ, qui est supportée elle-même par une assise de pierres posées à plat. Ce système fort dispendieux ne s'emploie que dans les terrains humides, et nous ne savons pas qu'il ait jamais procuré les avantages qu'on en attendait.

Mais il est certain qu'aucun de ces procédés ne peut être assimilé aux procédés romains, car ces derniers avaient pour but de donner à la chaussée une fondation imperméable, au lieu que les fondations françaises laissent passer l'eau comme un crible. Enfin, les Romains ménageaient l'empierrement en le faisant porter directement sur une couche de conroy sec, au lieu que nos ingénieurs modernes le font reposer sur une base dure qui n'est ni pénétrable ni élastique.

Le système que nous venons de décrire a été long-temps pratiqué d'une manière universelle en Europe, et ce n'est qu'au commencement du dix-neuvième siècle qu'il a été attaqué avec une énergie qui a déjà obtenu quelque succès. Les premiers coups ont été portés par un constructeur anglais dont nous avons déjà parlé, par Mac-Adam. Ce praticien a proposé et fait adopter dans une grande partie de l'Angleterre un mode de construction qui peut se résumer ainsi :

1º. Le sol sur lequel on veut établir la chaussée doit être préalablement asséché à l'aide de fossés assez profonds pour que le niveau de l'eau n'y atteigne jamais la base de l'empierrement.

2º. Toutes les fondations en grosses pierres doivent être absolument supprimées, et l'empierrement doit reposer sur le sol naturel.

3º. L'empierrement doit avoir, suivant les circonstances locales, de 15 à 25 centimètres d'épaisseur. Il doit être exécuté en cailloux cassés ayant à peu près 6 centimètres de côté. On doit veiller à ce que la grosseur des cailloux soit la plus uniforme possible. On doit éviter de les diviser en deux classes, et de mettre les plus gros au fond et les plus petits à la surface. On doit les nettoyer avec le plus grand soin pour les priver de toutes les terres susceptibles de former pâte avec l'eau. Enfin, on ne peut arriver à un bon résultat qu'en exécutant l'empierrement à trois reprises. On doit d'abord établir sur le sol une première couche, attendre qu'elle ait été tassée par le passage des voitures, réparer les flaches et les ornières à mesure qu'elles se forment, puis étendre successivement les deux autres en prenant les mêmes précautions.

Les procédés de M. Mac-Adam donnent en général de bons résultats. Cet ingénieur affirme qu'ils réussissent aussi bien sur le rocher que dans les marais, lorsque ces derniers ont assez de consistance pour ne pas s'enfoncer sous le poids d'un homme. S'ils ont un plus grand degré de fluidité, il devient absolument nécessaire de donner pour base à la chaussée une jetée artificielle en pierres ou en fascinage. Nous parlerons de l'exécution de ces jetées au chapitre *Terrassemens*. Mais nous devons faire observer qu'en pareil cas tous les ingénieurs emploient le même procédé que M. Mac-Adam, de sorte que leur système diffère toujours de celui du constructeur anglais en ce que le dernier supprime la couche de grosses pierres rangées à la main dont ils font usage.

Comparaison des trois systèmes. Conséquences.

Les réflexions dont nous avons entremêlé la description des trois espèces principales de chaussées connues, nous paraissent prouver que les voies romaines sont les seules qui offrent de grandes chances de solidité et de durée, mais que leur établissement donne lieu à des frais énormes ; que les chaussées françaises sont construites d'après un système vicieux, qu'elles doivent se détruire en général par suite du bouleversement et du bris des matériaux qui les composent, mais qu'avec des soins elles peuvent être entretenues en bon état.

Qu'enfin les chaussées à *la Mac-Adam* doivent périr : sur le rocher par le bris de leurs pierres, dans les terres molles par leur enfoncement ; mais qu'à l'aide d'un entretien convenable, on peut les rendre constamment bien roulantes.

Nous voudrions, pour rendre la comparaison de ces trois systèmes bien complète, en donner ici une estimation. Malheureusement les élémens de ce travail varient beaucoup en raison des circonstances locales. On doit seulement dire que les chaussées romaines coûteraient en général six ou huit fois plus cher que les chaussées macadamisées, et les anciennes chaussées moitié en sus et quelquefois le double.

En voyant ces résultats, on conçoit pourquoi, malgré l'éloge que nous avons fait des voies romaines, nous ne conseillerons jamais d'en construire de pareilles en France. C'est que les idées économiques des Romains sur les constructions différaient essentiellement des nôtres. Peuple conquérant, ils sentaient la nécessité de donner aux routes de l'empire une solidité assez grande pour qu'elles restassent viables alors même que les chances de la guerre obligeraient à renoncer pour un temps à tout entretien régulier. Citoyens d'une ville éternelle, ils voyaient dans leurs routes plus qu'un objet d'utilité publique. Ils en faisaient un monument à l'aide duquel un siècle, une génération, un homme faisait passer sa mémoire aux siècles suivans.

Les peuples modernes agissent sous l'empire d'idées différentes. La paix étant leur état général, ils construisent dans l'hypothèse d'une administration régulière qui veille sur toutes les parties des services publics, prévient les dégradations, prépare les améliorations. En outre, les travaux qu'ils exécutent sont souvent à leurs yeux des objets d'utilité publique plutôt que des monumens éternels. Pour chacun d'eux, ils ouvrent un compte de recette et de dépenses annuelles. Aux recettes figurent les jouissances de toutes espèces. Les dépenses se composent d'abord de l'intérêt du capital de construction, et ensuite des dépenses annuelles d'entretien. S'il y a à choisir entre deux travaux qui doivent procurer la même masse de jouissances, ils optent pour celui qui donne la plus petite somme de dépenses.

Or, si on applique ce calcul aux routes, on verra qu'aujourd'hui en France les chaussées à la Mac-Adam doivent être incontestablement préférées à toutes les autres; et par cette raison, nous croyons devoir exposer en détail la manière de les construire. Nous avertissons seulement que profitant, de l'expérience qui a été acquise depuis la publication des ouvrages de l'ingénieur anglais, nous avons quelquefois modifié sa pratique.

Instruction pour la construction d'une chaussée en empierrement.

Il ne faut jamais empierrer le sol d'une route ouverte sans avoir préalablement exécuté les fossés qui doivent la border, et fait subir un *ragréage* général au sol sur lequel doit reposer la chaussée.

Le *ragréage* est l'opération par laquelle on fait disparaître les dernières inégalités d'une surface, en même temps qu'on lui donne exactement la forme définitive qu'elle doit avoir.

Si le terrain sur lequel on opère est solide ou seulement sec, on peut exécuter les fossés en même temps que le ragréage.

S'il est humide et marécageux, on doit commencer par ouvrir les fossés. Peu de temps après cette opération, on s'apercevra que le sol de la route s'affaisse en se desséchant. On lui redonnera sa hauteur primitive en y transportant des terres jusqu'à ce qu'on s'aperçoive que son niveau est devenu fixe, ou au moins qu'il ne change pas d'une manière sensible. Cette opération dure quelquefois très-long temps. Dans des marais, elle peut exiger plus d'une année.

Les fossés et les ragréages s'exécutent : dans les terres molles et les terres meubles, à la bêche; dans les terres franches, à la pioche comtoise; dans les roches tendres, au pic ; dans les roches plus dures, au pic et à la masse. Ces deux derniers outils suffisent toujours pour les ragréages. Mais pour les fossés, on est quelquefois obligé de se servir de la pince et de la poudre. (Voyez la description de ces procédés d'exploitation au chapitre *Terrassemens.*)

On rendait autrefois le sol qui servait à la chaussée tout-à-fait horizontal. On le creusait même souvent vers l'axe. Toutes ces formes sont vicieuses. Le sol doit être, comme la chaussée, bombé vers l'axe et incliné vers les bords. La pente transversale doit être d'environ trois centimètres par mètre. Il faut veiller à ce que les ouvriers se conforment à cette prescription. Pour qu'ils puissent le faire plus facilement, on délivre à chaque atelier un instrument nommé *cerce* (Pl. I—28). C'est un niveau de maçon dont la longueur est égale à la demi-largeur de la route. De mètre en mètre, on place des jauges de bois qui peuvent glisser dans une coulisse. Le directeur des travaux fait donner à ces jauges une longueur telle que lorsque la base du niveau est horizontale, leurs extrémités dessinent le demi-profil de la route à construire. On peut donc dire que la cerce est un type que les ouvriers doivent appliquer de temps à autre sur leurs ragréages, pour voir s'ils ne s'éloignent pas de la forme prescrite.

Les ragréages sont très-faciles à exécuter dans toutes les espèces de terres et de craon. On doit exiger que l'ouvrier opère avec précision. Dans la roche, au contraire, il faut avoir une très-grande habileté pour approcher même imparfaitement du modèle donné. Il convient alors que les directeurs montrent un peu de tolérance.

Si le sol est très-mou, on ne doit pas se contenter de le faire ragréer. Il peut être bon de le faire damer; on se sert à cet effet de l'outil représenté (Pl. I — 27). Il est désigné dans l'art du terrassier sous le nom de *batte*. Il se compose d'une pièce de bois ayant une base carrée de 20 centimètres de côté et 30 ou 35 centimètres de long, avec un manche en bois d'au moins 1 mètre. On ne doit commencer l'empierrement que lorsque le sol a pris un peu de consistance sous des coups de batte réitérés.

Pendant qu'on fait préparer le sol de la route, on doit s'occuper du choix et du cassage de la pierre dont on se propose de faire usage pour la chaussée.

Toute pierre qui n'a pas beaucoup d'angles et d'aspérités, donne nécessairement une chausée très-mobile. On évitera donc de se servir de cailloux usés, polis, arrondis par des circonstances quelconques, tels que les cailloux roulés, les galets. On ne doit faire usage de ceux-ci que lorsqu'ils sont très-gros, parce que, dans ce cas, leur cassage les réduit en fragmens très-anguleux. Nous avons déjà dit dans le cours de ce chapitre que les ingénieurs variaient sur la nature de la pierre qu'il convient d'employer de préférence. Les uns veulent les cailloux siliceux; les autres la pierre calcaire. La première opinion, qui est la plus ancienne, nous paraît aussi la meilleure, et nous croyons qu'à égalité de prix, et même à prix un peu supérieur, on doit préférer les pierres siliceuses lorsqu'elles sont de bonne qualité, c'est-à-dire lorsqu'elles ne sont pas friables. Tels sont les quartz, les grès, les granits durs, les porphyres, etc.

Le cassage de la pierre doit se faire à la masse ou au marteau.

La masse est un outil de fer aciéré, qui pèse 1 kilog. $\frac{1}{4}$ à 1 kilog. $\frac{3}{4}$. On lui donne de 15 à 20 centimètres de long, et on lui fait un œil dans lequel on emboîte un manche de 75 à 80 centimètres de long (PL. I — 23). L'ouvrier qui veut s'en servir doit être debout, mais à demi-courbé (PL. I — 22), et il frappe par l'une des têtes a, b, sur la pierre qui est en tas à ses pieds. Il est essentiel que la masse soit arrondie à ses extrémités, et qu'elle ne soit pas aplatie, comme cela se voit quelquefois; car, en ce cas, la percussion ne s'exerçant que sur un seul point, la pierre frappée éclate plus facilement.

Le marteau (PL. I — 25) est absolument semblable à la masse, mais il est plus petit. Le fer doit peser environ $\frac{1}{2}$ kilog. Il doit avoir 12 centimètres d'une tête à l'autre, le manche étant de 40 ou 50 centimètres. L'ouvrier doit s'en servir assis, et pour en tirer le plus grand avantage possible, il est bon qu'il casse le moëllon sur une grosse pierre dure creusée comme on le voit dans la fig. 24; de telle sorte que la pierre frappée porte toujours par les deux bouts, et jamais par le milieu.

Mac-Adam est le premier qui ait fait employer généralement le marteau en Angleterre pour casser les pierres des routes. Il dit avoir tiré de ce procédé un tel avantage, qu'il est parvenu à réduire, dans beaucoup de localités, le prix du cassage à moitié. Quelques ingénieurs ont fait le même essai en France. M. Berthaut-Ducreux, entre autres, l'a tenté en grand, et n'en a pas été satisfait. L'un de nous en a fait un en petit, et il ne lui a pas réussi. Voici, du reste, les termes dans lesquels il en a rendu compte :

« Les ouvriers cassaient plus lentement, et le cassage était plus inégal. Mais cela vient, je crois, de ce que nous n'avons employé ni l'un ni l'autre (1) cette méthode dans des circonstances convenables.

» Moi, je n'ai, pour ma part, fait faire ce travail que par des manœuvres ordinaires qui, étant accoutumés à travailler debout, s'accommodaient fort mal de ce changement survenu dans leurs habitudes. Mais je suis persuadé que si nous étions parvenus à déterminer, comme l'a fait Mac-Adam, des familles entières à aller sur les ateliers, que les hommes forts eussent été employés exclusivement à extraire la pierre et à la débiter à la masse, que les vieillards, les femmes et les enfans eussent cassé au marteau les gros éclats provenant de la première opération, cette division du travail eût donné d'excellens résultats. Je ne puis m'empêcher de dire à ce sujet que j'ai vu, dans quelques parties de la France, un travail qui ressemble à celui-là. Dans plusieurs villes, les enfans pauvres passent une partie de leur temps à ramasser des débris de tuiles et de briques, et à les briser au marteau en éclats qu'ils vendent aux propriétaires de moulins à ciment. J'ai été souvent témoin de l'inconcevable rapidité avec laquelle ceux d'entre eux, qui ont l'habitude de ce travail, brisent des monceaux de briques, et je n'ai pu m'empêcher de remarquer que ce même procédé, appliqué à des matériaux plus durs, donnerait probablement d'excellens résultats.

» Quant à ce que dit M. Berthaut-Ducreux, que ce mode donne plus d'inégalité dans le cassage, je l'ai observé aussi; mais je suis persuadé qu'il doit être attribué, en très-grande partie, à ce que les ouvriers que j'employais accomplissaient gauchement et avec dégoût un travail qui contrariait toutes leurs habitudes. »

Mac-Adam recommande de casser toutes ces pierres d'une égale grosseur, et de les réduire à environ 6 centimètres de côté. A cet effet, il donne aux manœuvres qu'il emploie un anneau emmanché, pour qu'ils puissent le tenir commodément à la main, et qui a le diamètre que nous venons d'indiquer (PL. I — 26).

Nous croyons que M. Mac-Adam attache beaucoup trop d'importance à obtenir un cassage très-égal. Il est vrai qu'il cite quelques observations à l'appui de ce précepte, mais elles nous paraissent très-peu concluantes. Il est évident que quelques jours de roulage sur une route

(1) Il est ici question de l'un des auteurs et de M. Berthaut.

neuve suffisent pour opérer un bris de matériaux notable; que, dès-lors, le plus grand mal
que les éclats de pierre, résultant de la mala-
dresse des ouvriers, puissent faire à un empierrement neuf, est de le mettre dans le même état
que s'il avait quelques jours de service.

Quant à la dimension que M. Mac-Adam
adopte pour les anneaux-types, nous n'avons
rien à en dire. Plus cette dimension sera petite,
plus l'empierrement sera uni, et il opposera
d'autant moins d'obstacles au roulement des
voitures. Mais un pareil empierrement est d'une
exécution fort chère, et, d'ailleurs, s'il était
exécuté en pierre tendre, et qu'on vînt à dépasser une certaine limite, il s'userait très-vite.

Il ne faut pas, en outre, oublier cette considération importante, que les grosses pierres
sont surtout mauvaises en ce que, si elles viennent à saillir de quelques centimètres au-dessus
de la surface générale de la chaussée, elles sont
bouleversées par les voitures qui viennent à les
heurter. Cet inconvénient a surtout des conséquences graves sur les routes qui sont parcou-
rues par des voitures à grandes vitesses, telles
que les routes royales. La dimension choisie
par l'ingénieur anglais nous paraît excellente
pour ces sortes de voies; mais nous ne conseil-
lerions pas de l'adopter sur les chemins vicinaux, parce qu'elle donnerait lieu à trop de
frais. Là, des pierres pouvant passer dans tous
les sens à travers un anneau de 8 ou 9 centimètres de diamètre doivent être considérées
comme très-bien cassées.

Les pierres préparées comme nous venons de
le dire doivent être répandues sur la chaussée,
et former une couche de 15 à 25 centimètres.
On fera bien, quoique cela ne soit pas de rigueur, de ne jamais lui en donner moins de 20.
Mac-Adam les fait étendre à trois reprises par
lits de 5 à 8 centimètres. Quelques personnes
blâment cette précaution, en disant que c'est
donner triple peine au roulage sur lequel pèse
réellement, comme nous l'avons déjà fait observer, une partie des frais de construction de
nos routes. Nous sommes de cet avis jusqu'à un
certain point. Il faut cependant remarquer
qu'une chaussée neuve un peu haute est naturellement très-mobile, et il convient, dans l'intérêt même du roulage, de faire l'étendage à
deux fois, lorsque l'empierrement doit avoir
plus de 15 centimètres d'épaisseur.

La manière de faire cette opération est assez
indifférente. Ce qu'il y a de plus rapide, c'est
de faire jeter la pierre sur la voie à pleines
brouettes, de l'étendre avec une pelle de bois

garnie en fer, outil dont nous donnerons la
description en parlant de l'exécution des terrassemens, et enfin de régaler la surface avec un
rateau de bois muni, pour plus de solidité, de
dents en fer. On applique de temps à autre la
cerce sur la surface régalée, et on corrige avec
le pic les petites irrégularités qu'elle peut présenter.

Quelques ingénieurs conseillent de ne jamais
livrer une chaussée neuve au roulage sans l'a-
voir préalablement recouverte d'une légère couche de matériaux très-menus, par exemple de
gros gravier ou de très-petits éclats de pierre.
En Angleterre, on condamne assez généralement ce procédé; mais on donne pour cela des
raisons qui sont loin d'être satisfaisantes. Nous
croyons qu'on fait bien de recourir à ce moyen
toutes les fois qu'il n'est pas trop dispendieux,
surtout sur les chaussées construites en matériaux très-durs. On évite ainsi à peu de frais,
et sans inconvéniens pour les chaussées, quelques jours de peine au roulage.

*Note sur les outils employés spécialement dans la
construction des chaussées empierrées.*

Tous ces outils peuvent être exécutés à peu
de frais dans les plus petits villages de France
par les maréchaux et les menuisiers le moins
habiles. Voici quel en est le prix :

Une masse : 1 kil. $^1/_2$ de fer aciéré, à 2 fr. le kil.	3 fr.
Un manche en bois.	75 c.
Prix.	3 fr. 75 c.
Un marteau : $^1/_2$ kilog. de fer. .	1 fr.
Un manche.	50 c.
Prix.	1 fr. 50 c.
Une pelle en bois.	2 fr.
La même, avec une garniture en fer.	4 fr.
Un petit rateau de bois à dents de fer, à peu près.	3 fr.
Une cerce en bois pour les chemins vicinaux.	3 fr.

Quant aux instrumens qui servent à faire les
ragréages et à ouvrir les fossés, nous n'en parlerons pas ici. Leur description sera beaucoup
mieux placée au chapitre *Terrassemens.*

On doit, le moins possible, faire exécuter
l'extraction et le cassage des pierres en journée.
Cependant, les maires et les commissaires
voyers n'ayant souvent pas d'autre moyen à
leur disposition, il est bon qu'ils sachent qu'un

manœuvre ordinaire peut toujours casser, dans un jour, un mètre cube $^1/_4$ de moëllon fort dur, réduit en morceaux de 6 centimètres de côté, et que, s'il en a 8, il peut en casser 2 mètres. Il peut aller jusqu'à 2 $^1/_2$, si le moëllon est en lames minces et assez tendre.

CHAPITRE III.

DE L'ENTRETIEN DES CHAUSSÉES EMPIERRÉES.

Avant de traiter de l'entretien des routes, il est bon de s'entendre sur quelques définitions.

Trois causes principales contribuent à rendre une route mauvaise : les inégalités de sa surface, la boue et la poussière.

Les inégalités de la surface d'une chaussée se divisent en deux classes : les frayés et les flaches.

On donne le nom de *frayés* à l'impression permanente produite par les roues des voitures, et celui de *flaches* à des trous qui résultent de quelques bouleversemens partiels. On appelle *ornières* des frayés profonds mêlés de flaches.

La boue rend les chemins impraticables pour les piétons, et elle augmente beaucoup le tirage des voitures. Elle est, en outre, une cause de dégradation, parce qu'elle empêche la chaussée de se dessécher.

La poussière fait éprouver une grande fatigue aux hommes et aux animaux, car elle les tient sans cesse dans une atmosphère fatigante pour la respiration. En outre, ce qui est poussière dans les temps secs devient boue dans les temps humides : lors donc qu'on tient à avoir une chaussée bien *ébouée*, il paraît convenable de la faire balayer aussitôt qu'on prévoit la pluie, car celle-ci une fois venue, il faudra faire enlever non plus seulement de la poussière, mais de la poussière, plus une forte quantité d'eau.

Quelques ingénieurs affirment que si la poussière est fatigante pour les êtres vivans qui sont soumis à son influence, elle est plutôt utile que nuisible à la conservation des chaussées. Sans nier le fait d'une manière positive, on peut affirmer que cette utilité est si faible qu'il n'y a pas lieu d'en tenir compte.

La boue épaisse ne peut être enlevée qu'au racloir. Nous désignerons toujours par la suite cette opération sous le nom d'*ébouage*.

La boue liquide doit être enlevée avec le racloir et le balai à la fois. Pour la poussière, on ne doit généralement employer que le dernier des deux.

L'une et l'autre doivent être déposées en tas sur le bord de la route, puis enlevées le plus tôt possible. Il faut cependant remarquer que la boue tout-à-fait liquide ne peut être facilement chargée dans les voitures, et il est, pour cette raison, bon d'attendre qu'elle ait subi une demi-dessication. Ces détritus sont quelquefois assez recherchés par les agriculteurs. Les cantonniers ont alors à s'entendre avec eux pour qu'ils les fassent prendre d'une manière régulière. Dans tous les autres cas, ils doivent veiller à ce qu'ils soient immédiatement transportés dans des lieux de dépôts déterminés. On peut presque toujours employer avantageusement à cet usage les voitures qui approvisionnent la route de matériaux.

On ne peut faire disparaître les inégalités de la surface d'une chaussée que par des répandages de pierres cassées faits à propos. Le nettoyage n'est rien par rapport à cette dernière opération qui est fondamentale.

Les ingénieurs ont peut-être proposé plus de systèmes sur l'entretien des routes que sur leur construction. Cette question se divise en deux autres bien distinctes. On peut d'abord se demander suivant quel procédé les répandages doivent être faits, et ensuite comment on doit organiser le personnel chargé de l'exécuter ; c'est-à-dire qu'il y a là à la fois une question d'art et une question d'administration. Nous allons les traiter séparément.

De l'entretien des routes, considéré sous le rapport technique.

Les routes, considérées par rapport à leur manière d'être, se divisent en bonnes et mauvaises. Les bonnes se subdivisent en routes neuves et en routes vieilles, mais à l'état parfait d'entretien.

Les bonnes routes doivent être soumises à un entretien régulier, qu'on peut appeler l'entretien ordinaire. On doit prendre au contraire des mesures extraordinaires pour faire réparer celles qui sont mauvaises.

De l'entretien ordinaire.

Toutes les méthodes d'entretien régulier qu'on a proposées peuvent se réduire à deux : celle des répandages généraux, et celle des répandages partiels. Les ingénieurs français font, en général, des répandages généraux, excepté M. Berthaut-Ducreux, qui les proscrit d'une manière absolue. Quant à M. Mac-Adam, le compte rendu de sa méthode d'entretien qui a été inséré, en 1833, dans les *Annales des ponts et chaussées*, pourrait faire croire qu'il est partisan des répandages généraux. Cependant, les réponses qu'il a faites en 1811, devant la commission d'enquête nommée par la Chambre des communes d'Angleterre, démontreraient plutôt qu'il adopte une pratique mixte qui se rapproche beaucoup plus de la seconde que de la première.

La première méthode, considérée dans toute sa pureté, consiste à étendre à des époques fixes sur la chaussée une couche régulière et générale de pierre neuve. Hors de ces époques, l'entretien se borne à rabattre dans les ornières les bourrelets qui se forment par suite du passage des voitures. Si l'on y jette quelquefois des pierres neuves, ce n'est que dans des circonstances graves qui se présentent rarement. On objecte contre ce procédé : que toute ornière qui n'a été bouchée qu'avec des bourrelets rabattus, mêlés d'une petite quantité de pierres neuves, l'est fort imparfaitement, et qu'elle ne tarde pas à se reformer ; qu'en second lieu, les répandages généraux rendent pendant quelque temps toute la route dure, mobile et raboteuse; que, par conséquent, ils fatiguent considérablement le roulage.

L'autre méthode consiste à avoir pendant toute l'année, sur la route, des hommes occupés à réparer les dégradations, et à tenir sans cesse à leur disposition une quantité de matériaux suffisante pour cet objet. Aussitôt que les ouvriers reconnaissent l'existence d'une flache, ils la comblent en y jetant la pierre à pleines pelletées, et en la frappant fortement pour mieux la tasser avec un outil un peu lourd. Le dos d'un gros pic est excellent pour cet usage. Aussitôt qu'un frayé devient assez sensible pour causer un dommage réel aux voituriers, ils le font disparaître.

La manière dont se fait cette opération n'est pas indifférente. Lorsque les flaches sont un peu considérables et pleines d'eau, Mac-Adam opine pour qu'on les vide avant de les empierrer. Il veut même qu'on repique leur surface, pour que les pierres neuves contractent avec le fond une adhérence plus parfaite. M. Berthaut proscrit ces deux opérations, parce qu'il pense qu'elles sont peu utiles et fort chères. Cet ingénieur s'appuie de sa propre expérience, pour soutenir que jamais les pierres neuves n'adhèrent parfaitement avec les couches vieilles, quelques repiquages qu'on fasse exécuter. Il a fait défaire des chaussées qui avaient été réparées par l'un et l'autre procédé, et il n'a trouvé entre elles aucune différence.

On objecte contre les répandages partiels, qu'ils ne servent qu'à faire disparaître les inégalités, et qu'ils ne remédient en rien à l'usure uniforme des chaussées, si bien qu'une route qui est entretenue exclusivement par ce procédé doit s'amincir peu à peu, et perdre ainsi une partie de sa valeur primitive. Mais, comme ces répandages s'exécutent successivement sur toutes les parties de la chaussée; que, d'ailleurs, lorsqu'on répare une flache, on la remplit de pierres, jusqu'à ce qu'elles forment une légère saillie sur l'ensemble de sa surface, on peut prévoir d'avance que l'inconvénient signalé n'est pas grave : c'est, d'ailleurs, ce qui est démontré par des expériences directes; et si on ne peut pas affirmer dès à présent qu'une chaussée entretenue par le procédé que nous venons de décrire ne s'use pas du tout, on peut au moins dire qu'elle s'use si peu, qu'un seul répandage général, exécuté tous les cinq ou six ans, sera suffisant pour lui redonner son épaisseur primitive.

On objecte encore qu'une chaussée vieille renferme beaucoup plus de détritus qu'une chaussée neuve, et donne, par conséquent, plus de boue en hiver, et plus de poussière en été; que les répandages généraux ont pour but d'offrir sans cesse au roulage une chaussée neuve, et que celui-ci est ainsi amplement dédommagé des frais qu'il est obligé de faire chaque année, pour écraser des matériaux neufs. Mais il paraît évident qu'il est beaucoup moins dispendieux et plus avantageux pour le roulage de se borner à faire balayer et ébouer la route, lorsque le besoin s'en fait sentir, et de ne la faire recharger que lorsque son amincissement a rendu cette mesure nécessaire.

Il nous paraît donc évident que la méthode des répandages généraux est très-défectueuse sous le rapport technique, et qu'ainsi elle doit être absolument abandonnée sur les routes royales et départementales, où les ingénieurs ont à leur disposition les fonds nécessaires pour organiser leur service de réparation comme ils l'entendent. Mais sur les chemins vicinaux qu'on entretient à l'aide de la prestation en nature, on est obligé de tenir compte de deux nécessités malheureuses. On ne peut pas faire exécuter les réparations à l'entreprise, parce qu'on manque de fonds suffisans. On ne peut pas toujours avoir des hommes qui aient fonction de réparer les dégradations aussitôt qu'elles deviennent nuisibles, parce qu'on n'a à sa disposition que des journaliers de mauvaise volonté, qu'on ne pourrait forcer à bien faire qu'à l'aide d'une surveillance si rigoureuse, qu'elle deviendrait absolument impraticable. En pareil cas, on est forcé de se contenter des répandages généraux, exécutés par des ateliers ambulans. Voici les raisons qui nous portent à croire que cette méthode doit aujourd'hui être exclusivement employée sur les chemins vicinaux.

1°. Ces chemins sont infiniment moins fatigués que les grandes routes, de sorte que, s'ils ont été bien établis, ils se maintiendront passables en été, sans qu'on soit obligé d'y toucher beaucoup.

2°. Comme ils s'usent peu, le répandage général que nous conseillons devra être faible. Il se tassera par conséquent très-vite, et n'occasionera que peu de fatigue aux voitures.

3°. On ne trouve presque jamais, dans un manœuvre ordinaire, les conditions nécessaires pour faire un bon cantonnier, tandis qu'on trouve fréquemment chez lui les qualités propres à faire un bon ouvrier, lorsqu'il fait partie d'un atelier bien surveillé.

Voici donc le conseil que nous donnons aux maires et aux commissaires voyers qui sont chargés de faire entretenir des routes, partie avec des prestations en nature, partie avec des fonds provenant de l'impôt.

N'employez jamais les hommes et les voitures que la loi met à votre disposition, qu'en bloc et en les soumettant à une surveillance sévère. Que les hommes réunis en atelier recueillent des pierres, les cassent et les étendent ; que les voitures les transportent des carrières sur la route ; que le plus grand ensemble préside à ce travail.

Quant aux fonds, faites-en usage en vous conformant aux indications données dans la seconde partie de ce chapitre.

On fera, par ce moyen, le mieux possible ; mais ce ne sera pas excellent. La prestation en nature est toujours défectueuse, en ce qu'elle applique des hommes à un travail auquel ils ne sont pas propres, et en ce qu'elle ne donne à l'administration que des ouvriers sur lesquels elle n'exerce pas un pouvoir assez absolu. Le premier vice est inhérent à la nature même de cet impôt. Quant au second, il n'y a, suivant nous, qu'un moyen de l'éviter ; il faut que les hommes soient employés à la tâche et non pas à la journée, et que la législation offre aux magistrats des moyens de répression plus actifs et plus directs. Nous examinerons ce point dans la seconde partie.

Des réparations extraordinaires.

Lorsqu'une route est défoncée ou bouleversée, il faut la mettre en état de viabilité avant de la soumettre à l'entretien régulier.

On emploie pour cela trois procédés différens.

Si elle est tout-à-fait défoncée, il faut faire régaler de nouveau la surface ; arracher les pierres qu'on peut avoir sans frais considérables, pour les utiliser plus tard ; puis refaire une chaussée tout-à-fait neuve.

Si la surface n'est que bouleversée, on peut, outre le procédé précédent, en employer un autre qui consiste à arracher seulement les plus grosses pierres, à les recasser, à boucher les trous, et recouvrir le tout d'une couche générale peu considérable.

Enfin, si la surface est seulement inégale, les deux procédés que nous venons de décrire sont encore bons, mais on peut aussi se contenter d'unir la chaussée en brisant à la masse les pierres qui font saillie, puis exécuter un répandage général.

La deuxième méthode, et surtout la troisième, sont économiques ; mais elles ne donnent jamais une chaussée bien douce. La première, plus dispendieuse, donne de meilleurs résultats. M. Mac-Adam lui accorde une préférence exclusive. Voici comment on doit procéder, suivant ce constructeur :

Lorsqu'on est chargé de mettre à neuf une chaussée en très-mauvais état, on doit la faire repiocher jusqu'à la profondeur à laquelle elle ne renferme plus une quantité notable de pierres ; on fait passer le résultat de cette opération à la claie. On met de côté les détritus pour les faire enlever ou pour les faire étendre en couche régulière sur le sol même de la voie (cette dernière mesure est, en général, plus économique). Quant aux pierres, on les fait recasser s'il y a lieu, et on les fait servir à la construction de la nouvelle chaussée.

M. Berthaut-Ducreux pense que ce triage de pierres est une opération mauvaise dans la pratique, parce que les matériaux ainsi obtenus coûtent plus cher que des matériaux neufs ; cela lui paraît surtout vrai en France, où les chaussées ne peuvent pas être remuées sans qu'on touche aussi aux deux accotemens qui les bordent.

Cette assertion peut être vraie ou fausse, suivant les circonstances dans lesquelles on est placé. Voici, du reste, le calcul qu'il faut faire pour en juger :

On fera piocher quelques mètres courans de la chaussée à réparer. On cubera la terre pierreuse extraite ; on la passera à la claie pour en séparer la pierre bonne, qu'on cubera aussi.

On examinera ensuite quelle est la quantité de terre correspondant qu'il faut remuer sur les accotemens, puis on procédera comme dans l'exemple suivant :

Supposons que 3 mètres cubes de la terre pierreuse de la chaussée en donnent 1 de bonne pierre, et qu'après l'avoir extraite, il faille remuer 2 mètres cubes de terrain sur l'accotement.

On peut compter que chaque mètre cube de terre pierreuse, pour être déblayé et passé à la claie, coûte 70 c.

Que chaque mètre cube enlevé sur l'accotement coûte de piochage 50 c.

Ainsi, 3 mètres cubes de terrain
pierreux coûteront. . . . . 2 fr. 10 c.
2 mètres cubes de terrain de l'accotement. . . . . 1 fr.
____
1 mètre cube de pierre reviendra
donc à. . . . . 3 fr. 10 c.

Quant aux ragréages qu'il faudra exécuter après cette extraction, il ne faut pas en tenir compte, parce qu'il est indispensable de les exécuter, quel que soit le mode de réparation qu'on adopte.

Dans le cas qui nous occupe, la question serait donc réduite à savoir si un mètre cube de pierre de même qualité et de même grosseur que celle qu'on a tirée de la chaussée vaut plus ou moins de 3 fr. 10 c.

Du reste, lorsqu'on se décide à faire une pareille opération, elle doit toujours être donnée à *l'entreprise*, et dans aucun cas elle ne doit être exécutée à la journée. Les conditions doivent être les suivantes :

1°. L'entrepreneur sera à la fois chargé de piocher la chaussée à *une profondeur déterminée*, d'en passer les matériaux *à la claie*, de réemployer les détritus, de déposer les pierres propres sur le bord de la route, de baisser les ac-

cotemens, et d'exécuter les ragréages de manière à donner à la route un profil dessiné à l'avance par l'ingénieur.

2°. Il ne touchera aux accotemens qu'après que l'ingénieur ou ses agens auront reconnu qu'il a déblayé la chaussée sur la profondeur convenue.

3°. On ne traitera jamais avec lui au mètre cube, mais au mètre courant, parce qu'il est trop difficile de constater le cube de la matière enlevée. Mais l'ingénieur devra savoir à part lui quel est le cube qu'il faut remuer pour un mètre courant de voie, et se servir de cet élément pour établir les prix d'après lesquels il passera son marché avec l'entrepreneur.

Nous croyons que, dans la plupart des localités, on peut se baser sur les prix suivans :

Extraction et criblage d'un mètre
cube de chaussée. . . . . 60 à 70 c.
Extraction et réemploi d'un mè-
tre cube d'accotement. . . . . . . 40 à 50 c.
Ragréage d'un mètre carré de
voie. . . . . 2 c.

De l'entretien des routes, considéré sous le rapport administratif.

Pour que l'entretien d'une route soit possible, il faut qu'il y ait constamment sur la route assez de pierres cassées pour remédier à tous les accidens.

L'entretien est bon lorsque le répandage de ces pierres se fait à propos.

Pour arriver à un bon entretien, il faut donc remplir les quatre conditions suivantes :

1°. Faire extraire ou ramasser une quantité de matériaux suffisante ;

2°. Les faire apporter à temps sur la route ;

3°. Les faire casser ;

4°. Les faire étendre.

Les deux premières opérations se donnent toujours et doivent se donner à l'entreprise.

On peut généralement dire la même chose de la deuxième. Cependant M. Berthaut-Ducreux la fait exécuter en régie sur ses ateliers pour des raisons que nous ferons connaître plus tard.

La quatrième s'exécute toujours par des ouvriers employés à la journée, sous la surveillance directe des conducteurs des ponts et chaussées. On avait cependant imaginé sous l'Empire de la faire exécuter comme les autres par l'intermédiaire des entrepreneurs ; mais on obtint de si mauvais résultats, qu'on ne tarda pas à revenir aux cantonniers. Nous examinerons plus tard si ce fut à tort ou à raison.

Le prix auquel on paie à l'entrepreneur le mètre cube de pierres rendu est très-variable. Dans une localité où la journée de manœuvre se paie 1 fr. 60 c., celle de carrier 2 fr., et celle de mineur 2 fr. 50 c., la pierre la plus tendre ne vaut jamais à la carrière moins de 90 c. ; la pierre assez dure pour ne pouvoir être extraite qu'à la pince vaut 1 fr. 10 c. ; enfin la roche à la poudre de dureté ordinaire vaut de 2 fr. à 2 fr. 50. On ne doit guère employer la pierre plus difficile à extraire que lorsque des circons-tances locales amènent une baisse de prix momentanée. Quelquefois on peut se borner à faire ramasser les pierres dans des champs. Mais il est bon d'observer que ces pierres ne sont bonnes que lorsqu'elles sont un peu grosses, car c'est dans ce cas seulement que leur cassage donne des éclats inégaux et anguleux, dont on ne peut pas se passer pour la construction des chaussées. Quant au transport, il varie non-seulement suivant la distance, mais encore suivant l'état des routes. On peut consulter à ce sujet la collection de sous-détails qui est à la fin de ce Traité.

Du reste, toutes ces évaluations ne doivent être considérées que comme des indications. On ne doit arrêter de prix que lorsqu'on connaît bien les ressources et les habitudes de la localité dans laquelle on se trouve.

Nous ne dirons rien du cassage, car nous en avons parlé avec assez de détails au chapitre précédent.

Quant à la quatrième opération, le répandage de la pierre et les réparations journalières de la chaussée, il est impossible de donner une idée du prix auquel on peut les exécuter, parce qu'elles varient entre des limites excessivement éloignées. Mais cette question étant fort importante, nous allons la discuter avec un peu d'étendue.

Sous le régime impérial, le conseil d'Etat statuant sur les plaintes auxquelles donnait lieu le mauvais état de la voirie, ordonna que les réparations seraient à l'avenir adjugées à des entrepreneurs placés sous la surveillance directe des ingénieurs du corps des ponts et chaussées. Des réglemens rédigés pour l'exécution de cette mesure furent promulgués et reçurent un commencement d'exécution. Mais cette tentative fut malheureuse, par une raison bien simple, c'est qu'une entreprise ne peut donner de bons résultats que lorsque les conditions en sont bien déterminées. Hors de ce cas, les entrepreneurs échappent à la surveillance, ils exécutent mal des travaux qu'ils font payer fort cher. Or, sous

l'Empire, on s'occupait si peu de la construction et de l'entretien des routes sous le rapport technique, qu'on avait sur cette question les idées les moins nettes et les plus inexactes.

On remarquait à cette époque en France, et on y remarque encore, une tendance générale de l'administration à élargir le domaine de ses opérations, à s'organiser d'une manière forte et puissante, à constituer dans l'Etat un corps spécial. Le système des entreprises était évidemment contraire à la réalisation de cette prétention. Aussi l'administration des ponts et chaussées n'eut pas plus tôt reconnu l'insuffisance des entrepreneurs pour entretenir les routes viables, qu'elle déclara le système des entreprises mauvais, et dès cette époque elle tendit à organiser un *corps de cantonniers*, c'est-à-dire d'ouvriers gagés par elle, dépendans directement d'elle, et travaillant comme une armée sous les ordres des ingénieurs. Au bout de fort peu de temps, on obtint des résultats meilleurs que par le passé ; dès-lors le système des cantonniers fut déclaré bon, et depuis cette époque il a pris une extension toujours croissante.

Mais ce qu'il y a de remarquable, c'est qu'à l'époque même où on proclamait en France qu'il était impossible de bien faire entretenir les routes par des entrepreneurs, on proclamait le contraire en Angleterre. Le parlement publiait en 1819 sur cette question une instruction dans laquelle il disait que les efforts des ingénieurs devaient tendre à s'affranchir le plus possible du mode d'exécution par journées, et l'opinion publique paraissait être très-favorable à cette doctrine.

Pour examiner avec fruit cette importante question, décrivons complètement les deux systèmes.

M. Berthaut est un des hommes qui nous paraissent avoir le mieux compris le principe sur lequel repose l'institution des cantonniers. Il a senti qu'on ne peut en tirer un bon parti, qu'en faisant des cantonniers un véritable *corps* régulièrement constitué, et travaillant sous les ordres de l'ingénieur, qui seul les administre, les punit et les récompense.

De là les conséquences suivantes, qu'il a fait passer dans la pratique.

Le corps n'emploiera plus de cantonniers auxiliaires, parce que de pareils ouvriers sont difficiles à recruter, qu'on perd chaque année beaucoup de temps pour les former, les discipliner, et que, d'ailleurs, ils ne se considèrent jamais comme complètement dépendans de l'administration.

On n'emploiera donc plus, au moins pour l'entretien ordinaire, que des cantonniers gagés à l'année. Chacun d'eux aura à entretenir une étendue de route déterminée, nommée canton. De trois lieues en trois lieues, on placera un cantonnier chef, qui n'aura à entretenir qu'un demi-canton, et qui consacrera ainsi la moitié de son temps à surveiller les cantonniers ordinaires. Enfin, de dix lieues en dix lieues, on placera un cantonnier *contre-maître*, homme de pratique et de commandement, dont l'unique travail consistera à surveiller les cantonniers, et à les instruire, en leur donnant des conseils, la pioche à la main. Les contre-maîtres relèveront directement des conducteurs des ponts et chaussées : à cela, on objectait que le travail d'entretien étant variable dans les diverses saisons de l'année, on ne pouvait employer un nombre fixe de cantonniers, sans que ce nombre fût trop considérable dans la bonne saison, et insuffisant dans la mauvaise. M. Berthaut répondit qu'il employait autant de cantonniers qu'il lui en fallait en hiver, et qu'il les occupait en été au cassage de la pierre déposée à l'avance en tas sur les accotemens. M. Berthaut convenait, du reste, que le cassage lui coûtait plus cher par ce procédé, que s'il le donnait à l'entreprise, mais qu'il obtenait sur le répandage une économie telle, qu'il y avait compensation à son avantage. A l'appui de cette assertion, M. Berthaut a publié un tableau comparatif des dépenses annuelles faites sur les mêmes routes par ses prédécesseurs et par lui ; il en résulte effectivement qu'il les répare à meilleur marché ; il est prouvé, d'ailleurs, qu'il les répare mieux.

Mais une grande partie des économies qu'il obtient nous paraissent résulter :

1°. De ce qu'il a fait exécuter l'extraction et le transport des matériaux à un prix moins élevé que par le passé. Cependant, l'un et l'autre se font toujours à l'entreprise. Mais M. Berthaut a eu le très-grand mérite, en premier lieu, de séparer la fourniture du cassage, ce qui est très-rationnel, parce qu'il est rare que le même homme s'entende également bien à faire ces deux choses. En second lieu, il a divisé ses entreprises de manière qu'il y eût pour chaque localité un entrepreneur différent, résidant dans la localité elle-même. En troisième lieu, la connaissance parfaite qu'il avait des besoins de son service lui a permis de désigner long-temps à l'avance à ses entrepreneurs l'époque à laquelle ils livreraient les diverses fournitures qu'ils avaient soumissionnées ; de sorte que ceux-ci ont pu exécuter leurs transports dans des cir-

constances qui leur étaient très-favorables, et par conséquent, à un prix moins élevé. Enfin, il les a dispensés de l'emmétrage sur la route. Ils ont été seulement prévenus que l'ingénieur, à l'époque des réceptions, ferait emmétrer un certain nombre de tas par les employés, et que s'ils étaient reconnus trop faibles, on évaluerait la différence, et on la rapporterait sur tous les tas, sans que l'entrepreneur pût exiger une vérification ultérieure et élever des réclamations.

Il nous paraît évident que toutes ces mesures sont excellentes, très-bien entendues ; mais elles sont indépendantes de l'institution des cantonniers.

2°. Les études qu'a faites M. Berthaut sur la construction des routes, considérées sous le rapport technique, l'ont aussi conduit à faire de très-grandes améliorations. Ainsi, il est évident qu'en prescrivant de réparer les dégradations aussitôt qu'elles deviennent sensibles, il a prévenu les grands défoncemens qui étaient si fréquens dans l'ancien système, et en substituant les répandages partiels aux répandages généraux, il a produit une économie notable de matériaux. Mais ces résultats n'auraient-ils pas pu être aussi facilement obtenus par le système des entreprises que par celui des cantonniers ? C'est ce que nous allons examiner.

Les cantonniers sont des ouvriers à la journée. Tout ouvrier à la journée peut être, avec de bons conseils et une surveillance modérée, amené à *bien* faire. Mais il faut le stimuler à tous les instans pour qu'il fasse *beaucoup*.

Les entrepreneurs sont, au contraire, des *ouvriers* à la tâche. Ils font toujours *beaucoup*. Ils ne font jamais *bien* s'ils ne sont pas exactement surveillés.

Il y a donc cette différence entre les cantonniers et les entrepreneurs, que l'ingénieur a besoin de s'occuper constamment de *la conduite* du premier, tandis qu'il n'a guère à juger l'autre que par *les résultats obtenus*. Or, comme la conduite varie à chaque instant, et que les résultats restent, il doit être en général plus facile de surveiller un entrepreneur qu'un cantonnier.

D'une autre part, M. Berthaut a reconnu qu'on ne peut tirer un bon parti des ouvriers qu'en les punissant ou les récompensant à propos. Or, l'ingénieur n'a qu'un moyen facile d'arriver à ce but, c'est l'avancement. Il est vrai qu'on peut aussi donner des rétributions différentes aux ouvriers qui ont le même grade nominatif ; mais ce moyen, bon en apparence, est en réalité tout-à-fait impraticable, car lorsque l'ingénieur veut y recourir d'une manière efficace, il ne tarde pas à être assailli de réclamations, de rapports, de récriminations insupportables.

L'entrepreneur, au contraire, s'il fait casser la pierre, emploie les ouvriers à la tâche; dès-lors chacun reçoit par jour une somme exactement proportionnelle au travail qu'il fait. S'il les emploie à la journée, il est à côté d'eux; son intérêt le pousse non-seulement à les stimuler, mais à écouter leurs prétentions lorsqu'elles sont fondées.

Quant aux punitions, l'ingénieur n'en peut guère employer que trois : les reproches, qui ne produisent presque jamais d'effet; des retenues d'argent, qui sont difficiles à régler, si l'on ne veut pas se jeter dans des discussions qui ne finissent jamais; l'exclusion, qui seule est efficace.

L'entrepreneur, au contraire, traite avec l'ouvrier, passe un marché avec lui. S'il ne s'exécute pas, s'il l'obsède avec une énergie qui ne passera jamais dans l'habitude des employés de l'ingénieur; s'il persiste, il l'exclut de ses ateliers, et au besoin le traduit devant le juge du canton.

Jusqu'ici l'avantage nous paraît rester à l'entreprise; mais voici des compensations :

Une entreprise ne peut être avantageuse pour les deux parties contractantes, qu'autant que les conditions en sont réglées sans ambiguités. Si vous n'êtes pas sûr de vos procédés, si vous craignez d'avoir à faire des changemens, si vous voulez vous livrer à des expériences, ayez des employés à la journée, que vous dirigerez comme vous l'entendrez, car un ingénieur qui a un entrepreneur sous ses ordres, n'a pas des relations directes avec les ouvriers que celui-ci emploie. Il renonce au moins en partie à ses droits sur eux.

En second lieu, il ne suffit pas, pour qu'on puisse traiter à des conditions favorables, que l'ingénieur sache nettement ce qui est à faire. Il faut encore qu'il soit possible d'attirer dans la localité des entrepreneurs moraux et capables de le comprendre. Or, nous croyons qu'il est beaucoup de parties de la France où on ne peut pas encore remplir cette condition. Là, force est d'employer des cantonniers à l'année. Mais nous déclarons que ces sortes d'ateliers ne sont à nos yeux que de vastes écoles, qui seront sans doute fort utiles au pays, mais qui auront fait leur temps lorsque le pays sera assez éclairé. Or, nous croyons que M. Berthaut a eu l'immense mérite d'organiser ces écoles de la meilleure manière possible. Nous croyons que de ces cantonniers *chefs* et *contre-maîtres*, sortiront un jour d'excellens entrepreneurs, et que c'est lorsqu'on les aura mis à la *tâche*, qu'ils rendront d'immenses services au pays. C'est alors seulement que M. Berthaut lui-même recueillera tous les fruits des grands efforts qu'il a faits jusqu'ici.

Nous terminerons en répondant à une dernière objection. Quelques personnes prétendent que l'entretien des routes est trop variable pour pouvoir être donné à l'entreprise. Cette observation est vraie lorsqu'on ne considère qu'une année isolée; mais elle tombe, lorsqu'on considère à la fois une période de cinq ou six années; et nous croyons en effet que des traités passés avec des entrepreneurs pour la réparation des routes doivent embrasser à peu près cet intervalle de temps.

Quelques ingénieurs pensent en outre qu'il est trop difficile de définir l'état d'une *route bien entretenue*, pour qu'il soit possible d'adjuger l'entretien à des entrepreneurs. Nous ne sommes pas non plus de cet avis. Il est, suivant nous, plus difficile de définir de la bonne maçonnerie qu'une bonne route; il est cependant excessivement rare qu'on exécute aujourd'hui de la maçonnerie à la journée; on ne le fait jamais sans courir de très-grandes chances de perte. D'ailleurs, nous ne proposons de livrer une route aux soins d'un entrepreneur que lorsqu'elle a été préalablement tenue à l'état de bon entretien pendant un ou deux ans, et dans ce cas il existe un précédent qui sert de règle pour l'avenir.

CHAPITRE IV.

DES CHAUSSÉES PAVÉES.

Les chaussées pavées commencent à perdre la faveur dont elles ont long-temps joui parmi nous. L'Angleterre a donné le signal de cette réaction, et elle l'a poussée si loin qu'on trouve aujourd'hui des empierremens dans les rues même de Londres. La Belgique, au contraire, persistait encore il y a deux ans dans un système opposé; mais nous ne savons pas quelle est aujourd'hui l'opinion de ses ingénieurs sur cette question. Quant à l'Italie, qu'on peut appeler la terre classique du pavé, il est certain qu'elle construit, depuis quelques années, une proportion de chaussées empierrées beaucoup plus forte que par le passé. Enfin, la France a une tendance évidente à adopter exclusivement le pavé pour les rues de ses villes, et l'empierrement pour les routes proprement dites. Nous approuvons tout-à-fait ce système, et nous essaierons de le justifier, après avoir exposé en détail tout ce qui est relatif à l'établissement et à l'entretien des chaussées pavées.

De l'Établissement du pavé.

On pave en pierres naturelles, ou en pierres artificielles, nommées *briques*.

Toutes les pierres dures sont propres à cet usage. Tels sont le grès dur, le granit et quelques calcaires, particulièrement le marbre.

Quant aux briques, il faut qu'elles soient dures, compactes et que leur grain ne soit pas trop gros. Pour qu'elles aient toutes ces qualités, il faut tamiser convénablement l'argile qui sert à leur fabrication, les mouler en pâte plus dure que si elles étaient destinées aux ouvrages ordinaires, et les cuire à une température un peu élevée.

Le langage dont on se sert dans l'art du paveur prête quelquefois à la confusion. Pour éviter toute équivoque, nous conviendrons de n'employer que les termes suivans :

Nous appellerons *pavé* l'un des blocs de pierre qui concourent à former une *chaussée pavée*. Nous donnerons le nom de *pavage* à l'action de paver.

Soit ABCD $abcd$ (PL. II — 1) un pavé. Nous appellerons *tête* la surface supérieure ABCD; *base*, sa surface inférieure $abcd$, ou en d'autres termes celle qui repose sur la fondation. Nous donnerons le nom de *queue* à la distance de sa tête et de sa base, et celui de joints aux quatre faces ABab, BCbc, CDcd, DAda, par lesquelles les pavés contigus se touchent.

Toute chaussée pavée, quelles que soient son espèce et ses qualités particulières, n'est bonne qu'autant qu'elle remplit les conditions suivantes :

1°. Elle doit reposer sur un sol ferme. Ainsi on ne pavera pas sur un terrain marécageux

sans l'avoir préalablement bien asséché, et sur un remblai avant qu'il ait subi tous les tassemens qu'on pouvait craindre.

2°. Le sol doit être damé avec soin, et sa surface doit être semblable à celle qu'aura plus tard la chaussée elle-même. Cette règle, que nous avons conseillée de suivre pour les empierremens, est ici de rigueur.

3°. Enfin, la chaussée doit reposer sur une couche de sable ou de mortier, destinée à servir d'intermédiaire entre elle et le sol naturel. Cette couche porte le nom de *forme*. Son épaisseur doit être d'à peu près 15 centimètres, si elle est en sable, et de 12, si elle est en mortier. Dans lss chaussées pavées modernes, les pavés ne se touchent jamais; il y a toujours entre eux une distance d'au moins un centimètre qu'on remplit avec la matière même dont la *forme* est composée. Les anciens, qui polissaient parfaitement les joints de leur pavé, n'employaient pas ce procédé. Ils les appliquaient exactement les uns contre les autres. Nous qui nous contentons de les ébaucher, nous ne pouvons pas les imiter, parce qu'il nous serait impossible d'éviter des porte-à-faux très-fréquens, qui seraient nuisibles à la solidité de l'ouvrage.

Après ces notions générales, nous allons parler de chaque espèce de pavé en particulier.

Pavés en pierres naturelles.

On en distingue cinq espèces.

Le premier est le *pavé d'échantillon*. On le nomme ainsi parce que tous les blocs qui concourent à former une même chaussée, doivent être semblables et conformes à un échantillon donné. C'est un pareil pavé que nous avons représenté (PL. II — 1, déjà citée). Les trois dimensions, AB, AD, Dd, sont en général égales. On arrondit toujours les quatre angles A, B, C, D, car s'ils étaient trop vifs, le moindre choc les émousserait et les ferait éclater. Il est d'usage de faire la base $abcd$ un peu plus petite que la tête ABCD, c'est ce qu'on appelle *démaigrir le pavé en queue*.

On donne en général au pavé d'échantillon 20 centimètres dans tous les sens. On peut cependant s'arrêter à 16, et aller jusqu'à 25 ou 26. Quelques personnes croient qu'une chaussée pavée est d'autant meilleure que ses élémens sont plus gros; c'est une erreur, car les arêtes d'un pavé s'usant par suite du choc des voitures, le milieu ne tarde pas à être plus exhaussé que les bords, et cette différence est d'autant plus sensible et plus fatigante que le pavé est plus gros.

4

Quant à la dépense, l'établissement d'une chaussée en gros matériaux coûte plus cher que si elle était composée de matériaux plus petits; mais comme d'un autre côté les pavés convenablement retaillés peuvent servir plus de fois lorsqu'ils sont gros que lorsqu'ils sont petits, nous croyons que, tout considéré, l'avantage reste aux premiers.

Toute chaussée en pavés d'échantillons doit reposer sur une forme de sable, lorsqu'elle est destinée à être parcourue par des voitures lourdes. En voici la raison :

Les chocs des voitures produisent deux effets sur une chaussée garnie en maçonnerie; ils brisent les pavés parce qu'ils reposent sur un sol dur et sans élasticité; ils brisent la maçonnerie par une raison à peu près semblable. Par suite de ces deux causes, les élémens de la chaussée ne tardent pas à être désagrégés; ils deviennent branlans, et il faut relever celle-ci bout à bout.

Une chaussée garnie en sable, au contraire, s'enfonce sous les voitures; elle devient inégale, mais elle ne se brise pas; ce qui fait qu'elle peut être d'un bon usage, même après que ses élémens ont subi une dislocation notable. Voilà ce qui la rend préférable à la première. L'une et l'autre sont bouleversées par les voitures qui les parcourent; mais l'une peut servir tout en étant bouleversée, tandis que l'autre doit être immédiatement refaite.

Pour poser du pavé d'échantillon sur sable, on commence par étendre sur le sol, après qu'il a été convenablement préparé, une *forme* de 15 centimètres d'épaisseur, qu'on dame avec soin. On procède ensuite à la pose proprement dite. L'ouvrier se sert à cet effet d'un outil particulier (Pl. II—2). La partie A B, faite en forme de pioche, sert à arranger le sable. La partie A C, faite en forme de marteau, sert à faire disparaître les petites inégalités qui peuvent se trouver dans chaque pavé, et à le frapper après qu'il a été mis en place pour bien l'assurer. Les joints de tous les pavés doivent être soigneusement garnis de sable. On doit veiller à ce qu'ils ne se touchent pas, car en ce cas le moindre porte-à-faux suffirait pour les faire éclater. Enfin, avant de livrer la chaussée ainsi construite à la circulation, on doit la couvrir d'une légère couche de sable, et frapper fortement à *la hie* chacun des blocs qui la composent. L'instrument dont nous venons de prononcer le nom est très-connu. Nous l'avons cependant dessiné (fig. 3), et nous avons coté toutes ses dimensions. Son poids doit être d'environ 60 kil.

Lorsqu'on pose sur mortier, on ne doit étendre celui-ci qu'au moment de poser le pavé, pour qu'il ne perde pas, par la dessication, une partie de ses qualités. Le poseur étend le mortier et garnit ses joints à l'aide de la truelle. Il se sert du marteau pour arranger chaque bloc et le mettre en place. Jamais on ne doit frapper à la hie une chaussée ainsi construite, car cette opération ne serait propre qu'à faire souffler le mortier s'il était liquide, et à le briser s'il était sec. On doit même éviter d'y passer jusqu'à ce que la maçonnerie ait fait corps.

Nous avons représenté une chaussée en pavé d'échantillon dans la fig. 8 (Pl. II).

Après ce genre de chaussée viennent les *chaussées en blocage*, qui sont formées de pavés de toutes les formes et de toutes les dimensions, dont on a seulement soin d'ébaucher la tête. Elles sont toujours très-dures et ne tardent pas à devenir inégales. On les pose sur sable en prenant les mêmes précautions que pour celles d'échantillons.

Les *cailloux roulés* ne sont propres au pavage que lorsqu'ils ont au moins 15 centimètres en queue. Tout le monde sait que l'un des bouts de ces cailloux est toujours plus pointu que l'autre. C'est ordinairement celui-là qu'on fait porter sur la forme. Nous avons vu quelquefois pratiquer le contraire dans le but de leur donner plus de stabilité; mais on obtient ainsi des chaussées très-fatigantes.

Les cailloux roulés se posent comme des pavés d'échantillon; on doit seulement, au lieu de les poser simplement sur la *forme*, les y enfoncer d'environ 5 centimètres. A cet effet, on en donne 20 à la forme. Voyez fig. 9 (Pl. II).

On appelle *dalles* des blocs de pierre qui ont une surface très-grande par rapport à leur épaisseur. Lorsqu'on s'en sert comme pavés, elles doivent être d'une matière très-dure, surtout si on a l'intention de les abandonner à la circulation des voitures. Les pierres les plus propres à cet usage sont le porphyre, le granit, le marbre et la lave. Comme on ne les trouve pas partout, et que d'ailleurs elles sont difficiles à extraire et à tailler, le prix d'un dallage est généralement fort élevé.

Les dalles doivent toujours être posées sur maçonnerie. Lors donc qu'elles ne sont pas interdites aux voitures, il faut veiller à ce que leurs joints soient ajustés avec une grande perfection; sans cela elles auraient à subir des chocs qui ne manqueraient pas de les briser.

La *cinquième espèce de chaussée pavée* dont nous devons parler, est tout-à-fait inusitée aujourd'hui; mais elle était en usage chez les Romains. Elle était composée de blocs à têtes polygonales irrégulières. Les joints se touchaient, mais on évitait les porte-à-faux en les taillant avec la plus grande précision. Voici comment on exécutait, suivant toute apparence, ces sortes d'ouvrages qui devaient être fort dispendieux.

On apportait les blocs sur les ateliers de pavage, à peu près tels qu'ils sortaient des mains du carrier. Là, l'ouvrier commençait par en tailler deux d'une manière absolument arbitraire. Seulement ils devaient avoir une face de joints exactement semblable. Tels sont les pavés M et N dans la fig. 10 (PL. II). On les plaçait l'un contre l'autre en les joignant par la face qui était égale sur tous les sens ; mais, à part cela, leur position était quelconque. Il se formait alors autour des points D et E deux angles CEF, ADI. L'ouvrier taillait deux pavés qui pussent s'y emboîter exactement. Voulait-il, par exemple, remplir le premier ? il mesurait la face AD, la face DI et l'angle ADI. Palladio pense qu'on relevait cet angle en prenant son empreinte à l'aide d'une feuille de plomb. Quand cela était fait, on taillait avec tous les soins possibles le pavé P, et on le mettait en place. Il est clair que les seules faces de ce pavé qui fussent déterminées, étaient AD et DI, et que les autres ne l'étaient ni de nombre ni de disposition.

Des aires (1) pavées en briques.

On les divise en deux classes, suivant qu'elles sont pavées en briques posées à plat, ou en briques posées de champ.

Pour bien comprendre cette division, il faut observer qu'une brique a un certain nombre d'angles, et qu'à chacun d'eux aboutissent trois arêtes généralement inégales. Lorsqu'elle est mise en place dans une chaussée pavée, l'une des trois arêtes est toujours verticale, et les deux autres sont horizontales. Si l'arête qui est verticale est la plus courte des trois, on dit que la brique est *posée à plat*. Si c'est une des deux autres arêtes, on dit qu'elle est posée de champ. Le plus généralement l'arête qui est verticale n'est pas la plus longue des trois ; c'est la moyenne.

Les figures 4, 5, 6, 7 (PL. II), représentent trois briques rectangulaires. La première est posée à

plat, les deux autres le sont de champ ; mais la disposition indiquée fig. 6 est plus usitée que celle indiquée fig. 7.

Une aire construite en briques posées à plat doit toujours être établie sur mortier, et ses joints doivent être soigneusement garnis. Comme ce mode de pavage est peu solide, on ne l'emploie que dans l'intérieur des appartemens, dans les cours et sur les trottoirs peu fréquentés. On en connaît d'une infinité d'espèces ; on peut les diviser en régulières et irrégulières.

Parmi les premières, les seules qui soient usitées sont :

1°. Le pavage en briques carrées (fig. 11 et 12).

2°. Le pavage en briques à six côtés (fig. 13). C'est le carrelage le plus ordinaire de nos appartemens.

Les pavages irréguliers sont diversifiés à l'infini. Les plus usités sont :

1°. Celui en briques rectangulaires, ayant un des côtés double de l'autre. Le plus grand doit avoir de 20 à 24 centimètres, et l'autre de 10 à 12. Il peut être exécuté de deux manières différentes, représentées fig. 14 et 15.

2°. Celui en briques à huit côtés entremêlées de briques carrées. Cette disposition est représentée fig. 16.

Les briques posées de champ donnent des chaussées beaucoup plus solides que celles que nous venons de décrire. Elles ne résisteraient cependant pas à un roulage très-considérable, mais on peut y faire passer sans inconvénient des hommes et des chevaux, et même y rouler des brouettes. Les briques les plus propres, suivant nous, à ce genre de construction, doivent avoir 20 centimètres de long, 10 de large et 5 d'épaisseur. On peut les poser à volonté sur sable ou sur maçonnerie. Dans le premier cas, on commence par étendre sur le sol une forme de sable, puis on pose des briques à la main les unes à côtés des autres. La meilleure disposition qu'on puisse leur donner, est celle que nous avons dessinée (PL. II — 17). Pour que les joints se garnissent, il faut, aussitôt que la chaussée est terminée, recouvrir sa surface d'une couche de sable fin. Les pluies, les chocs et mille autres circonstances ne tardent pas à le faire pénétrer entre les briques, de manière à garnir tous leurs intervalles. Lorsque la pose se fait par maçonnerie, on étend avec la truelle à peu près 12 centimètres de mortier sur le sol, et on établit chaque brique sur cette couche, après l'avoir préalablement trempée dans un bain de mortier très-clair. Après qu'une brique

____

(1) Nous nous servons ici pour la première fois du mot *aire* et nous le substituons au mot *chaussée*. Cette dénomination, qui est équivalente à celle de *surface*, nous paraît plus propre, par sa généralité, à exprimer notre pensée que celle de chaussée. On pave, en effet, en briques plus de trottoirs, de halles, de hangars, etc. que de chaussées proprement dites.

est en place, on l'assure en la frappant avec le dos de la truelle.

Emploi de diverses sortes de pavés.

Les rues de la plupart des grandes villes de France et presque toutes les routes qui ne sont pas empierrées sont pavées en blocs d'échantillon. Quelques-unes de ces dernières ont été cependant pavées en blocage pour des raisons d'économie ; mais elles sont très-dures et très-cahotantes.

Les villes bâties sur les bords du Rhône, plusieurs routes établies le long de ce fleuve et de beaucoup d'autres, sont pavées en cailloux roulés. Lorsque ces chaussées sont bien exécutées et entretenues avec soin, elles sont bien roulantes, mais très-fatigantes pour les piétons.

Les trottoirs de Paris sont pavés en dalles ; ceux de Rouen le sont en petits blocs d'un grès très-dur posé sur maçonnerie. Une partie de ceux de Marseille le sont en cailloux roulés. Dans quelques villes de la Hollande, ils le sont en briques posées de champ, et rarement en briques posées à plat.

Quelques rues de Gênes et de Milan et plusieurs parties de routes en Écosse sont pavées d'une manière fort remarquable. Le milieu de la voie est une chaussée ordinaire. Mais les côtés, c'est-à-dire la partie sur laquelle doivent porter les roues des voitures, sont pavés en dalles. On obtient ainsi des voies très-douces et parfaitement roulantes. Nous avons vu des voyageurs dignes de foi qui avaient eu occasion de les comparer à nos meilleurs chemins de fer, et qui leur donnaient la préférence. Il est du reste clair que, dans les rues très-fréquentées, la nécessité où sont les voitures de se détourner souvent pour laisser passer celles qui viennent à leur rencontre, détruit une partie du bon effet de la construction que nous venons d'indiquer, à moins qu'on ne pratique plusieurs voies.

On ne peut jamais daller le milieu d'une chaussée, parce que les chevaux n'y auraient pas pied. A Gênes, cette partie est pavée en briques ; à Milan, elle l'est en blocs d'échantillon. On a découvert à Herculanum des voies ainsi construites, mais nous ne savons pas comment le milieu était établi.

Le port de Marseille est pavé en briques posées de champ. La circulation y est interdite aux voitures et aux chevaux ; en revanche celle des piétons y est peut-être plus active que dans aucune rue de Paris. En outre, il s'y effectue beaucoup de transports à la brouette et sur de petites voitures traînées par des hommes. Cependant ce pavé résiste très-bien. On l'entretient à peu de frais très-propre et très-uni.

De l'Entretien du pavé.

On ne doit, dans aucun cas, faire exécuter ou entretenir une chaussée pavée par des cantonniers isolés, mais par des ateliers composés de plusieurs ouvriers, entre lesquels on divise le travail d'une manière convenable. Il faut que le maître paveur se borne à arranger les blocs qu'on lui présente et à les mettre en place, et qu'il ait à sa disposition des manœuvres chargés de piocher la forme, de la regarnir, de lui apporter les pavés dont il a besoin et de les frapper à la hie après la pose.

Une chaussée pavée doit être réparée aussitôt qu'elle est devenue trop inégale. Tous les pavés enfoncés doivent être arrachés et rehaussés. Tous ceux qui sont brisés doivent être enlevés et rebutés ; si cependant, malgré les éclats qui en ont été détachés, ils ont encore au moins 16 centimètres dans tous les sens, ils doivent être mis à part et retaillés, pour être ensuite vendus ou employés sur des parties de chaussées neuves.

Lorsqu'une chaussée pavée est par trop bouleversée, on doit la refaire complètement. C'est ce qu'on appelle la relever bout à bout. A cet effet, on arrache tous les pavés, on les met en tas sur l'accotement, on repioche la forme et on refait la chaussée à neuf. Il est bon de faire toujours les réparations partielles à temps, car on retarde ainsi un bouleversement complet, et par conséquent on éloigne l'époque du relevé à bout, opération qui est toujours très-pénible parce qu'elle gêne la circulation.

Ce que nous venons de dire n'est rigoureusement vrai que pour les chaussées posées sur sable ; mais on peut l'appliquer avec une légère modification à celles qui sont garnies en maçonnerie. Voici les deux règles qui doivent s'appliquer à cette dernière classe d'ouvrages :

1°. Tout joint qui a été dégarni de mortier par une cause quelconque doit être regarni ;

2°. Tout pavé brisé doit être changé ;

3°. Tout pavé enfoncé doit non-seulement être relevé, mais il faut en outre démolir la forme sur laquelle il repose, et la regarnir de mortier.

Aucun des principes que nous venons d'énoncer n'est contesté ; cependant on avait, sous l'Empire, proposé de faire entretenir les chaussées pavées par des cantonniers. Mais on renonça bientôt à cette méthode qui fut reconnue inapplicable, et les réglemens tombèrent en désuétude.

Parallèle entre les chaussées pavées et les chaussées empierrées.

La comparaison que nous allons faire nous entraînerait beaucoup trop loin si nous voulions comparer toutes les espèces de chaussées pavées à toutes les espèces de chaussées empierrées ; mais elle devient fort simple lorsqu'on borne l'examen aux plus usitées d'entre elles.

Nous allons donc choisir, entre toutes celles que nous avons décrites, les suivantes :

La chaussée pavée en blocage ;

La chaussée pavée en échantillon ;

La chaussée empierrée ordinaire ;

La chaussée sablée.

Et nous allons faire une énumération complète de leurs qualités.

1º. Toute chaussée pavée est dure, raboteuse et cahotante, même lorsqu'elle est neuve.

Lorsqu'elle subit l'action du roulage, les matériaux qui la composent s'enfoncent, elle devient de plus en plus mauvaise ; mais il est très-rare que les matériaux se perdent complètement dans le sol et que la route soit *coupée*.

Si on veut la maintenir *en bon état*, on ne peut le faire que par un entretien très-dispendieux ; mais, lorsqu'on veut se contenter de la maintenir *viable*, il suffit de très-peu de frais.

L'action du roulage brise quelquefois les pavés en éclats, mais elle ne les broie jamais complètement ; aussi se forme-t-il beaucoup moins de boue sur les chaussées pavées que sur celles qui sont empierrées.

2º. Les chaussées pavées en blocage sont tellement dures, qu'on doit ne jamais en établir sur les routes très-fréquentées par le roulage, parce qu'il en résulte une trop grande perte pour l'industrie du pays. Leurs surfaces inégales préjudicient non-seulement aux voitures, mais sont encore très-fatigantes pour les piétons. Leur établissement est en général peu dispendieux.

3º. Les chaussées pavées en blocs d'échantillon sont dures pour les voitures, mais bonnes pour les piétons. Leur établissement coûte fort cher. On en aura une idée lorsqu'on saura qu'à Paris un seul pavé tout posé ne revient pas à moins de 40 ou 50 cent. Leur entretien coûte aussi des frais considérables.

4º. Les chaussées empierrées en petits matériaux sont les meilleures qu'il soit possible d'avoir pour la circulation des voitures. En tout état elles sont plus fatigantes pour les piétons que le pavé d'échantillon. La poussière en été,

la boue pendant les pluies et après les dégels, contribuent à les rendre mauvaises.

Conséquences :

1º. Lorsqu'on veut rendre une certaine partie de route viable, faire peu de frais pour son établissement et son entretien, qu'on ne tient pas à ce qu'elle soit bonne, mais seulement praticable en tout temps, nous croyons qu'on n'a rien de mieux à faire, surtout dans les terrains humides, que de la paver en blocage, ou en cailloux roulés, si la localité en fournit.

2º. Lorsqu'une route est très-fréquentée par les voitures, et peu fréquentée par les piétons, elle doit être empierrée. Sur toutes nos routes, on doit se contenter de pratiquer sur les côtés une ou deux banquettes pour les piétons ; quant à la chaussée, on doit l'abandonner complètement aux voitures, et par conséquent l'empierrer.

3º. Il nous reste à expliquer pourquoi nous proposons de paver toutes les rues de nos villes sans exception. Tout homme qui a examiné jusqu'à quel point le pavé des rues de Paris s'enfonce sous le poids des voitures, et se couvre de boue à la suite d'une pluie de quelques heures, sera convaincu qu'un empierrement n'y serait possible qu'autant qu'on lui ferait subir des réparations de tous les instans. Or, ces réparations gêneraient certainement la circulation, avec quelque régularité qu'elles fussent exécutées.

Mais, en supposant qu'on parvînt à vaincre cet obstacle, on aurait encore à résoudre une difficulté qui n'est rien sur les grandes routes, et qui serait très-grande dans les rues. Nous voulons parler de l'ébouage. Les chaussées des routes étant spécialement faites pour les voitures, peuvent être boueuses jusqu'à un certain point sans qu'il en résulte un grand mal. Les rues de nos villes sont, au contraire, plutôt faites pour les piétons que pour les voitures ; or, il est impossible de mettre ceux-ci dans la nécessité de traverser fréquemment des chaussées sales, ou de les exposer à être éclaboussés, lors même qu'ils marcheraient sur les trottoirs, par les chevaux qui piétineraient à leurs côtés. On l'a cependant fait à Londres ; mais il paraît qu'on ne l'a tenté que dans les rues habitées par l'aristocratie, et où il passe plus de voitures que d'hommes à pied ; encore les plaintes réitérées de ceux-ci ont-elles souvent été si fortes, qu'on a été plusieurs fois sur le point de renoncer à cet usage très-déraisonnable sous tous les rapports.

CHAPITRE V.

DES PLANTATIONS D'ARBRES, DES HAIES, DES MURS, DES BORNES MILLIAIRES. DES BORNES-FONTAINES.

Les considérations qui suivent terminent ce que nous nous proposons de dire sur l'établissement et l'entretien de la surface des routes. Elles sont certainement d'un intérêt moindre que celles dont nous les avons fait précéder; aussi les présenterons-nous d'une manière très-sommaire. Mais nous n'avons pas cru devoir les supprimer, parce que, dans un sujet aussi important que celui qui nous occupe, on ne doit pas négliger les plus petits détails.

En France, les propriétaires sont généralement tenus de planter des arbres le long des routes qui bordent leurs propriétés. Il existe des réglemens formels sur cette matière, et ils ont été exécutés dans beaucoup de localités. On n'a, du reste, rien prescrit sur le choix des espèces. Tantôt on plante des arbres à tige haute et nue qui forment *rideau*; tantôt, au contraire, on les choisit touffus, de sorte que pendant une partie de la journée ils projettent leur ombre sur la route, et que toujours ils s'opposent plus ou moins à l'action desséchante du vent.

Il est évident que le législateur, en faisant ces prescriptions, a eu pour objet de décorer les routes de deux rideaux d'arbres d'un effet agréable à l'œil. Mais il faut convenir que si cette décoration est bien choisie pour les routes du midi de la France, qui ont plus à craindre les rayons du soleil que l'action délétère des pluies, elle est d'un effet très-préjudiciable sur nos routes du nord. On l'a très-bien senti en Angleterre, où on fait aujourd'hui couper les arbres sur les bords des routes, et où on ne tolère aucune haie qui s'élève au-dessus du sol de plus de 1m,45.

On pourrait croire, au premier abord, que c'est pour une raison semblable qu'aujourd'hui en France on fait éclairer sur 20 mètres de largeur au-delà de chaque fossé toutes les routes qui traversent les bois et les forêts. Mais les réglemens qui prescrivent cette mesure et qui sont déjà fort anciens ont été rendus dans des vues de sûreté publique, et non pas dans un but de conservation. C'est la même cause qui avait fait récemment proposer d'obliger, dans les départemens formant l'ancienne Vendée, à couper les haies qui bordent les chemins à la hauteur de 1m,20.

Aujourd'hui il est bien reconnu que les plantations régulières d'arbres sont très-préjudiciables à la conservation des routes. Comme dans quelques parties de la France on a jusqu'à présent conservé à celles-ci une largeur excessive, il est possible que le milieu de la chaussée n'en ait pas ressenti un dommage notable, mais on ne peut certainement pas en dire autant des accotemens.

Il n'est permis de conserver quelques arbres sur les routes que dans un but de commodité pour les voyageurs qui les parcourent en été. Mais alors il faut les placer à des distances un peu considérables les uns des autres. Il est même bon de les planter à quelques mètres du fossé extérieur de la route, dans un petit terrain spécialement acquis pour cet usage. On pourrait même, comme cela se pratique dans quelques parties de l'Italie, adosser des bancs de pierre à quelques-uns de ces arbres.

Dans plusieurs localités, on tend à substituer des murs aux haies qui servaient autrefois à limiter les propriétés. Cet usage peut être avantageux aux propriétaires, en ce qu'un mur n'occupe qu'un espace rigoureusement égal à son épaisseur, tandis qu'une haie pousse des racines qui s'étendent au loin. Mais il produit un effet très-disgracieux; en outre les murs font encore plus de mal aux routes que les arbres, parce qu'ils arrêtent davantage les rayons du soleil, et qu'ils s'opposent d'une manière plus efficace à la circulation de l'air. Comme un mur est un ouvrage de maçonnerie assez dispendieux, il est fort difficile de rectifier les alignemens des routes qui en sont bordées, parce qu'il faut payer aux propriétaires des indemnités plus élevées. Nous connaissons des chemins vicinaux fort importans, qui sont devenus depuis longues années trop étroits pour les besoins de la circulation, qui sont d'ailleurs si mal tracés qu'il en résulte de très-grandes pertes pour tous les habitans de la localité, et qu'on ne rectifie pas, parce qu'ils sont bordés sur toute leur longueur de murs très-bien construits, et qu'il serait trop coûteux de faire abattre. On s'est contenté de donner un alignement aux propriétaires riverains, et de les forcer à ne pas le dépasser lorsque leurs anciens murs s'écroulent.

On a reconnu depuis long-temps qu'il est utile de faire borner les routes. Le bornage consiste à placer sur l'arête extérieure de la voie, et à des distances convenues, des pierres taillées, sur lesquelles on grave la distance du point où elles sont établies à un repaire fixe. Le repaire est pour les routes royales le centre de Paris. Les bornes sont espacées de 2000 mètres ou d'une demi-lieue de poste. Chaque borne porte un nº d'ordre. Lorsqu'on en rencontre une sur la route qu'on parcourt, on n'a qu'à lire le nombre qu'elle porte, en prendre la moitié, et on a la distance à laquelle on se trouve de Paris exprimée en lieues de poste.

Il est plus utile qu'on ne le pense de faire borner les routes principales d'un pays. Les bornes ont le double avantage de servir à fixer l'étendue des relais de poste, et en outre d'être des points de repaire dont on peut se servir pour décrire la route, circonstance qui se présente très-fréquemment.

Le bornage est une opération qui peut se faire d'une manière très-économique. Sur nos routes royales, on se sert pour cet usage de blocs de pierre taillés avec assez de soin. Mais c'est là un luxe tout-à-fait superflu. Nous croyons qu'il serait fort utile, lorsqu'on fait cadastrer une commune rurale, de faire borner ses chemins. C'est même une mesure qui devrait être prescrite par l'administration. On serait, par ce moyen, certain de connaître la longueur des chemins de chaque commune avec assez d'exactitude pour les imposer d'une manière équitable, et en outre, le commissaire voyer chargé de les faire réparer pourrait chaque année en faire une statistique complète, but qu'il est aujourd'hui impossible d'atteindre.

Les fig. 28 et 29, 30 et 31 (Pl. II) représentent en plan et en élévation deux modèles de bornes qu'on pourrait adopter pour des chemins vicinaux. La fig. 32 en représente une autre de plus grande dimension et faite avec plus de soin.

CHAPITRE VI.

DES TRAVAUX DE MAÇONNERIE QU'IL EST NÉCESSAIRE D'EXÉCUTER SUR LES ROUTES POUR ARRIVER A UN ASSÉCHEMENT COMPLET DE LEUR SURFACE.

Il est rare qu'on ait à exécuter de grands travaux de maçonnerie sur un chemin vicinal. Le cas peut néanmoins se présenter. Il convient alors d'en faire rédiger le projet par un ingénieur ou un architecte habitué à traiter ces sortes de questions, et de les faire exécuter par un entrepreneur *ad hoc*. Autant il est convenable qu'un maire s'occupe lui-même de la construction et de l'entretien du chemin proprement dit, autant il serait nuisible qu'il projetât un pont de quelque importance, et qu'il en dirigeât l'exécution. Il faut cependant, lorsque le projet a été arrêté par des hommes de l'art, qu'il soit en état de le lire et de le comprendre. La raison en est que, l'ingénieur ou l'architecte étant le plus souvent étrangers à la localité, ne connaissent ni ses besoins ni ses ressources aussi bien que le maire, en sorte qu'il est utile que celui-ci donne son avis sur la forme générale des ouvrages aussi bien que sur le prix des journées et des matériaux. Le but des considérations qui suivent est de mettre la langue des *devis* et des *sous-détails* à la portée de l'intelligence la plus ordinaire et de donner les règles les plus usuelles de l'art de bâtir; mais nous répétons que notre but n'est pas d'apprendre l'art des constructions à ceux qui n'y ont pas été préparés par des études spéciales. Nous décrirons seulement à la fin du chapitre quelques travaux assez simples pour pouvoir être confiés à des maçons ordinaires de village. Ce sont les seuls qu'il soit fréquemment nécessaire d'exécuter pour assécher les chemins vicinaux; ce sont aussi les seuls dont les maires et les commissaires voyers puissent raisonnablement se charger sous leur propre responsabilité.

§ Iᵉʳ. — *De la nature et du choix des materiaux.*

Les matériaux qu'on emploie dans la maçonnerie se divisent en deux classes distinctes, les pierres et les mortiers. Leur choix est une chose fort importante. Nous allons donner une solution abrégée des questions qui s'y rapportent ; pour les développemens, nous renverrons aux ouvrages spéciaux qui ont été récemment publiés sur cette matière.

Des Pierres.

On les divise en pierres naturelles et en pierres artificielles ou briques.

Les qualités qu'on recherche dans les *pierres naturelles* employées à bâtir, sont la solidité et la faculté de résister à la gelée.

Une pierre qui n'est pas solide ne doit jamais être employée dans des massifs soumis à une charge considérable. On peut s'en servir dans les autres cas. Il est des pierres qui sont solides lorsqu'elles ont été exposées à l'air, et faciles à désagréger lorsqu'elles ont été tenues long-temps à l'humidité. Telles sont certaines espèces de grès. On doit les bannir des fondations.

Toute pierre qui éclate à la gelée ne peut pas servir dans les constructions en maçonnerie ; mais il faut remarquer que les pierres de la plupart de nos carrières n'ont ce défaut que lorsqu'elles ont été tirées aux approches ou pendant la durée de l'hiver. Si on les extrait au printemps ou en été, de telle sorte qu'elles puissent jeter leur eau de carrière avant les premiers froids, elles résistent très-bien. Presque tous les calcaires sont dans ce cas. La plupart des grès peuvent, au contraire, être tirés en hiver. Du reste, lorsqu'une carrière est ouverte depuis long-temps, il est rare que les maçons de la localité ne sachent pas comment les pierres qu'elle fournit se comportent à la gelée. On n'est exposé à se tromper que lorsqu'on est obligé d'ouvrir de nouvelles carrières pour les besoins de travaux extraordinaires. En ce cas, il est difficile de répondre du succès, lorsqu'on n'a pas le temps de faire des essais un peu en grand. Quelques théoriciens ont indiqué des procédés à l'aide desquels on peut juger des qualités d'une pierre par des essais faits au laboratoire sur de petits échantillons ; nous ne les indiquerons pas parce que leur sûreté est très-douteuse.

Les pierres à bâtir se divisent, eu égard à leur forme et à leur dimension, en moëllons et en pierres de taille.

Cette division est artificielle ; il est par conséquent difficile d'en bien indiquer les limites. On peut cependant dire que les dimensions du moëllon ne doivent pas dépasser 30 ou 35 centimètres dans tous les sens ; que s'il n'est pas tout-à-fait brut, il doit au moins avoir des formes tellement simples qu'on puisse le tailler en ne se servant que de la règle et de l'équerre. C'est pour cette raison qu'il doit être généralement placé dans la maçonnerie, de manière à n'avoir qu'une face vue, et que cette face doit être rectangulaire. La pierre de taille, au contraire, peut être placée sans inconvéniens dans toutes les positions possibles. Ses formes peuvent être compliquées. On ne la taille, comme nous le dirons plus tard, qu'après l'avoir dessinée, et il faut que l'ouvrier s'aide, dans cette opération, de patrons en bois, nommés *panneaux*, qui lui servent de modèles.

On distingue quatre classes principales de moëllons.

1°. Le *moëllon brut*, dit *pierre mureuse*. On l'emploie dans les massifs. On s'en sert aussi pour construire *les paremens*, c'est-à-dire la partie vue de la grosse maçonnerie.

2°. Le *moëllon ébauché*, dit aussi *moëllon épincé*. On nomme ainsi du moëllon qui a été ébauché au marteau comme du pavé, et qui ayant par conséquent une face et des joints demi-réguliers, est plus propre que le précédent à faire la partie vue des gros ouvrages de maçonnerie. On ne l'emploie pas dans les ouvrages de luxe.

3°. Le *moëllon smillé*. Sa face vue est tout-à-fait plane, mais les quatre arêtes apparentes ne sont ni exactement très-vives ni perpendiculaires entre elles. Ce moëllon ne peut être taillé qu'à la pointe du marteau.

4°. Le *moëllon piqué*. Il ne diffère du précédent qu'en ce que ses arêtes sont vives et exactement perpendiculaires deux à deux, de telle sorte que la face vue est un rectangle parfait. Quelquefois les arêtes du moëllon piqué sont faites au ciseau. On dit alors qu'il est piqué et *relevé d'équerre entre quatre ciselures*. Mais lorsque cette opération n'est pas faite avec le plus grand soin, elle donne des résultats dont l'effet est mauvais à l'œil.

Il est difficile de trouver, dans une localité éloignée des grandes villes, des ouvriers capables de bien smiller ou piquer du moëllon. Comme d'ailleurs cette main-d'œuvre est fort chère, il convient d'y renoncer pour tous les travaux exécutés sur les chemins vicinaux.

Quelquefois, pour des ouvrages de luxe, on ne se contente pas de piquer le moëllon, on taille sa surface au ciseau et on le polit. Mais il est inutile de décrire ici ces deux procédés.

Passons maintenant aux pierres de taille. Elles peuvent recevoir des formes très-compliquées. Les constructeurs modernes ont poussé cet art à un haut degré de perfection ; mais ils en ont fait une science qui ne peut être exposée que dans un ouvrage spécial. On peut consulter à ce sujet :

1º. La Collection des Epures à l'usage de l'Ecole-Polytechnique. Mais comme elles ne sont pas accompagnées d'un texte explicatif, elles ne peuvent être comprises qu'avec l'aide d'un professeur par ceux qui ne connaissent pas les principaux élémens de la science.

2º. Le Traité de la coupe des pierres de Douliole.

3º. L'ouvrage inachevé que M. l'ingénieur en chef Vallée publie en ce moment par livraisons.

Dans l'art du tailleur de pierres on donne le nom d'appareil à l'ensemble des dessins qu'il faut faire pour exécuter une portion déterminée d'une construction en pierres de taille. De là vient que sur les ateliers on divise celles-ci en pierres de *haut appareil* et de *bas appareil*. Mais ces dénominations ne sont pas employées partout dans le même sens. Tantôt elles servent à indiquer la dimension des pierres, tantôt la plus ou moins grande complication de leur forme, quelquefois enfin l'une et l'autre chose. Il serait, suivant nous, plus convenable d'établir quatre divisions au lieu de deux. On diviserait d'abord la pierre en *grande* et *petite*, en n'ayant égard qu'à son volume. Chacune de ces classes se subdiviserait en deux autres, dans lesquelles on n'aurait égard qu'à la plus ou moins grande difficulté du taillage.

On aurait ainsi :

1º. La grande taille de haut appareil ;

2º. La grande taille de bas appareil ;

3º. La petite taille de haut appareil ;

4º. La petite taille de bas appareil.

Le prix du taillage varie encore suivant le plus ou moins de fini qu'on veut donner aux faces de la pierre.

Tantôt on se borne à la *piquer*. Pour comprendre cette dénomination, il faut savoir que les tailleurs de pierre dressent les faces d'une pierre en en faisant sauter des éclats avec un marteau pointu. Cette opération porte le nom de *piquage*. Il n'en est aucune qui soit plus simple et plus économique.

D'autres fois, après que la pierre a été dressée, comme nous venons de le dire, on fait disparaître les traces qu'a laissées la pointe sur sa surface en la frappant avec un marteau à dents. Cette opération a pour but de substituer un piqué fin et régulier à celui qui existait préalablement. Les pierres calcaires la supportent très-bien, et comme elle n'est pas dispendieuse, on la leur fait ordinairement subir. Pour les grès, on s'en dispense presque toujours.

On peut encore ciseler la pierre de taille ou même la polir, mais on ne le fait que pour des ouvrages de luxe. Nous ferons cependant observer qu'on déroge toujours à cette règle pour les arêtes ; car celles-ci devant être dressées avec le plus grand soin, il est absolument nécessaire de les tailler au ciseau. C'est ce qu'on exprime en disant que toute pierre de taille doit avoir ses faces dressées entre quatre ciselures.

Voici quelques considérations sur le gisement des pierres dans les carrières, leur choix et leur emploi.

Les pierres dont on se sert ordinairement dans les constructions n'existent pas dans la nature en masses irrégulières, mais en bancs ou couches plus ou moins épaisses et d'une inclinaison variable. Cette disposition est exprimée en géologie par le mot de *stratification*. L'ensemble des couches superposées constitue ce qu'on nomme une *formation*.

Les constructeurs appellent *lit de carrière* la surface de séparation de deux couches superposées. Il est reconnu qu'une pierre placée dans un massif de maçonnerie ne résiste jamais mieux que lorsqu'elle est *posée sur son lit*, c'est-à-dire de manière que celui-ci soit horizontal dans les murs verticaux, et dans tous les autres cas perpendiculaire à la direction de la grande pression. Certaines pierres sont stratifiées avec tant de régularité, que l'homme le moins exercé reconnaît leur lit. Tels sont la plupart des calcaires ; mais souvent un banc offre des fissures nombreuses et diversement inclinées. On peut alors les confondre avec le lit lui-même, et il faut beaucoup d'attention pour ne pas s'y tromper. Dans ce cas, il est bon d'aller les marquer à la carrière même.

Il n'est que deux circonstances dans lesquelles on puisse se dispenser de poser les pierres sur leur lit. C'est d'abord dans les petites constructions irrégulières en pierre mureuse, et ensuite, lorsque le lit étant mal marqué, les pierres sont beaucoup plus solides qu'il n'est nécessaire pour l'usage auquel on les destine. Ainsi, par exemple, lorsqu'on se décide à employer du marbre comme pierre à bâtir, malgré les difficultés de taillage résultant de sa dureté, on ne peut juger qu'approximativement de la direction du lit par celle des masses générales du système dont il fait partie. En revanche, la plupart des marbres étant très-solides peuvent être placés sans inconvénient dans toutes les positions possibles.

Les considérations suivantes peuvent aussi guider dans le choix du moëllon et de la taille.

Toute pierre très-dure est propre à faire du moëllon brut ou épincé ; mais le smillage en est si cher, qu'il faut quelquefois y renoncer.

Les pierres en bancs trop minces ne sont jamais d'un bon emploi.

Celles qui sont en bancs très-tourmentés sont bonnes pour faire de la pierre mureuse, mais il faut beaucoup de mortier pour les cimenter. Leur emploi peut par conséquent n'être pas économique. Elles sont en général difficiles à ébaucher, et encore plus à smiller et à piquer. Tels sont tous les calcaires qui abondent en coquilles fossiles.

La pierre de taille doit avoir les mêmes qualités que le moëllon. Mais il faut être beaucoup plus sévère sur le choix qu'on en fait : ainsi on doit exiger que le lit de carrière soit très-distinct, lorsqu'elle n'a pas une solidité excessive. On doit les rejeter, toutes les fois qu'elles sont mal sonnantes, et qu'on soupçonne qu'elles contiennent des flaches, c'est-à-dire des solutions de continuité.

Il nous reste à expliquer d'après quelles bases on doit traiter avec les entrepreneurs pour la fourniture de la pierre, et la manière de faire les évaluations auxquelles les traités peuvent donner lieu.

On doit toujours convenir d'un prix séparé pour la fourniture de la pierre et le taillage.

La fourniture s'évalue au mètre cube, et le taillage au mètre carré de parement vu. On ne compte jamais à l'entrepreneur le prix de l'exécution des joints, parce qu'ils ne sont qu'ébauchés.

Le prix de la pierre fournie varie avec la difficulté de l'extraction, et celle du transport depuis la carrière jusqu'aux ateliers. Ces deux élémens se comptent ordinairement à part. On peut cependant les réunir lorsque la carrière est choisie invariablement à l'avance.

Voici les *prix bruts* (1) que l'un de nous a récemment adoptés sur des travaux qu'il était chargé de faire exécuter.

(1) On appelle *prix bruts*, des prix dans lesquels il n'est tenu compte ni des frais de surveillance, ni du bénéfice que doit faire l'entrepreneur. Dans les travaux de maçonnerie, on doit les augmenter d'un vingtième de leur valeur pour frais de surveillance, et à cette somme ajouter un dixième pour le bénéfice de l'entrepreneur. Voyez ce qui est relatif à la rédaction des sous-détails, au chap. 7, 2ᵉ partie.

Art. 1ᵉʳ. *Transport à la voiture d'un mètre cube de matériaux.*

DISTANCES PARCOURUES.	PRIX DU TRANSPORT DU MÈTRE CUBE DE			
	ROCHE.	MOLLEONS.	CHAUX.	SABLE.
300	0,78	0,60	0,48	0,70
400	0,89	0,70	0,54	0,78
500	1,00	0,79	0,60	0,87
600	1,10	0,89	0,66	0,96
700	1,21	0,98	0,72	1,05
800	1,32	1,08	0,78	1,14
900	1,43	1,18	0,84	1,23
1000	1,54	1,27	0,90	1,32
2000	2,62	2,28	1,62	2,36
3000	3,70	3,19	2,34	3,40
4000	4,78	4,15	3,06	4,45
5000	5,85	5,11	3,78	5,50
6000	6,94	6,07	4,50	6,60

Art. 2. — *Prix du mètre cube de moëllon ou de pierre de taille prise à la carrière.*

Nº 1. Moëllon brut, dit pierre mureuse.

Indemnité de carrière. . . .   10 c.

Extraction et choix, ¹/₂ journée de carrier. . . . . . .   1 fr. 10 c.

Total. . . . . .   1 fr. 20 c.

Nº 2. Moëllon ébauché, smillé ou piqué.

Pour un mètre cube de moëllon smillé ou piqué, il faut un mètre cube et un dixième de moëllon brut. Le mètre cube de moëllon brut coûtant 1 fr. 20 c. 1ᵐ·ᶜ·,1 de ce même moëllon coûtera. . . . . 1 fr. 32 c.

Ebauchage, ¹/₁₀ journée de carrier. . . . .   13 c.

Total. . . . . .   1 fr. 45 c.

Nº 3. Petite pierre de taille.

1ᵐ,1 de pierre de taille ébauchée, achetée à la carrière 15 fr. Le mètre cube. . . 16 fr. 50 c.

Nº 4. Grande pierre de taille.

1ᵐ,1 de pierre de taille achetée à la carrière 20 fr. Le mètre cube. . . . . 22 fr.

Art. 3. — *Taillage du moëllon et de la pierre de taille.*

Nº 1. Smillage d'un mètre carré de parement vu de moëllon.

³/₄ de journée de tailleur de
    pierre à 3 fr. . . . . 2 fr. 25 c.
Nº 2. Piquage d'un mètre carré de parement
    ou de moëllon.
    1 journée de tailleur de pierre
    à 3 fr. . . . . , . . . 3 fr.
Nº 3. Taillage d'un mètre carré de parement vu,
    en pierre bas appareil.
    1 journée ¼ de tailleur de
    pierre. . . . . , 3 fr. 75 c.
Nº 4. Taillage d'un mètre carré de parement vu,
    en pierre haut appareil.
    2 journées de tailleur de
    pierre. . . . . , 6 fr.

Des Briques.

Nous ne saurions trop recommander l'emploi des briques dans toutes les localités où la pierre est chère, et où il existe de l'argile propre à être moulée, et susceptible de résister à une assez haute température. La régularité des briques fait qu'elles sont commodes à employer; on peut en outre, en s'y prenant bien, les obtenir à bas prix.

Nous ne parlerons pas de leur fabrication. Dans toutes les localités qui renferment de la terre à briques, il existe des fours qui en livrent une certaine quantité au commerce. C'est là qu'il convient de les acheter lorsqu'on n'a à exécuter que des travaux peu considérables. Il faut alors les choisir de la manière suivante :

Elles doivent être dures et bien sonnantes. Si elles n'ont pas ces deux propriétés, il faut en conclure qu'elles n'ont pas été assez cuites.

Elles ne doivent pas être trop poreuses. Ce défaut prouve toujours qu'elles ont été moulées en pâte trop liquide. On peut alors en commander d'autres, en faisant des prescriptions convenables. Il ne faudrait cependant pas tomber dans un excès contraire, et rebuter des briques dont la surface serait un peu inégale et percée de quelques trous. Ces irrégularités contribuent plutôt qu'elles ne nuisent à la solidité de la maçonnerie, en facilitant l'adhérence des briques et du mortier.

Lorsqu'on veut exécuter des travaux considérables, il est en général économique de fabriquer les briques soi-même; mais il faut pour cela avoir un bon maître briquetier. Or, cela est assez facile, car il s'en est, depuis plusieurs années, formé dans les départemens du nord un assez grand nombre, qui colportent aujourd'hui leur industrie dans toutes les parties de la France. Voici d'après quelle base on peut traiter avec eux.

Ils cuisent la brique en plein air et au charbon de terre. On leur fournit le combustible et un terrain qui puisse leur servir à la fois d'atelier et de carrière d'argile. Ils exigent aussi que cet emplacement renferme une fontaine ou un puits duquel ils tirent l'eau nécessaire à la fabrication. Ils se chargent alors de livrer le mille de briques à 10 francs à peu près. Ces briques ont 25 centimètres de long, 12 ½ de large et 6 ¼ de hauteur; mais on ne peut traiter aux conditions que nous venons d'indiquer, que lorsqu'on veut exécuter dans la campagne un nombre considérable de briques; par exemple, 3 ou 400 mille. Ce chiffre paraît énorme; il n'équivaut cependant qu'à 800 mètres cubes, et on peut dire que, mortier compris, il doit donner un peu moins de 1000 mètres cubes de maçonnerie.

Des Mortiers.

Il est impossible de résumer en quelques pages tout ce qui a été dit sur la composition des mortiers et sur leurs qualités. Nous n'en croyons pas moins devoir présenter quelques aperçus généraux sur cette matière.

L'art de composer les mortiers se réduisait, il y a quelques années, à un petit nombre de règles pratiques mal raisonnées, et qui ne donnaient le plus souvent que de mauvais résultats. M. Vicat est le premier qui ait réuni en corps de doctrine les faits épars observés par les anciens constructeurs, et qui ait donné des méthodes certaines d'opérer. Son livre intitulé : *Résumé des connaissances positives actuelles sur les mortiers et les cimens calcaires*, est encore le meilleur guide que les ingénieurs puissent suivre. Les notions qu'on va lire en sont extraites. Nous avons choisi dans tout l'ouvrage ce qui est assez simple pour passer immédiatement dans la pratique. Nous avons omis les considérations spécialement scientifiques.

On divise les *mortiers* en deux classes, suivant qu'ils ont la propriété de se délayer dans l'eau ou de s'y durcir. Les premiers, qui sont ceux dont on fait le plus généralement usage, portent le nom de *mortiers* proprement dits; les autres sont assez souvent nommés *cimens* par les constructeurs.

Les mortiers et les cimens sont des pâtes qui résultent du mélange de la chaux avec l'une des substances suivantes :

1º. Les sables proprement dits :
2º. Les arènes;
3º. Les psammites;
4º. Les argiles;

5°. Les produits volcaniques ou pseudo-volcaniques.

6°. Les produits artificiels résultant de la calcination des argiles, des arènes, des psammites, et les crasses et scories des forges, verreries, etc.

Nous allons d'abord parler de la chaux.

La confusion qui existe dans les ouvrages des anciens architectes sur les mortiers, vient de ce qu'ils ont considéré la chaux à bâtir comme une matière qui a à peu près les mêmes propriétés dans toutes les localités. Mais M. Vicat a prouvé que cette idée est entièrement fausse. Les chaux à bâtir renferment, outre de la chaux pure, diverses substances, telles que de l'argile, de l'oxide de fer, etc., qui influent considérablement sur leurs propriétés. Aussi un chimiste pourrait-il, en analysant une pierre à chaux, dire à l'avance, d'une manière assez certaine, l'espèce de mortier qu'elle donnerait. Mais les constructeurs peuvent se dispenser de recourir à ces méthodes de laboratoire dont l'application est toujours assez délicate, et leur substituer des expériences directes. Pour faire ces expériences avec succès, il suffit de bien comprendre les notions que nous allons exposer.

Les chaux peuvent se diviser en cinq catégories distinguées par les dénominations suivantes :

1°. Les chaux grasses ; 2° les chaux maigres ; 3° les chaux moyennement hydrauliques ; 4° les chaux hydrauliques ; 5° les chaux éminemment hydrauliques.

On nomme chaux grasses celles dont le volume peut être doublé et au-delà par l'extinction. C'est ce qu'on exprime en disant qu'elles foisonnent beaucoup. Lorsqu'on les plonge dans l'eau, elles s'y délayent ; elles peuvent même s'y dissoudre si l'eau est en quantité suffisante.

Les chaux maigres ne foisonnent pas comme les chaux grasses, mais elles se délayent comme elles dans l'eau.

Les trois dernières catégories foisonnent aussi très-peu, mais elles diffèrent des chaux maigres en ce qu'elles ne se délayent pas comme elles. Les chaux moyennement hydrauliques font prise dans l'eau au bout de quinze ou vingt jours, et ont, après un an, acquis une consistance comparable à celle du savon sec. Les chaux hydrauliques font prise après six ou huit jours d'immersion, et continuent à durcir pendant six ou huit mois, temps au bout duquel elles ont acquis la consistance de la pierre tendre. Enfin, les chaux éminemment hydrauliques font prise du deuxième au quatrième jour d'immersion ; après un mois elles sont déjà fort dures, et au bout de six mois elles ont acquis une telle

dureté, que leur parement peut être poli, qu'elles donnent des éclats par le choc et présentent une cassure écailleuse.

Quelques constructeurs pensent qu'on peut juger des qualités de la chaux par sa couleur, son apparence, etc. C'est une erreur grave. On ne peut juger des qualités d'une pierre à chaux que par l'essai. A cet effet, on doit en faire cuire une certaine quantité, l'éteindre, en mettre un échantillon au fond d'un vase d'eau, après l'avoir fortement tassé, et examiner comment il se comporte.

Nous allons maintenant examiner les propriétés des substances qui entrent avec la chaux dans la composition des mortiers, substances que nous avons énumérées à la page précédente.

On appelle sables des débris de grès et de roches granitiques ou calcaires. On les distingue des poussières en ce qu'ils se précipitent sur-le-champ lorsqu'on les projette dans une eau limpide. Tous les sables sont plus ou moins mêlés de poussières qui les rendent gras et limoneux. Lorsqu'on fait des travaux de maçonnerie soignés, il convient de les en débarrasser par un lavage à grande eau.

Les sables sont les seules substances qui puissent former avec la chaux des mortiers proprement dits, c'est-à-dire des mortiers qui se délayent dans l'eau. Les suivantes donnent plutôt des cimens.

Dans cette catégorie, il faut placer en première ligne l'arêne qui est un sable quartzeux, à grains irréguliers, entremêlé d'argiles de couleur variable dans la proportion d'un quart aux trois quarts du volume total.

Viennent ensuite les *psammites*, dont nous ne parlerons pas parce qu'on n'en fait pas très-fréquemment usage, et dont on peut voir la description dans l'ouvrage de M. Vicat, déjà cité.

Après les *psammites* se placent naturellement les *argiles* que les personnes le moins habituées à construire savent très-bien distinguer à la vue ; et enfin les *pouzzolanes*, sur lesquelles nous allons entrer dans quelques explications.

La pouzzolane est une matière volcanique. Elle a été exploitée pour la première fois non loin du Vésuve, et près de la ville de Pouzzole, qui lui a donné son nom. On en a aussi trouvé en France sur les volcans éteints du Vivarais, et dans tous les terrains qui ont été travaillés par le feu.

Les *pouzzolanes* peuvent êtres considérées comme des argiles plus ou moins pures, ou des arènes qui ont subi une calcination naturelle, de sorte qu'on peut ranger dans cette classe plusieurs produits qui ne sont pas tout-à-fait volcaniques, mais qui résultent d'embrasemens généraux, tels que ceux des houillères et d'autres.

Ce que nous venons de dire sur la composition des pouzzolanes permet de concevoir comment on peut en fabriquer d'artificielles. Il suffit pour cela de calciner convenablement les argiles, les arènes, et toutes les substances qui s'en rapprochent, puis de les pulvériser. On emploie fréquemment dans les constructions des débris de tuileaux et de poteries réduits en poudre. Il est évident que cette substance, à laquelle les maçons donnent le nom impropre de ciment, est une véritable pouzzolane artificielle. Mais lorsqu'on l'emploie telle qu'on la trouve dans le commerce, on n'en obtient généralement que de mauvais résultats, parce que les fabricans font, dans des vues d'économie, entrer dans sa composition des débris de poterie plus ou moins purs, et trop inégalement cuits. Voici un procédé d'une application facile, à l'aide duquel on peut toujours s'en procurer d'excellente.

On fait choix d'une argile ordinaire ; on la moule en morceaux d'un volume peu considérable, à peu près de la grosseur du poing ; on la fait ensuite cuire à la manière de la brique, dans les régions les plus élevées des fours à chaux, de manière à lui donner un degré de cuisson un peu inférieur à celui qu'on exige dans le commerce.

Une condition très-essentielle à remplir, c'est que la cuisson s'opère avec le contact de l'air. Sous ce rapport, les fours à chaux conviennent très-bien à cette opération, parce que leur tirage est très-fort. Mais lorsqu'on veut obtenir des résultats parfaits, il ne faut pas se contenter de cette précaution ; il convient, avant de mouler l'argile, de la mêler à des matières propres à la rendre poreuse. Tel est le sable ; mais il a l'inconvénient de rester mêlé à la pouzzolane et d'en diminuer l'énergie, inconvénient qui n'est cependant pas assez grand pour en faire rejeter l'emploi. M. Vicat conseille de lui substituer des substances combustibles très-divisées, telles que la sciure de bois, la paille hachée, etc. Ce moyen, qu'il n'avait pas vérifié expérimentalement, ne peut manquer de donner un bon résultat.

A présent que nous avons décrit les diverses espèces de chaux, et les substances qui entrent avec elles dans la composition des mortiers, nous allons décrire les mortiers eux-mêmes. Posons d'abord trois règles générales.

Les mortiers ordinaires composés de chaux grasse et de sable ne sont d'un bon emploi que dans les maçonneries qui sont constamment sèches, et qui n'ont à résister ni à l'action de l'eau, ni à la pluie, ni aux chaleurs, ni aux fortes gelées. On ne doit donc les employer que dans les massifs des murs ordinaires.

2o. On ne peut obtenir des mortiers capables de résister à toutes les intempéries des saisons qu'en combinant des chaux hydrauliques ou éminemment hydrauliques avec du sable, des poussières quartzeuses, ou des poussières siliceuses.

3o. Enfin, si on veut obtenir des mortiers ou cimens capables d'acquérir une grande dureté dans l'eau, il faut employer l'une des combinaisons suivantes :

Des chaux grasses avec des pouzzolanes très-énergiques ;

Des chaux moyennement hydrauliques ou hydrauliques avec des pouzzolanes médiocres ; on des arènes énergiques ; si on jugeait convenable de se servir de pouzzolanes très-énergiques, il faudrait les tempérer par un mélange d'environ moitié sable ;

Enfin, de chaux éminemment hydrauliques avec du sable ordinaire.

Il nous reste à indiquer quelles sont les meilleures proportions à suivre dans le mélange des chaux et des sables ou pouzzolanes, pour former de bons mortiers. Il est difficile de donner à ce sujet des règles générales. Mais voici quelques préceptes auxquels on devra se conformer :

Lorsqu'on emploie des chaux grasses, il vaut mieux pécher par excès de sable ou de pouzzolane que par excès de chaux.

Le contraire est vrai pour les chaux hydrauliques.

Les proportions suivantes sont le plus généralement employées par les constructeurs habiles. Nous supposons toujours, dans ces indications, la chaux éteinte et les autres ingrédiens du mortier pulvérisés comme ils doivent l'être :

Mortiers de chaux grasse avec sable, arène ou argile : $^1/_4$ ou $^1/_3$ de chaux.

Mortiers de chaux grasse avec pouzzolane : $^1/_3$, ou $^1/_2$ de chaux.

Mortiers de chaux hydraulique avec sable : $^1/_2$ à $^2/_3$ de chaux.

Mortiers de chaux hydraulique avec pouzzolane : $^1/_3$ à $^1/_2$ de chaux.

Mortiers de chaux hydraulique avec arène et argile : $^1/_4$ à $^1/_3$ de chaux.

Ces principes posés, nous allons donner quelques détails sur la manipulation des mortiers.

La chaux, telle qu'elle sort des fours, porte le nom de *chaux vive*. Il faut, avant de l'employer dans la confection des mortiers, l'éteindre, c'est-à-dire la combiner avec de l'eau. Cette opération peut se faire de deux manières différentes. On peut jeter la chaux en morceaux dans un bassin, et ajouter successivement de l'eau à la masse. On la voit alors se boursoufler, décrépiter, et enfin, si on a ajouté une quantité d'eau suffisante, se réduire à une bouillie épaisse. Lorsqu'on procède ainsi, il faut se garder d'ajouter trop d'eau, car la chaux perdrait une partie de ses propriétés, si elle était réduite en bouillie trop claire; il y a là un certain milieu à garder; mais l'expérience peut seule apprendre à le connaître.

L'autre procédé d'extinction consiste à plonger la chaux dans l'eau, à l'y laisser quelques instans, et à l'entasser ensuite dans un lieu sec. Elle ne tarde pas alors à s'échauffer, à décrépiter, et au bout d'un temps plus ou moins long, elle se réduit en poudre. Lorsque la masse est complètement refroidie, et qu'il ne s'y manifeste plus aucun phénomène particulier, on peut regarder l'extinction comme achevée.

Les deux procédés peuvent également s'appliquer à toutes les chaux; M. Vicat a cependant reconnu que le premier devait être préféré pour les chaux grasses, et le second pour les chaux hydrauliques; mais nous les avons vu employer l'un et l'autre pour toutes sortes de chaux avec le plus grand succès.

Il existe encore un troisième procédé d'extinction, connu sous le nom d'*extinction spontanée*, et qui consiste à abandonner la chaux à elle-même, jusqu'à ce qu'elle soit complètement réduite en poudre. En ce cas, elle s'éteint parce qu'elle absorbe l'humidité de l'air, et au bout de quelques jours elle est dans le même état que si elle avait été plongée dans l'eau; mais ce procédé fort long est rarement employé.

Quel que soit, du reste, celui auquel on a recours, il faut avoir soin de ne jamais se servir de la chaux que lorsqu'elle est complètement éteinte. On reconnaît qu'elle est dans cet état, lorsque l'eau qu'on y jette ne fait que la délayer sans l'échauffer, ni déterminer de nouveaux décrépitemens. Si on faisait du mortier avec de la chaux imparfaitement éteinte, elle pourrait se boursoufler après avoir été mise en œuvre dans les maçonneries, et la solidité des constructions serait compromise.

Nous avons déjà dit que lorsqu'on éteint la chaux en la laissant dans un bassin rempli d'eau, on doit pour bien faire n'employer que la quantité d'eau nécessaire pour la réduire en pâte de consistance argileuse. Si on emploie l'une des deux autres méthodes, elle se réduit seulement en poudre. Dans tous ces cas, elle ne peut être transformée en mortier qu'à l'aide d'une addition d'eau; mais il faut encore observer que l'eau doit être seulement en quantité suffisante pour que le mortier forme pâte, et puisse être facilement manipulé. Il importe de remarquer qu'un mortier est d'autant plus facile à faire qu'il est plus clair. Les ouvriers sont par conséquent très-disposés à le faire trop aqueux, et il convient de leur interdire cette pratique qui nuit beaucoup à la qualité des ouvrages exécutés.

Un mortier ne doit être considéré comme terminé, que lorsque la chaux est tellement mêlée au sable et à la pouzzolane, qu'il y a homogénéité parfaite dans la pâte. Nous ne décrirons pas ici les instrumens dont on se sert ordinairement pour arriver à un mélange parfait, parce qu'ils sont connus de tous les maçons. Sur les grands ateliers, on renonce quelquefois à faire le mortier à bras d'hommes, et on les remplace par une meule verticale qu'un cheval fait tourner. Ce moyen peut donner de très-bons résultats, lorsqu'il est employé avec discernement; mais il n'y a pas lieu à le décrire ici.

De la Maçonnerie.

Après avoir parlé des pierres et des mortiers, il nous reste à dire comment il faut les employer pour faire de bonne maçonnerie.

C'est une opinion généralement répandue que les maçonneries en gros matériaux sont plus solides que les maçonneries en petits matériaux; mais elle n'est pas fondée. La qualité de la maçonnerie ne dépend pas de la grosseur des pierres avec lesquelles elle est construite, mais de la qualité des mortiers et de la manière dont ils ont été mis en œuvre. Voici, à ce sujet, quelques préceptes auxquels il est bon de se conformer.

On devra faire entrer dans la maçonnerie la plus grande quantité de mortier possible, et garnir tous les joints de manière à éviter les vides. Les pierres sont en général absorbantes; si la quantité de mortier interposé entre elles est trop faible, il est bientôt desséché, et par suite il perd la propriété de se durcir. C'est pour cette raison que quelques constructeurs conseillent dans certains cas de mouiller les pierres avant de les placer, et nous pourrions citer quelques ateliers où on suit aujourd'hui cette méthode. Mais on ne doit l'employer que sur des travaux importans, et lorsqu'on veut atteindre un grand degré de perfection.

Lorsque des murs exposés aux intempéries des saisons ont été construits avec des mortiers de chaux grasse et de sable, on doit toujours les recouvrir d'un enduit destiné à les préserver des inclémences du temps. Nous avons indiqué ci-dessus la composition d'un ciment très-propre à cet usage. Si on s'en sert, l'enduit pourra durer très-long-temps ; si, au contraire, on emploie du mortier ordinaire, il se dégradera promptement, et si on tient à la conservation de l'édifice, il faudra porter remède aux dégradations aussitôt qu'elles deviendront visibles.

Si le mur était construit en matériaux réguliers, tels que du moëllon ébauché, smillé ou piqué, il faudrait, au lieu de le recouvrir d'un enduit, se borner à le *rejointoyer*. Cette opération consiste à arracher avec un crochet le mortier ordinaire qui est entre les joints des pierres, jusqu'à la profondeur de quelques centimètres, à mouiller les joints, à les remplir de ciment de bonne qualité, qu'on serre avec un fer emmanché spécialement destiné à cet usage. La surface des pierres reste ainsi à nu, et on peut voir leur disposition, ce qui est d'un très-bon effet pour la maçonnerie régulière.

Toutes les constructions destinées à rester dans l'eau doivent être faites avec des cimens hydrauliques. Mais il n'en faut pas moins les *rejointoyer* lorsqu'elles sont terminées, dans le but de garnir si bien les intervalles des pierres, qu'il ne reste pas la moindre fissure par laquelle l'eau puisse s'introduire. Il faut remarquer aussi, comme nous l'avons déjà fait observer précédemment, que cette opération consiste non-seulement à garnir les joints de ciment, mais encore à comprimer fortement celui-ci, de manière à le faire parfaitement adhérer avec les pierres, et à lui donner une surface polie très-difficile à attaquer.

Nous terminerons cette discussion en indiquant la composition et l'usage des *bétons*.

On donne ce nom à un mélange intime de ciment et de menus cailloux, dans la proportion de deux parties de cailloux pour une de ciment. On l'emploie en couches de quelques centimètres d'épaisseur, pour recouvrir les aires qu'on veut rendre imperméables à l'eau ; telle est la surface intérieure des voûtes de pont, le fond de quelques parties des caveaux, etc. La manière d'employer le béton est fort simple : après l'a-

voir étendu sur l'aire qui est destinée à le recevoir, on le frappe avec une batte, et on le laisse sécher.

Telles sont les notions qu'il est indispensable de posséder pour diriger avec quelque succès des travaux un peu étendus.

Nous allons maintenant quitter ce sujet, pour décrire les ouvrages qu'on exécute le plus ordinairement sur les routes et les chemins vicinaux.

Ces ouvrages sont des murs pour soutenir les terres, des cassis pour faire écouler les eaux, et des ponts, des ponceaux et aqueducs pour traverser les fleuves, les rivières, les ruisseaux et les ravins.

Les trois dernières espèces de constructions que nous venons de nommer sont de la même nature et ne diffèrent entre elles que par leur importance. Nous allons d'abord les décrire.

Les ponts sont, de tous les travaux qu'un ingénieur peut avoir à projeter ou à exécuter, ceux qui réunissent les plus grandes difficultés. Les maires ou les commissaires voyers ne doivent les faire exécuter eux-mêmes que dans les cas que nous énumérerons plus bas. Dans toutes les autres circonstances ils doivent en faire charger des constructeurs spéciaux. Il est cependant bon qu'ils aient sur ce sujet les connaissances nécessaires pour pouvoir lire un devis et le comprendre. Voici quelques définitions et quelques principes qu'il est nécessaire de posséder pour que ce but soit rempli.

Un pont est une voûte qui recouvre un cours d'eau, et qui est destinée à supporter une route.

Cette *voûte* est cylindrique ; tantôt elle commence à partir des fondations, tantôt elle est supportée par des murs verticaux nommés *pieds-droits*, qui servent à l'exhausser.

L'ensemble d'une voûte et de deux pieds-droits est ce qu'on nomme une *arche*. Un pont peut en avoir une ou plusieurs. Dans le premier cas, il ne renferme qu'une voûte et deux pieds-droits ; dans le second, il a plusieurs voûtes et plusieurs pieds-droits.

Les *pieds-droits* qui sont construits le long des bords de la rivière prennent le nom spécial de *culées*. Ceux qui sont au milieu du cours d'eau s'appellent *piles*.

Un pont a toujours deux culées. Quant au nombre de ses piles, il est égal à celui des voûtes, moins un ; s'il y a cinq voûtes, il y a quatre piles.

La surface de séparation d'une voûte et des pieds-droits qui la supportent, s'appelle *la nais-*

sance. Le point le plus élevé de la voûte porte le nom de *sommet*, et la pierre qui y est placée celui de *clef*.

Les constructeurs ont fait diverses expériences pour savoir quelle épaisseur uue voûte doit avoir à la clef. Les mathématiciens ont soumis cette même question au calcul, mais la difficulté qu'on éprouve à en saisir tous les élémens, fait qu'ils ont commis des erreurs graves. Ce qu'on a de mieux à faire aujourd'hui est de suivre des règles empiriques fondées sur l'observation des faits. Gauthey a donné les suivantes que nous regardons comme excellentes :

Pour des ponts de moins de 2^m d'ouverture, on donnera à la clef une épaisseur fixe de $0^m,33$.

Pour des ponts de 2^m à 16^m, on donnera cette même épaisseur de $0^m,33$, augmentée du 48e de l'ouverture.

De 16^m à 32^m, on adoptera le 24e de l'ouverture, et enfin au-dessus de 32^m, le 24e des 32 premiers mètres, et le $^1/_{48}$ du reste.

Quant à l'épaisseur des culées et des piles, elle est trop variable pour que nous puissions la soumettre à une règle fixe, car elle change non-seulement avec l'ouverture de la voûte, mais encore avec sa forme. Ceux qui seront curieux de connaître cette matière pourront lire les nombreux exemples cités par Gauthey, dans son *Traité de la construction des ponts*.

Une des choses les plus difficiles à faire, lorsqu'on veut faire construire un pont d'une grande importance, est la nature des fondations. Mais nous ne pouvons rien prescrire à ce sujet, parce qu'il nous faudrait entrer dans des détails qui ne peuvent pas trouver place ici. Nous dirons seulement que lorsqu'on a à jeter un très-petit pont sur un ravin de peu d'importance, comme on en trouve beaucoup dans les pays de montagnes, on doit commencer par se débarrasser des eaux, en creusant au ravin un lit voisin du sien, ou par tout autre procédé, et creuser des fondations de 60 centimètres de profondeur environ. Si, à cette profondeur, on atteint un sol ferme, il faut y établir les fondations des culées comme celles d'un mur ordinaire. Si le sol est trop mouvant, il faut creuser un peu plus pour voir si on n'atteindra pas le terrain solide. Dans le cas où on ne peut pas le rencontrer, on établit sur le sol mou un grillage en bois formé de pièces de longueur nommées lougrines, reliées par des pièces transversales nommées traversins, solidement assemblées avec elles. On remplit l'intervalle des pièces de bois avec des moëllons qu'on serre au marteau,

de manière à ce qu'ils constituent un véritable pavé, dont tous les élémens soient solidaires, et sur lequel on établit la fondation.

Mais lorsqu'on a à exécuter des fondations en lit de rivière, et sur un mauvais fond, le travail peut offrir de très-grandes difficultés, et il ne peut être exécuté que par des hommes spéciaux.

On a fréquemment l'occasion de construire sur les chemins vicinaux de petits aqueducs de $0^m,50$ à 2^m d'ouverture. Nous avons cru devoir pour cela en faire deux projets qui ont été dessinés dans la Planche II.

Les fig. 18, 19, 20, 21, 22 et 23 représentent deux projets d'aqueduc de $0^m,80$ d'ouverture. Cette forme ne peut guère être appliquée avec avantage à des ouvrages de plus grande dimension, et même dans les localités où on trouve difficilement des pierres d'un gros échantillon, il convient de ne pas s'en servir pour les aqueducs qui ont plus de $0^m,60$ d'ouverture. La construction en est du reste fort simple. Sur les fondations A B C D (fig. 20) on élève deux pieds-droits, auxquels on donne plus ou moins de hauteur, suivant le débouché dont on a besoin. Ils ont 80 centimètres sur la figure.

Sur leur couronnement, on pose des dalles qui forment une plate-bande.

Les pieds-droits doivent avoir $0^m,35$ d'épaisseur. Les dalles doivent les recouvrir d'au moins $0^m,15$. Pour un aqueduc de $0^m,80$ d'ouverture, leur longueur sera donc d'à peu près $1^m,10$. Comme de pareilles pierres sont rares dans beaucoup de localités, il est souvent préférable de supprimer ce dallage et de lui substituer une voûte en moëllons.

Une voûte peut avoir différentes formes. La plus simple de toutes, et la plus anciennement usitée, porte le nom de *plein cintre*. Elle consiste en un cylindre ayant pour base une demi-circonférence de cercle. C'est une voûte de cette espèce que nous avons représentée (Pl. II — 24 et 25). Viennent ensuite les voûtes en *arc de cercle* qui diffèrent des précédentes en ce qu'elles ont pour directrice un arc de cercle plus petit qu'une demi-circonférence. Et enfin les voûtes en *anse de panier*, dans lesquelles on substitue à la demi-circonférence ou à l'arc une courbe nommée *anse de panier* par les géomètres et généralement connue sous la dénomination d'*ovale*.

La construction des voûtes est très-facile à comprendre. Après avoir élevé ses pieds-droits, on place *un cintre* dans l'intervalle qu'ils renferment. C'est ainsi qu'on appelle l'échafaudage en charpente destiné à soutenir la voûte lorsqu'elle est en cours de construction; les autres sont nécessaires, parce que tant que la voûte est inachevée, les pierres ne pourraient se soutenir ni par suite de la pression qu'elles exercent mutuellement les unes contre les autres, ni par la cohésion des mortiers qui sont encore liquides.

Nous avons représenté un cintre (Pl. II—25). Il se compose : 1o de plusieurs fermes semblables à *abcd*, etc.; 2o de planches nommées couchis posées sur leur surface.

Les fermes se composent : de deux pieds-droits *abcd*, *efgh*, et d'une partie courbe *a m e*, qui est un cercle concentrique à la directrice de la voûte.

Lorsqu'on veut commencer la maçonnerie, on met en place une ferme vers l'une des têtes, une seconde derrière la première et parallèlement à elle. On pose ensuite les couchis qui doivent servir à retenir les moëllons. Les fermes doivent être assez rapprochées pour que les couchis ne plient pas sous la charge qu'ils ont à supporter, et par conséquent leur distance doit être d'autant moindre que les couchis sont plus minces.

Sur la figure nous avons donné 0m,40 d'épaisseur, aux pieds droits, et 0m,35 à la voûte.

Lorsque celle-ci est achevée, on la recouvre d'une couche de béton de quelques centimètres d'épaisseur, destinée à empêcher l'infiltration des eaux. Après quoi on peut exécuter les remblais nécessaires à l'établissement de la route qui aboutit au ponceau.

Il nous reste à parler des dispositions qu'on emploie pour empêcher les terres qui forment ces remblais d'arriver jusqu'à l'ouverture du ponceau et de l'obstruer. Il faut placer en première ligne les murs en aile qui sont très-usités dans les ponts importans, mais que nous ne décrirons pas ici.

Viennent ensuite les murs rampans et les murs de tête, qui sont plus simples et qui d'ailleurs atteignent très-bien le but.

Nous avons représenté des murs rampans (Pl. II — 21 et 26). Ce sont, à proprement parler, des culées prolongées, et terminées par une rampe parallèle au talus que les terres des remblais tendent à prendre.

Pour dessiner le profil d'un pareil mur, on

prend sur les culées un point à la hauteur de la voûte ou du dallage, et par ce point on mène une droite parallèle à la ligne de plus grande pente du talus. Il n'y a plus ensuite qu'à diviser la hauteur du mur en plusieurs parties égales pour figurer les assises.

Toutes les pièces d'assises ayant la même figure, il suffira de décrire l'une d'elles : celle, par exemple, qui, sur la planche II, fig. 26, est désignée par les lettres *a b*, *c d*, *e f*. Elle se compose d'un lit horizontal supérieur *a b*, d'un lit inférieur *c d*, d'une face en rampe *e f*, qui est séparée des lits par les crossettes *a e*, *c f*, retournées d'équerre sur la rampe.

La deuxième disposition usitée pour empêcher l'éboulement des terres, consiste à construire des murs dont le plan se confond avec celui des têtes. Elle est dessinée pl. II, fig. 18. Il est clair que les terres tendent à s'ébouler le long des murs ainsi établis, et que si on donne une largeur égale à la base que prennent les terres éboulées, celles-ci n'arriveront jamais à l'ouverture de l'aqueduc.

Il nous reste à parler de deux ouvrages en maçonnerie usités sur les routes. Ce sont d'abord les cassis, et ensuite les murs de soutènement.

On appelle *cassis* des fossés pavés destinés à arrêter les eaux qui tendent à sillonner la chaussée, et qu'on établit à cet effet transversalement sur l'axe de la route.

Les cassis doivent être dirigés à peu près suivant la ligne de plus grande pente du chemin. Il ne faut pas trop les multiplier, parce qu'ils donnent lieu à des cahots très-violens, et qu'ils peuvent ainsi occasioner des accidens graves. On doit, toutes les fois que cela est possible, leur substituer des aqueducs.

Les murs de soutènement se construisent comme les murs ordinaires. On leur donne généralement une épaisseur égale au tiers de la hauteur des terres soutenues. Il est cependant évident qu'elle ne devrait pas être la même dans tous les terrains.

Les murs de soutenement peuvent être construits en pierres sèches ou en maçonnerie ordinaire. Dans ce dernier cas, il convient de laisser subsister, de distance à autre, de petits canaux pour l'écoulement des eaux d'infiltration.

CHAPITRE VII.

DES TRAVAUX DE CHARPENTE.

Le prix élevé des travaux de maçonnerie fait que dans certaines localités il y a avantage à établir des ponts en charpente. Nous allons décrire quelques-uns de ces ouvrages ; mais nous croyons devoir d'abord entrer dans quelques considérations sur le choix des bois et leur mise en œuvre.

Le chêne est de tous les bois celui qu'on emploie le plus généralement dans les constructions. Il est nerveux et raide. Le meilleur provient des arbres jeunes ou qui ont poussé sur des terrains élevés. Ceux qui dépérissent ou qui ont végété dans des terrains marécageux donnent des pièces moins résistantes, et par conséquent plus propres à faire de la menuiserie que de la charpente.

On trouve sous l'écorce du chêne une couche de bois de quatre ou cinq centimètres d'épaisseur, qui est d'une couleur moins foncée que les fibres du centre, qui est plus tendre et se corrompt très-promptement ; on lui donne le nom d'*aubier*. On doit toujours la détacher des pièces qu'on emploie à des constructions un peu importantes.

Le sapin est aussi recherché pour les ouvrages de charpente. Comme il est très-léger, il ne surcharge pas les murs qui le supportent ; mais il est tendre, moins raide que le chêne, se pourrit plus facilement que lui à l'humidité, et a le grave inconvénient d'être flexible et élastique. Malgré tous ces défauts, on peut l'employer dans les localités où il se vend à bas prix.

Le pin et le mélèze ont les propriétés du sapin ; mais, comme ils sont très-résineux, ils se conservent mieux que lui à l'humidité.

Il est d'autres espèces inférieures à celles dont nous venons de parler et qu'on peut cependant employer dans les constructions. On ne doit pas perdre de vue, surtout dans les localités éloignées des grandes villes, que tous les bois peuvent servir à faire des ouvrages de charpente ; seulement s'ils sont trop flexibles et peu solides, il faut augmenter leurs dimensions ; et s'ils se corrompent promptement, il faut les goudronner ou les peindre avec soin. Lorsque ces précautions ont été mal prises, ou reconnues in-

suffisantes, on en est quitte pour renouveler, au bout de quelque temps, les pièces pourries ou brisées.

Les arbres sont sujets à avoir des défauts qui les rendent impropres aux constructions. Lorsqu'on les achète sur pied, on a besoin de quelque habitude pour ne pas se tromper sur les dimensions. Il faut ensuite examiner si les branches sont vigoureuses, si la tête ne manque pas de feuilles, si elle n'a pas de branches mortes ou malades. On rejettera les arbres qui auront eu de fortes branches cassées ou pourries, parce qu'il en résulte une gouttière dont la pourriture se communique souvent dans tout le tronc ; on se fera même accompagner d'un ouvrier exercé qui, en frappant contre le tronc, puisse reconnaître si l'intérieur est bien sain. Enfin, on évitera autant que possible de choisir des arbres qui auraient beaucoup de branches latérales très-fortes, parce qu'elles forment dans le tronc des nœuds qui interrompent le fil du bois.

Lorsqu'au contraire on achète les arbres abattus, il faut regarder les deux sections extrêmes pour voir si le cœur n'éprouve pas déjà un commencement de décomposition ; sonder tous les nœuds pourris avec une tarière, et rejeter les sujets dans lesquels ces nœuds sont très-profonds. Il faut aussi examiner les fissures qui se forment dans les sections extrêmes après quelques jours d'exposition à l'air. Si elles sont courtes et dans le sens du rayon, elles ne présentent aucun inconvénient ; mais si elles forment des cercles concentriques, elles constituent ce qu'on nomme des roulures, et on doit rejeter les arbres qui les contiennent, surtout si elles sont à la fois visibles aux deux extrémités, parce qu'on est alors certain qu'elles se prolongent dans l'intérieur.

Les bois se mesurent au volume. L'ancienne mesure était la solive qui renfermait trois pieds cubes. La plupart des tables sont construites dans ce système ; mais il est beaucoup plus simple de les évaluer au mètre cube. C'est ce qu'on fait pour tous les travaux publics dirigés par les officiers du génie militaire et les ingénieurs des ponts-et-chaussées.

Les bois, lorsqu'ils ont été seulement dépouillés de leur écorce, ont une forme cylindrique. On dit alors qu'il sont en grume. Pour en avoir le cube, il faut mesurer avec un fil la circonférence moyenne, c'est-à-dire prise au milieu de la pièce de bois ; calculer la surface du cercle renfermé dans cette circonférence, et la multiplier par la longueur de la pièce ; mais ce n'est pas ordinairement ainsi qu'on opère dans le commerce, car les bois n'étant ordinairement mis en œuvre qu'après avoir été équarris, c'est-à-dire mis sous la forme d'un parallélipipède à base rectangulaire, on est dans l'habitude de payer, non pas leur cube lorsqu'ils sont en grume, mais celui qu'ils auraient après l'équarrissage.

Les marchands de bois, pour simplifier les calculs et déduire l'aubier, ont une règle facile qui consiste à *prendre la circonférence moyenne, et à en retrancher le sixième ; le quart du reste est le côté de l'équarrissage.*

Essayons de cuber, d'après cette méthode, une pièce de bois qui aurait 8^m,50 de long, et une circonférence moyenne de 1^m,44.

La circonférence moyenne est de. . 1^m,44
Dont le $^1/_6$ est. . . . . 0^m,24

La différence est de. . . . . 1^m,20

Le côté de l'équarrissage sera le $^1/_4$ de ce nombre, c'est-à-dire. . . . . . 0^m,30
L'équarrissage sera égal à 0^m,30 multiplié par lui-même, c'est-à-dire à. . . . 0^m,09
Multipliant ce nombre par la longueur de la pièce de bois qui est de. . 8^m,50
Nous avons pour le cube. . . . . 0^m,765

Pour équarrir un corps d'arbre, il faut ôter l'écorce sur la portion où doit se trouver l'arête de la pièce ; c'est ce qu'on nomme faire une *plumée.* Sur la plumée on trace avec un cordeau tendu trempé dans de l'eau noircie, et qu'on cingle verticalement, la direction exacte de l'arête ; on exécute ensuite à la hache la face verticale qui doit la contenir. Le charpentier ne se sert d'aucun instrument pour vérifier la verticalité ; il n'est guidé que par l'habitude. Après avoir exécuté une première face, il taille par le même procédé celle qui lui est parallèle ; après quoi il retourne la pièce, et achève les deux autres.

Aujourd'hui les charpentiers équarrissent souvent à la scie et non à la hache. Ils font certainement ainsi des frais plus considérables ; mais aussi ils ont l'avantage de détacher de la pièce principale de petites planches auxquelles ils donnent le nom de croûtes et qu'ils peuvent utiliser.

Souvent on ne commence par équarrir les pièces de bois que pour les débiter ensuite en planches ou en solives, à l'aide de la scie. Pour exécuter cette opération, on monte la pièce sur deux chevalets. On rend deux de ses faces verticales ; on marque à ses deux bouts des points de division calculés suivant l'épaisseur des planches qu'on veut avoir, après quoi on la fait débiter par des ouvriers nommés scieurs de long.

Passons maintenant à la description des ponts en charpente. On nomme ainsi des planchers jetés sur une rivière dans le but d'établir une communication entre ses deux rives.

Pour construire un pareil pont, on commence par encaisser la rivière entre deux murs, spécialement destinés à soutenir les terres voisines, et à supporter la charpente.

Leur épaisseur doit être au sommet, d'à peu près 0^m,30, et à la base du tiers de la hauteur des terres soutenues. Ainsi, elle doit diminuer progressivement à partir des fondations.

La Planche III, fig. 1, représente un pont en charpente de 4^m,00 d'ouverture. Il se compose de cinq poutres de 0^m,25 d'équarrissage et qui portent de 0^m,20, sur les murs qui forment culée. Leurs poutres portent deux planchers qui ont chacun 0^m,06 d'épaisseur. A l'extrémité des culées sont placées deux bornes réunies par une pièce de bois qui sert de garde-fou.

Nous ferons remarquer ici qu'un plancher se tourmente d'autant moins qu'il est formé de planches de plus petite dimension. Celles qu'on emploie le plus ordinairement ont 0^m,20 de large sur 1^m,00 de long.

Comme il est difficile de trouver des pièces assez fortes pour faire des poutres équarries à vive arête, lorsqu'elles doivent avoir une grande portée, on a imaginé différens moyens pour augmenter leur résistance. Un des plus simples consiste à refendre le corps d'arbre en deux, à placer les deux parties dos à dos, le cœur en dehors, et à les boulonner fortement ensemble. Ce procédé, qui n'est pas très-usité, a de grands avantages ; il laisse à la pièce toute sa force, il lui permet de sécher facilement, parce que le cœur est ouvert ; enfin les angles sont très-solides parce que l'aubier est en dedans.

Nous croyons que cette disposition peut être employée avec avantage dans les planchers qui sont cachés et qui n'ont pas à subir toutes les influences de l'atmosphère ; tels sont ceux de nos habitations ; mais il ne faut pas se dissimuler que dans un pont elle ne donnerait que des résultats fort imparfaits ; d'abord elle serait d'un effet désagréable à l'œil, ensuite il faudrait goudronner et peindre avec le plus grand soin les deux demi-circonférences, accolées l'une à l'autre, et veiller à ce qu'elles ne subissent aucune détérioration.

La fig. 2 représente un pont en bois de 8 mètres d'ouverture. Ici on ne s'est plus contenté de poser de simples poutres sur les culées, car la portée eût été assez grande pour les faire fléchir ; on a eu recours à des pièces auxiliaires, nommées contrefiches, qui s'appuient d'un côté sur les culées, et de l'autre sont assemblées sur les poutres.

L'ensemble d'une poutre et de deux contrefiches constitue ce qu'on nomme une ferme. Les fermes supportent un double plancher, comme dans la fig. 1. Le garde-fou se compose d'une main courante appuyée à ses deux extrémités sur deux bornes en pierres, et vers ses points milieux sur deux poteaux montans.

Il est, dans la plupart des localités, fort difficile de trouver des pièces de bois qui, dépouillées de leur aubier, et équarries à arêtes droites et vives, pussent conserver un équarrissage de 30 centimètres sur 8 mètres de long. On est alors obligé de joindre deux pièces ensemble ; il faut préférer dans ce cas l'assemblage, dit à traits de Jupiter, et qui est connu de tous les charpentiers.

Quant aux dimensions de toutes les constructions en bois que nous venons de décrire, nous ne les récapitulerons pas ici, parce qu'elles ont été soigneusement cotées sur les planches.

Pour préserver la charpente de l'action de l'air et des influences atmosphériques, il faut la recouvrir de deux ou trois couches de peinture à l'huile ; on fait usage pour les ponts de peinture rouge ou grise.

La première se fait avec 5 décilitres d'huile de lin ou de noix, $1^k,25$ d'ocre rouge, $0^k,08$ de litharge et $0^k,08$ de minium.

La peinture grise se fait avec 4 litres d'huile, $0^k,50$ blanc de céruse, $0^k,08$ de litharge, et autant de noir qu'il en faut pour avoir une teinte assez foncée. Il est très-important de surveiller avec soin la préparation de ces couleurs, parce qu'on peut facilement tromper l'acheteur sur la qualité des substances qui entrent dans leur composition.

Il faut à peu près $0^k,2$ de couleur pour peindre un mètre carré de charpente.

Lorsqu'on veut soustraire à l'action de l'eau et de l'humidité des surfaces qui ne sont pas exposées au soleil, on peut substituer du goudron à la peinture. Ainsi, par exemple, il n'y a pas d'inconvénient à goudronner la surface de séparation des deux planchers d'un pont.

SECONDE PARTIE.

CONSIDÉRATIONS GÉNÉRALES.

On n'arrivera jamais à faire un bon projet de route, c'est-à-dire un projet dans lequel la convenance soit alliée à l'économie, si l'on ne connaît pas les règles à l'aide desquelles on peut dessiner et décrire la surface d'un terrain donné. Lorsqu'on a en effet à projeter le tracé complet, ou seulement la rectification d'une portion de route, il faut commencer par se procurer la représentation du sol qui doit la contenir, afin de pouvoir en examiner à tête reposée toutes les circonstances, les apprécier et procéder ensuite à la rédaction du projet demandé.

On ne peut avoir la figure d'un terrain qu'à l'aide de deux opérations distinctes, nommées levé des plans et nivellement. Nous en parlerons bientôt ; il est d'abord nécessaire de donner quelques définitions, et d'exposer quelques principes empruntés aux sciences mathématiques.

Première définition. Supposons qu'on ait dans l'espace un point A (Pl. IV — 1), et au-dessous de ce point un plan horizontal M N. Si par le point on mène une verticale, il est clair qu'elle rencontrera le plan horizontal quelque part en *a :* le point *a* est ce qu'on nomme en géométrie la projection horizontale du point A.

Deuxième définition. Si au lieu du point A on avait une ligne quelconque A B (Pl. IV — 2), chacun de ces points, tels que A, B, C,.... aurait une projection correspondante *a*, *b*, *c*,..... et leur ensemble formerait une ligne située dans le plan M N, qui, en mathématique, s'appelle la *projection horizontale* de la ligne A B. Mais, dans l'art du levé des plans, on lui donne le nom beaucoup plus simple de *plan de la ligne* A B.

Troisième définition. La position d'un point n'est pas complètement déterminée lorsqu'on a sa projection sur un plan horizontal ; il faut connaître encore sa *hauteur*, au-dessus de cette projection. La même chose s'applique à une ligne. Elle n'est déterminée que lorsqu'on a :

1°. Son plan ;

2°. La hauteur de chacun de ses points au-dessus de ce plan.

Nous avons déjà dit que le premier de ces élémens est donné par une opération connue sous le nom de levé des plans. Le deuxième s'obtient à l'aide d'une autre opération appelée nivellement. Nous les décrirons l'un et l'autre en détail.

CHAPITRE PREMIER.

DU LEVÉ DES PLANS, DU CHAINAGE, DE LA MESURE DES ANGLES.

On ne peut lever exactement le plan d'une ligne que lorsqu'elle ne renferme que des portions de ligne droite, faisant entre elles des angles quelconques. Mais si elle se compose de parties courbes, ce qui est le cas le plus ordinaire, on est obligé de se contenter d'un plan approché. C'est ici l'occasion de faire remarquer que les opérations mécaniques ne donnent ja-

mais des résultats parfaitement exacts. Mais l'homme qui y a recours doit savoir de quel degré d'exactitude il a besoin, et lorsqu'il a atteint ce degré, il peut se dispenser de chercher à faire mieux. Appliquons ceci au levé des plans.

Une ligne qui ne renferme que des parties droites s'appelle un *polygone rectiligne*. Nous examinerons tout à l'heure comment on peut en lever le plan; mais examinons d'abord comment on ramène à ce cas celui d'une ligne courbe quelconque.

Soit A B C D E (Pl. III — 3), une ligne dans l'acception la plus générale du mot. Nous en marquerons tous les points principaux, c'est-à-dire ceux vers lesquels elle éprouve des inflexions et des contournemens remarquables. Soient A, B, C, etc. Ces points, nous les joindrons par des lignes droites A B, B C, etc., et nous aurons un polygone qui se rapprochera beaucoup de la courbe. C'est de ce polygone que nous lèverons le plan.

Remarquons que si ce procédé n'est pas exact, il est au moins susceptible de donner une très-grande approximation; car en prenant les points A, B, C, D, suffisamment rapprochés, on est maître d'avoir un polygone qui diffère aussi peu qu'on le voudra de la ligne primitive. Ainsi, pour les opérations grossières, on se bornera à marquer les points les plus saillans, mais pour les levés qui exigent beaucoup d'exactitude, on tiendra compte des plus petites inflexions, et les erreurs commises seront si faibles, qu'on touchera à la réalité.

Voyons maintenant comment on peut lever le plan d'un polygone. Ne perdons pas de vue que le plan d'une ligne, c'est sa projection sur un plan horizontal.

Les portions de ligne droite dont se compose un polygone s'appellent les côtés. Les points d'intersection de deux côtés consécutifs s'appellent les sommets. On leur donne quelquefois le nom d'angles, mais c'est improprement; l'*angle*, dans l'acception rigoureuse du mot, c'est l'espace indéfini compris entre les deux droites qui aboutissent au même sommet.

La première chose à faire, lorsqu'on est chargé de lever un plan, c'est, comme nous l'avons dit plus haut, de bien reconnaître les sommets de ses angles. Pour pouvoir les retrouver au besoin, on y laisse une marque particulière. Ainsi, lorsqu'on trace une ligne d'opérations pour servir de base à l'étude d'un projet de route, on plante à chacun d'eux un piquet de bois.

Il faut ensuite dessiner sur le terrain les côtés du polygone. Ces côtés étant droits, cette opération ne présente aucune difficulté. On la fait à l'aide de tiges de bois, nommées jalons, qui doivent avoir environ 1 m,20 de hauteur, être minces et droits, garnis en bas d'une pointe en tôle pour qu'on puisse les ficher en terre, et en haut d'un morceau de papier blanc qui permette

de les distinguer de loin. Nous en avons représenté un (Pl. III — 5).

Pour jalonner commodément une ligne, il faut le concours de deux hommes. On plante deux jalons à ses extrémités. Après quoi, le premier opérateur se charge d'aller planter les autres, et le second veille à ce qu'il ne sorte pas de l'alignement. Il lui suffit, pour cela, de diriger un rayon visuel par les deux jalons extrêmes, et de faire placer tous les autres dans sa direction.

Lorsqu'une ligne est jalonnée, il faut la mesurer. On ne mesure pas, dans la pratique ordinaire, la longueur absolue d'une ligne, mais la longueur de sa projection horizontale. Ainsi soit A B une ligne (Pl. IV — 4), l'opération du mesurage a pour but, non pas d'obtenir la longueur A B, mais bien sa réduite à l'horizon A *b*. Il est clair, en effet, d'après ce que nous avons dit plus haut, que cet élément est le seul qui soit nécessaire pour en avoir le plan.

On obtient ce résultat à l'aide de la chaîne, d'où l'opération elle-même a tiré le nom de *chaînage*, qu'on lui donne presque toujours.

La chaîne a dix mètres de long ; quelquefois vingt, mais rarement. Elle se compose de deux poignées qui permettent de la tenir facilement par les deux bouts, et de chaînons unis entre eux par des anneaux.

La figure 6 (Pl. III), représente une portion de chaîne. Chaque chaînon, son anneau compris, a deux décimètres de long ; de sorte qu'il y en a cinq au mètre. Les chaînes sont en fer; mais il y a de mètre en mètre des anneaux de cuivre, pour qu'on puisse distinguer de loin ces divisions principales. Enfin, l'anneau qui termine le cinquième mètre, et qui forme par conséquent le milieu de la chaîne, a de plus que les autres une petite clavette dont on comprend le but.

Pour faire la manœuvre de la chaîne, il faut deux hommes ; ils sont dirigés par un troisième, qui note sur un carnet dont nous donnerons bientôt le modèle les longueurs que les deux autres mesurent. Voici comment ils procèdent :

On donne à celui qui marche devant un paquet de dix fiches. Une fiche est un petit morceau de fer de deux décimètres de long, avec une boucle qui sert à la tenir. Nous l'avons représentée (Pl. III — 7). Cela posé, l'homme qui marche derrière applique la poignée contre le point de départ, et il fait placer celui qui marche devant, dans l'alignement; aussitôt que ce dernier est en place, il tend la chaîne en élevant ou abaissant son extrémité, jusqu'à ce qu'elle soit horizontale. Lorsque cela est fait, il plante une fiche en terre pour marquer le bout de la chaîne, et il se porte en avant. L'homme d'arrière le suit, et ils recommencent les mêmes opérations, en prenant pour second point de départ la fiche que le premier manœuvre a plantée (PL. III — 8).

Il y a dans le chaînage trois grandes causes d'erreur.

La première vient de ce qu'une chaîne tend constamment à s'alonger. Aussi faut-il chaque fois qu'on s'en sert la vérifier en la plaçant entre deux repaires fixes, établis une fois pour toutes. Si on s'aperçoit qu'elle a subi un très-petit alongement, on y remédie en tordant légèrement un ou deux chaînons, ce qui les raccourcit; mais si l'alongement est considérable, il ne faut pas se contenter de cette torsion, qui n'est jamais très-persistante; il faut faire rogner un ou deux chaînons. On rend ainsi à la chaîne sa longueur primitive de dix mètres. Mais on raccourcit beaucoup trop le chaînon sur lequel on a fait porter la correction, et il faut éviter de se servir de celui-ci pour les petites opérations de détail. A la rigueur, il faudrait faire rogner, non pas un seul chaînon, mais tous ceux qui se sont alongés. Cette rectification est malheureusement trop difficile à faire pour être confiée à des ouvriers inexpérimentés.

La deuxième cause d'erreur vient de ce que les manœuvres ne tendent pas tous également la chaîne. C'est pourquoi il faut toujours la faire vérifier par ceux mêmes qui doivent s'en servir, et leur recommander de toujours opérer de la même manière.

Enfin, il y a une troisième cause d'erreur qui consiste en ce qu'on ne tient jamais la chaîne bien horizontale. Il faut une très-grande habitude pour éviter de tomber dans cette faute. Il n'y a aucune règle à donner pour cela.

Il existe des méthodes de mesurage plus exactes que celles que nous venons de décrire; mais, comme on ne les emploie jamais pour le tracé des routes, et qu'elles sont d'ailleurs d'une application pénible, nous croyons qu'il est inutile d'en parler.

Il en est aussi de plus imparfaites. Tel est le mesurage au pas. Tout le monde sait en quoi il consiste. Les arpenteurs qui opèrent assez souvent par cette méthode pour des levés approximatifs, prennent l'habitude de faire des pas d'un mètre; mais lorsqu'ils ne peuvent pas s'y plier, ils observent quelle est la longueur de leur pas ordinaire, et la réduisent chaque fois en mètre.

Nous avons dit, au commencement de ce cha-

pitre, qu'il faut toujours marquer les sommets des angles des polygones dont on veut lever les plans, de manière à les retrouver au besoin. Mais les côtés eux-mêmes contiennent quelquefois des points remarquables à divers titres, dont il est nécessaire de connaître la distance. Il faut alors les marquer aussi, et les noter sur le carnet de chaînage. Ces carnets ont une forme très-simple; ils contiennent trois colonnes; dans la première, on met les numéros des points; dans la seconde, leurs distances, et dans la troisième, toutes les observations qui peuvent intéresser. Nous en joignons ici un modèle. Nous avertissons seulement que nous avons placé à la colonne *Observations* des notes sur les angles des polygones, dont nous n'expliquerons la valeur que dans la suite de ce chapitre.

NUMÉROS DES PIQUETS.	DISTANCES DES PIQUETS.	OBSERVATIONS.
1		Point de départ des opérations.
	344^m	» »
2		Un chêne remarquable par sa hauteur.
	427^m	» »
3		1er angle; il a 37°,45'. Il s'ouvre à droite.
	66^m	
4		» »
	74^m	
5		2e angle, 66°,55', à droite.
	86^m	
6		Commencement d'une haie vive.
	57^m	
7		3e angle, 48°,56', à gauche.

Il arrive quelquefois qu'au lieu de tenir un carnet, on dessine sur le terrain un croquis qui n'est autre chose qu'une ébauche grossière du plan définitif, et sur lequel on marque la position de tous les points, en même temps qu'on cote leur distance.

Nous n'avons parlé plus haut que de la chaîne comme instrument propre au mesurage des lignes droites. Mais, dans quelques provinces de la France, on se sert d'un compas dont les branches ont une longueur considérable, et comprennent une ouverture d'environ deux mètres. Quelques arpenteurs ont contracté une telle habitude de se servir de cet instrument, qui n'est d'ailleurs pas très-commode, qu'on peut leur en permettre l'usage, sans redouter des erreurs graves.

Les ingénieurs et les architectes substituent quelquefois à la chaîne un ruban qui s'enroule sur un axe, et peut s'enfermer dans une petite boîte ; ce ruban doit subir préalablement une opération qui diminue son extensibilité. On peut alors le considérer comme une mesure à la fois exacte et portative.

Nous allons maintenant passer à la mesure des angles. Cette opération peut se faire à la fois à l'aide du graphomètre, de l'équerre d'arpenteur, de la planchette, et de quelques autres instrumens, tels que la boussole, dont nous ne parlerons pas.

Si on se sert du graphomètre, on a l'angle exprimé en degrés et en minutes. Pour bien comprendre ceci, il est nécessaire de savoir ce qu'on expose en géométrie sur la mesure des angles. Nous allons le résumer le plus brièvement possible.

Lorsqu'on a à mesurer un angle tel que ABC' (Pl. III — 4), on décrit de son sommet comme centre un arc de cercle, et la grandeur de cet arc indique celle de l'angle lui-même.

Puisqu'on se sert des parties de la circonférence du cercle pour mesurer les angles, il faut que cette circonférence ait des subdivisions à l'aide desquelles on puisse évaluer tous les angles possibles. Voici celles qu'ont imaginées les géomètres :

La circonférence se subdivise en quatre parties nommées quadrans.

Chaque quadrant en 90 degrés.

Chaque degré en 60 minutes.

Chaque minute en 60 secondes.

Pour les opérations comme celles qu'entraîne le tracé d'une route, on n'évalue jamais les subdivisions plus petites que la minute, de sorte que la seconde est inusitée, comme étant d'une grandeur trop peu appréciable.

Voici la description du graphomètre (Pl. III — 9) :

Ses deux pièces principales sont, 1° un demi-cercle gradué ABC, muni d'une règle fixe AB, et d'une règle mobile MN nommée alidade ; 2° une douille DE à l'aide de laquelle on peut placer l'instrument sur un pied.

Le demi-cercle n'est pas fixé invariablement sur la douille, mais il y a en D un genou qu'on peut serrer et desserrer à volonté à l'aide d'une vis de pression F, de telle sorte que le plan

ABC peut être mis à volonté dans toutes les positions possibles.

Voici comment on se sert de cet instrument : supposons qu'on veuille mesurer (Pl. III — 10) l'angle formé par les deux lignes AB, AC qui se rencontrent au point A. L'observateur se transportera au point d'intersection, il y placera le pied du graphomètre. Ce pied peut être ou à trois branches comme celui qui est représenté dans la figure, ou d'une seule pièce. Ce dernier est celui qui est le plus facile à faire et à employer, et il est assez bon pour les cas ordinaires. On peut le comparer au jalon représenté par la fig. 5 (Pl. III). Il est solidement serré à l'une de ses extrémités pour qu'on puisse le ficher en terre, et tourné à l'autre pour qu'on puisse y adapter le graphomètre.

Pour qu'un graphomètre soit bien placé, il faut que son pied soit d'aplomb, et que son limbe soit horizontal. La première condition est facile à vérifier à l'aide d'un perpendicule, et la deuxième à l'aide d'un niveau à bulle d'air. Nous n'entrerons dans aucun détail sur l'usage de ce dernier instrument, parce que nous nous proposons d'expliquer plus tard comment on s'en sert pour constater l'horizontalité d'un plan quelconque. Nous ajouterons qu'en ce qui est relatif au graphomètre, on se contente ordinairement d'une verticalité et d'une horizontalité approchées. On ne cherche à obtenir des résultats exacts que pour quelques grands alignemens qui servent de repaires. Le graphomètre placé, on procède à la mesure de l'angle de la manière suivante :

La demi-circonférence est divisée en 180 degrés, et le point *o* se trouve à l'extrémité de la règle fixe. Cela posé, prenons toujours pour exemple le cas qui est figuré (Pl. III — 10). On dirigera la règle fixe sur l'un des points ; la règle mobile sur l'autre, et le nombre de degrés qui se trouvera écrit au bout de celle-ci exprimera l'angle qu'il s'agissait de mesurer.

Il est maintenant facile de comprendre comment on peut lever un plan tout entier à l'aide de la chaîne et du graphomètre.

Proposons-nous, par exemple, de lever le plan du polygone ABCDE (Pl. III — 3 et 4). Après avoir chaîné tous les côtés, on se transportera à l'angle B et on le mesurera comme il vient d'être dit ci-dessus. Supposons qu'on ait trouvé pour sa grandeur 28 degrés ; on écrira ce chiffre sur le carnet. Mais ce n'est pas tout. Si on se bornait à cette indication, on ne saurait pas si l'angle a la position ABC', ou la position symétrique ABC''. Pour faire cesser cette incertitude, l'observateur suppose qu'il soit placé sur la ligne A B, le dos tourné vers le point de départ A, et la face vers le point d'arrivée C, et il note si, lorsqu'il est dans cette position, l'ouverture de l'angle est à sa droite ou à sa gauche. Dans la figure, par exemple, elle est à gauche. Il faut bien prendre garde à cette circonstance lorsqu'on lève des plans, et la noter sur le carnet écrit, ou la représenter sur le croquis, si on juge convenable d'en faire un sur le terrain, comme nous le conseillons; sans cela on tomberait dans une confusion complète.

Quoique le graphomètre soit un instrument fort simple et d'un emploi très-commode, il faut bien l'étudier, et s'en faire expliquer l'usage avant de s'en servir. Il faut d'abord savoir comment on dirige les règles sur les points fixes qu'on veut observer; et ensuite comment on lit les divisions sur le cercle gradué nommé *limbe*.

Les règles ont à peu près 2 centimètres $^1/_2$ de largeur; elles s'appliquent sur le plan de l'instrument, et sont munies de rebords verticaux R, S, P, Q, dans lesquels on pratique des fentes qui se correspondent. Ce sont ces fentes qu'on dirige sur les points qu'on veut observer. Plus elles sont minces, plus l'instrument est exact; mais aussi il est d'un emploi plus difficile, parce qu'on ne peut pas aussi bien distinguer les objets, surtout s'ils sont un peu éloignés; quelquefois, au lieu de fentes, on pratique des ouvertures de deux centimètres carrés, au milieu desquelles on place des fils verticaux. C'est à l'aide de ces fils qu'on vise; l'instrument est d'autant plus exact qu'ils sont plus fins.

Ces rebords, garnis de fentes ou de fils, s'appellent pinnules. Les personnes qui ont la vue mauvaise ont beaucoup de peine à s'en servir; elles sont alors obligées de leur substituer des lunettes, qui ont en outre l'avantage de donner des résultats beaucoup plus exacts.

Nous ne pouvons pas donner ici la théorie complète des lunettes, mais nous pouvons au moins expliquer comment on s'en sert.

Elles sont montées sur les règles, et leurs verres occupent la place qu'occupaient tout-à-l'heure les pinnules. Pour les opérations géodésiques on place dans leur intérieur deux fils très-fins, l'un vertical, l'autre horizontal, qui se croisent sur l'axe de la lunette. Lorsqu'on a dirigé celle-ci sur un objet, et qu'on a disposé les tirages de manière à la mettre au point de vue de l'observateur, les fils apparaissent nets et distincts, et pour observer, il n'y a plus qu'à placer exactement sur l'objet celui qui est vertical.

Pour lire sur le limbe, il faut observer qu'il est divisé en degrés et fractions de degrés plus ou moins grandes, suivant les dimensions de l'instrument. La règle mobile, qu'on nomme alidade, a une tranche qui s'applique exactement sur le limbe, et sur laquelle est marqué un point o, qui correspond exactement à la fente de la pinnule ou au fil vertical de la lunette; le chiffre sur lequel ce point o s'arrête, est celui qui indique la grandeur de l'angle à mesurer; mais quelquefois, dans le but d'obtenir un plus grand degré d'exactitude dans le mesurage, on adapte à la tranche de l'alidade un appareil particulier, nommé *nonnius*, dont on trouvera la description dans les ouvrages spéciaux, dont nous donnons le titre à la fin de ce traité.

Tel est l'usage du graphomètre. Nous allons maintenant donner la description d'un instrument beaucoup plus simple, mais moins exact, qui sert à mesurer les angles et qu'on emploie aussi dans quelques autres circonstances que nous ferons connaître. Nous voulons parler de l'équerre d'arpenteur.

On nomme ainsi un instrument cylindrique ou prismatique (Pl. III — 11), qu'on monte sur un pied droit à l'aide d'un tube creux A B, et qui renferme les fentes C D, E F, G H, plus une quatrième I J cachée dans la figure, placées de telle sorte que le plan qui passe par les deux premières soit perpendiculaire à celui qui passe par les deux autres.

Le but principal de l'équerre d'arpenteur est d'élever sur le terrain des perpendiculaires à une ligne donnée. Supposons par exemple qu'on veuille élever par le point X une perpendiculaire à la ligne M N (Pl. III — 4); on placera l'équerre au point X de telle sorte que les fentes I J et C D soient dans la direction des points M et N; il est clair que si alors on fait placer un jalon en Y dans la direction des fentes E F et G H, la ligne X Y sera perpendiculaire à M N.

On pourrait aussi poser la question d'une manière inverse, et demander de mener une perpendiculaire à la ligne M N par un point Y extérieur à cette ligne. On y parviendrait de la même manière, mais à l'aide de quelques tâtonnemens. Il faudrait pour cela promener l'équerre sur la ligne M N, en tenant toujours les fentes I J et C D dans la direction des points M et N, jusqu'à ce qu'on eût trouvé un point X tel, qu'en s'y arrêtant, les fentes E F et G H fussent dans la direction du point Y. Pour faire cette opération très-promptement il faut avoir un coup-d'œil exercé, qu'on n'acquiert que par la pratique.

Nous avons dit que l'équerre d'arpenteur peut

servir à mesurer des angles. On s'appuie pour faire cette opération sur le principe suivant :

Un angle A BC' (PL. III — 4) étant donné, si on prend sur l'un des côtés une longueur arbitraire AB, que par le point A on lui élève une perpendiculaire AC', l'angle A BC' sera aussi bien connu si on donne les longueurs A B et A C', que si on donnait son ouverture en degrés et minutes.

Cela posé, supposons qu'on veuille mesurer sur le terrain l'angle B du polygone A B C D... On prolongera le côté BC d'une quantité arbitraire BC' qu'on mesurera à la chaîne. Par le point A on élèvera avec l'équerre d'arpenteur une perpendiculaire qu'on mesurera aussi. On notera les deux divisions sur le carnet ou le croquis, et l'opération sera faite.

De la Planchette.

La dernière méthode dont nous nous proposons de parler est celle des levés à la planchette. Comme elle est d'une exactitude suffisante pour toutes les opérations de tracé des routes, et que son application n'exige que des connaissances élémentaires, nous allons la décrire avec quelques détails.

La planchette (PL. IV — 9) se compose d'une tablette A B, portée par un pied à trois branches, qu'on peut écarter à volonté, et qui sont réunies sur un genou à plateau M N. La tablette est réunie au plateau par un axe à écrou C D, autour duquel elle peut tourner librement.

Il y a entre la planchette et les autres instrumens que nous avons déjà décrits, cette différence qu'avec la planchette on dessine réellement le plan sur le terrain, tandis qu'avec les autres instrumens on se borne à recueillir les élémens nécessaires pour le dessiner.

Les parties essentielles de la planchette sont :

1º. La tablette dont nous avons déjà parlé. Elle doit remplir deux conditions, qui sont d'être bien dressée, et d'être parfaitement mobile autour des pieds qui la supportent, de manière à pouvoir être placée dans une position horizontale, quelle que soit la situation des pieds.

2º. L'alidade qui est représentée (PL. IV — 13) et qui sert à tracer sur la planchette la direction du rayon visuel mené de la station aux points du terrain que l'on veut relever. Cette alidade est une règle surmontée à ses extrémités de deux pinnules qui lui sont perpendiculaires et semblables à celles du graphomètre. Les milieux de leurs ouvertures a et b sont dans le même plan vertical que la face cd de la règle contre laquelle on trace la direction observée.

Lorsqu'on veut se servir de la planchette pour lever un plan, il faut la placer sur le terrain dans la position la plus favorable pour bien opérer. C'est ce qu'on appelle la mettre en station.

Il faut pour cela remplir les conditions que nous allons faire comprendre à l'aide d'une figure.

Soit M N (PL. IV — 11) la tablette d'une planchette, s un point, et sc une ligne droite tracée sur cette tablette ;

Soit S un point et S C une ligne droite tracés sur le terrain.

Pour que la planchette soit en station, il faudra :

1º. Que la tablette soit horizontale ;

2º. Que le point s de la tablette et le point S du terrain soient dans la même ligne verticale ;

3º. Que la ligne sc de la tablette et la ligne S C du terrain soient dans le même plan vertical.

On ne remplit ordinairement ces conditions qu'approximativement. On rend d'abord la tablette horizontale en se servant du niveau à bulle d'air.

On amène ensuite le point s au-dessus du point S. A cet effet, on marque la position de s à l'aide d'une aiguille, pour qu'il soit possible de l'apercevoir d'un peu loin. On prend un fil à plomb P, et on se transporte en un point X, dont la projection x soit sur le prolongement de la ligne Sc, on dirige un rayon visuel tangent à la direction X P du plomb, et on fait reculer ou avancer la planchette parallèlement à elle-même, et perpendiculairement à la direction sc, jusqu'à ce que le point s soit sur la direction de ce rayon visuel. On se transporte ensuite en un autre point Y, dont la projection y, soit sur une ligne Sy perpendiculaire à la ligne Sc ; on mène un rayon visuel tangent à la verticale Y P, et on fait reculer ou avancer la planchette parallèlement à elle-même et à la ligne Sc', jusqu'à ce que le point S se trouve sur la direction du nouveau rayon visuel. Il est clair que si, dans tous ces mouvemens de translation, on s'est conformé aux conditions de parallélisme ci-dessus énoncées, les points s et S se trouveront, par suite de ces opérations, placés sur la même verticale. Mais comme ordinairement on ne s'y conforme qu'imparfaitement, il convient de recommencer l'opération une seconde fois pour rectifier les petites erreurs qui ont pu être commises.

Pour transporter la ligne sc sur la ligne du terrain S C, il aurait fallu prendre une précaution de plus. Lorsqu'on a mis le point s sur la direction du rayon visuel mené par la verticale X P, il aurait suffi de faire décrire à la planchette un arc de cercle suffisant pour amener la droite *sc* tout entière sur cette direction.

Voyons maintenant comment on peut se servir de la planchette pour lever le plan d'un polygone A B C D (PL. III — 4).

On tendra sur la surface de l'instrument la feuille de papier destinée à recevoir le plan, et on choisira *ad libitum* l'échelle du dessin. On tracera ensuite arbitrairement sur la feuille de papier la direction de la ligne A B, et la position du point A. On fera chaîner la longueur A B, et on la portera sur le plan à l'échelle adoptée. Représentons-la par *ab*. On se transportera sur le terrain au point B, et on s'y mettra en station, comme il a été dit tout à l'heure; c'est-à-dire qu'on placera le point *b* sur la même verticale que le point B, et la ligne *ba* dans le même plan vertical que B A. Au point *b* on placera une aiguille verticale contre laquelle on appliquera la règle de l'alidade (PL. IV — 13), et on fera tourner celle-ci jusqu'à ce qu'on aperçoive par les pinnules un jalon placé au point C; on tracera alors une ligne droite le long de la règle, et on y portera la longueur de la ligne B C réduite à l'échelle. Soit *bc* cette longueur, il est clair qu'elle représente sur le plan la ligne B C en grandeur et en direction. On ira alors se mettre en station sur le point C, comme on s'est mis tout à l'heure sur le point B, et de proche en proche on arrivera ainsi à lever le plan tout entier.

Instruction sur l'art de lever les plans, dans les applications au tracé des routes.

Avant de lever le plan d'une ligne, il faut en marquer les principaux points par des piquets numérotés. Cette opération porte le nom de piquetage. Celui qui la dirige doit se faire aider par un manœuvre. Le manœuvre porte les piquets qui doivent avoir de 20 à 25 centimètres de long, être appointés par un bout pour être fichés en terre, et écorcés à l'autre pour recevoir un numéro. L'ingénieur ou le conducteur désignent la place que chaque piquet doit occuper, et les numérotent avant de les faire planter.

On procède ensuite au lever des plans. L'ingénieur ou le conducteur doivent se faire assister dans cette opération :

1°. De deux chaîneurs soigneux et intelligens ;

2°. D'un manœuvre chargé de transporter les instrumens, les piquets qu'on peut être dans la nécessité de replacer, et une hache propre à élaguer les haies, etc.

3°. D'un aide qui s'occupe du graphomètre ou de la planchette pendant qu'il surveille le chaînage, et réciproquement.

Instruction sur le calcul et le dessin des plans.

Il y a quelquefois, entre deux angles qui se suivent, plusieurs points remarquables dont on a mesuré séparément les distances. Il faut alors calculer la longueur totale comprise entre les deux angles, pour la rapporter exactement d'un seul coup.

Les plans se dessinent à peu près toujours de la même manière :

S'ils ont été levés au graphomètre, on rapporte les longueurs en les prenant au compas sur l'échelle qu'on a choisie, et les angles avec un demi-cercle gradué nommé rapporteur.

S'ils ont été levés à la planchette, on rapporte encore les longueurs par le même procédé; quant aux angles, on les prend directement sur le plan minute en décrivant un arc de cercle entre leurs côtés.

Les échelles auxquelles il est le plus convenable de dessiner les projets de route sont, pour le plan d'assemblage, l'échelle de 0,0001. Pour les plans de détail, on pourrait adopter une échelle décuple ; mais afin de les mettre en harmonie avec les plans du cadastre, il vaut mieux adopter l'échelle de 0,0008.

CHAPITRE II.

DU NIVELLEMENT.

Il ne suffit pas, pour déterminer la position d'un point, de faire connaître sa projection horizontale; il faut donner en outre sa hauteur au-dessus d'un plan horizontal arrêté. Cette hauteur est ce qu'on appelle le *niveau du point*.

Le nombre qui l'exprime prend le nom de *cote de hauteur*, *cote verticale*, *cote de nivellement*.

L'opération du nivellement a pour but direct la détermination de la différence de niveau de plusieurs points ; on en déduit par le calcul la cote de hauteur. On se sert pour niveler de deux instrumens, appelés *le niveau* et *la mire*.

Il y a plusieurs espèces de niveaux. Le plus simple de tous est le niveau d'eau. Nous l'avons représenté (Pl. III, fig. 12). Il se compose de deux fioles *f* et *f'* en verre transparent, qui communiquent à l'aide d'un tube creux en cuivre ou en fer-blanc *a b*, sur lequel elles sont montées. Au tube est ajustée une douille *c d*, qui permet de le poser sur un pied à trois branches *dprs*.

Pour se servir de cet instrument on y verse de l'eau par l'une des ouvertures *o* ou *o'*, de manière à remplir entièrement le tube et les fioles jusqu'à une hauteur arbitraire *f* et *f'*. Or, on sait que les liquides prennent le même niveau dans des vases communiquans ; aussitôt que l'équilibre sera établi, on sera donc certain que les points *f* et *f'* seront à la même hauteur ; de sorte que si l'on dirige un rayon visuel qui passe par ces deux points, il sera horizontal. Telle est la propriété fondamentale de l'instrument que nous venons de décrire. Il est propre à mener dans l'espace des lignes horizontales.

La mire sert, au contraire, à mesurer des hauteurs verticales. Nous l'avons représentée (Pl. III — 13). Elle se compose :

1°. D'une tige verticale AB, divisée en mètres et en centimètres ;

2°. D'une planche MN munie d'une coulisse, qu'on peut à volonté faire glisser ou serrer le long de la tige, à l'aide d'une vis de pression. On lui donne le nom de *voyant*. Elle est divisée en deux parties de couleurs différentes, séparées par une ligne horizontale CD. La moitié supérieure est ordinairement noire, et la moitié inférieure blanche.

On donne aux tiges des mires trois ou quatre mètres. Le plus souvent elles sont composées de deux parties qui peuvent rentrer l'une dans l'autre à l'aide d'une coulisse, et qui ont chacune deux mètres. Nous avons dit qu'elles étaient divisées en centimètres ; pour les opérations qui exigent du soin, on adopte au voyant un curseur muni d'un vernier, à l'aide duquel on peut compter les millimètres.

Le *niveau* d'eau donne des résultats d'une exactitude suffisante dans la pratique du tracé des routes. Mais comme il n'est pas muni de lunette, on ne peut pas s'en servir pour viser sur des points un peu éloignés. C'est là un grave inconvénient, parce qu'il a pour résultat inévitable d'alonger beaucoup le travail. Aussi, les ingénieurs se servent-ils en général de niveaux à bulle d'air et à lunette. Voici sur quels principes repose leur construction : supposons qu'on ait (Pl. IV—14) un petit vase ABCD fermé de toutes parts, que la face AB soit plane, la face CD formée par un arc de cercle, et les côtés AC et CD égaux entre eux. Si on remplit le vase ABCD d'un liquide quelconque en laissant dans son intérieur une bulle d'air, il est clair que cette bulle viendra occuper le milieu *m n* de l'arc CD, lorsque la base AB sera horizontale. L'instrument que nous venons de décrire est un niveau à bulle d'air. On s'en sert dans les arts pour vérifier l'horizontalité d'un plan. Il suffit pour cela d'appliquer la face AB du niveau dans tous les sens sur le plan ; si la bulle *m n* ne cesse pas d'occuper le milieu de l'arc AB, le plan est horizontal.

Nous avons expliqué, dans le chapitre précédent, comment, à l'aide d'une lunette munie d'un *réticule*, on peut viser sur un point quelconque. Or, il est facile de concevoir que si on prend une pareille lunette et qu'on la rende horizontale à l'aide d'un niveau à bulle d'air, elle pourra servir à diriger dans l'espace un rayon visuel horizontal.

C'est sur ce principe qu'est fondée la construction du niveau à bulle d'air et à lunette. Ses élémens principaux sont une lunette à réticule et un niveau à bulle d'air, à l'aide duquel on établit et on constate son horizontalité. Ces instrumens sont cependant assez compliqués, parce qu'ils renferment beaucoup de parties accessoires, telles que des vis de rappel et des ressorts à l'aide desquels on rend leur usage plus facile. Tous les constructeurs leur donnent du reste une disposition différente. La meilleure de toutes est, suivant nous, celle qui a été imaginée par M. Egault, ingénieur des ponts-et-chaussées, et exécutée par le mécanicien Rochette. Connaissant le principe sur lequel reposent ces instrumens, il suffira, pour apprendre à s'en servir, de lire attentivement l'instruction qui leur est toujours annexée.

La fig. 14 (Pl. III) a pour but de faire comprendre comment on se sert du niveau d'eau sur le terrain.

L'ingénieur fait placer la mire *ab* sur le point qu'il veut niveler. Un aide la tient verticale, desserre la vis du voyant, et se dispose à l'élever ou à l'abaisser, en se conformant aux signes que lui fera l'ingénieur.

Ce dernier se transporte à un endroit duquel il puisse apercevoir commodément la mire ; il dirige le niveau sur elle après l'avoir monté sur son pied et mis en place. Il se sert alors de cet instrument pour mener un rayon visuel horizontal *ff'* de lui à la mire, et il fait signe au porte-mire, en élevant ou en abaissant la main, d'élever ou d'abaisser le voyant, jusqu'à ce que la ligne *cd* soit sur la direction du rayon visuel *ff'*. Lorsque ce résultat est obtenu, le manœuvre serre le voyant contre la tige à l'aide de la vis de pression, pour qu'il ne puisse pas se déranger. L'employé chargé d'écrire les résultats vient lire la hauteur de la ligne *c d* au-dessus de la base A, et il la note sur un carnet dont nous indiquerons plus tard la forme. Cette opération terminée, le porte-mire quitte sa position et va se placer sur tel autre point que l'ingénieur juge convenable de lui indiquer.

Supposons à présent qu'on se propose de déterminer la différence de niveau de deux points M et N (PL. III — 15). L'ingénieur se place avec le niveau à une station quelconque, pourvu qu'il puisse voir à la fois les deux points. Il fait ensuite placer la mire sur le point M, et lorsque la ligne de séparation du voyant est arrivée sur la direction du rayon *ff'*, il fait noter la hauteur M *a*.

Il en fait autant pour le point N, c'est-à-dire qu'il fait noter la hauteur N *b*.

Il est clair que la différence de hauteur des deux points s'obtient en retranchant la longueur M*a* de la longueur N *b*.

Supposons, par exemple, que :

M *a* soit égal à.	0^m,77
N *b* à.	1^m,85
La différence cherchée sera. . . .	1^m,08

Supposons qu'au lieu de chercher seulement la différence de hauteur entre les deux points, on veuille avoir la cote de nivellement de chacun d'eux rapportée à un plan de niveau commun A B ; et que pour fixer la position de ce plan, on dise qu'il est placé à 10 mètres au-dessus du point A. Nous ferons le calcul suivant :

Le point M est par hypothèse au-dessous du plan A B d'une quantité M A

égale à.	10^m,00

De ce nombre retranchons la hauteur M*a* égale à. . . . . 0^m,77

Nous avons la différence. . . . . 9^m,23 qui représente évidemment la hauteur A *a* ou B *b*. Ajoutons la hauteur *b* N qui est égale à. . . . . 1^m,85

Nous obtenons la somme. . . . . 11^m,08

qui représente B*b* plus *b* N, c'est-à-dire B N, ou en d'autres termes la cote du point N rapportée au plan de niveau A B.

Les longueurs *a* M et N*b* portent le nom de coups de niveau. En considérant le point M

comme le premier, et le point N comme le deuxième, dans l'ordre des opérations, le coup de niveau *a*M sera un coup de niveau arrière, et N *b* un coup de niveau avant. On a donc la règle suivante :

La cote de nivellement d'un point étant connue, si on en retranche le coup de niveau arrière donné sur ce point, et qu'on ajoute à la différence le coup de niveau avant donné sur un second point, on obtiendra la cote de nivellement de celui-ci.

Nous avons supposé que le point de départ M était plus élevé que le point d'arrière N. Mais on procéderait de la même manière dans le cas contraire.

Supposons, par exemple (fig. 16), que la cote A M du point M soit toujours égale à 10^m, que le coup de niveau arrière *a*M soit égal à 1^m,85, et le coup de niveau avant *b* N à 0^m,77. On fera le calcul de la manière suivante :

Cote du point M.	10^m,
Coup arrière.	1^m,85
Différence.	8^m,15
Coup avant.	0^m,77
Somme ou cote du point N.	8^m,92

Pour vérifier les résultats sans refaire tout le calcul une deuxième fois, il suffit de remarquer que la différence entre les deux cotes de nivellement doit être égale à la différence entre le coup de niveau arrière et le coup de niveau avant. Ainsi on doit avoir l'identité suivante :

Cote du point M.	10^k	Coup arrière.	1^m,85
Cote du point N.	8^k,92	Coup avant .	0^m,77
Différence . .	1^m,08 =	Différence.	1^m,08

Il est clair que des deux points nivelés le plus bas est celui qui a la plus grande cote de nivellement.

Passons maintenant à l'examen d'un cas plus compliqué, celui où on voudrait rattacher par un même nivellement une suite de points placés dans l'espace d'une manière quelconque. Tels sont (PL. III — 17) les points 1, 2, 3, 4, 5, 6, 7, 8, 9.

Pour embrasser tous les cas dans un seul exemple, supposons que de la première station *a*, on ne puisse niveler que les points 1 et 2 ; que de la deuxième *b*, on ne puisse niveler que 2 et 3 ; que de la troisième *c*, on puisse niveler à la fois 3, 4, 5, 6 et 7 ; que de la quatrième *d*, on puisse niveler 7 et 8 ; enfin, que de la cinquième *e*, on puisse apercevoir 8 et 9.

Il y a deux manières de tenir le carnet de cette opération. La première consiste à figurer grossièrement la position du terrain, et les opérations successives auxquelles le nivellement donne lieu. On a alors un croquis semblable à la fig. 17. Au-dessus de chaque point, on élève une verticale qui représente la position de la mire et le long de laquelle on écrit les coups de niveau, en mettant, pour éviter la confusion, les coups avant à gauche et les coups arrière à droite. On voit, à l'inspection de la figure, qu'on n'a pas donné de coups avant sur le point de départ et de coups arrière sur le point d'arrivée, et on comprend facilement qu'il devait en être ainsi. Enfin, les points 4, 5, 6 et 7 ayant été nivelés de la même station, on n'a donné de coups arrière que sur le septième. Pour en concevoir la raison, il faut remarquer que le coup arrière donné sur le point 7 ne sert qu'à calculer la cote du point 8. Un coup arrière donné sur le point 5 aurait servi au même usage. Il y aurait donc eu un double emploi.

Souvent, au lieu d'un carnet figuré, on emploie un carnet à colonne. Voici la disposition qu'on adopte assez généralement.

N^{os} des points.	COUPS AVANT.	COUPS ARRIÈRE.	COTES de NIVELLEMENT.	OBSERVA-TIONS.
	m.	m.	m.	
1	»	0,45		»
2	1,27	0.38		»
3	1,96	0,63		»
4	1,10	»		»
5	1,17	»		»
6	1,45	»		»
7	2,05	1,12		»
8	0,86	1,09		»
9	0,28	»		»

Il est facile, en comparant ce tableau au croquis de la fig. 17 (Pl. III), de se rendre compte de l'ordre adopté pour la composition des trois premières colonnes. Quant à la troisième, on ne la remplit pas sur le terrain; mais on la réserve pour y inscrire les cotes de nivellement, après qu'elles ont été calculées. Voici la manière la plus simple de faire ce calcul.

Le but est de déterminer la hauteur de tous les points nivelés au-dessous d'un même plan horizontal. On commence par se donner arbitrairement la position de ce plan; nous supposerons ici qu'il soit à 10 mètres au-dessous du point de départ. Nous établirons alors le calcul de la manière suivante :

	A	B
		m.
On a par hypothèse la cote du point.	1	10,00
Rretranchez le coup arrière donné sur le point.	1	0,45
Différence.		9,55
Ajoutez le coup avant donné sur le point.	2	1,27
Cote du point.	2	10,82
Retranchez le coup arrière donné sur le point.	2	0,38
Différence.		10,44
Ajoutez le coup avant donné sur le point.	3	1,96
Cote du point.	3	12,40
Retranchez le coup arrière sur le point.	3	0,63
Différence.		11,77
Ajoutez le coup avant donné sur le point.	4	1,10
Cote du point. . . .	4	12,87

La cote du point 5 se calculera évidemment comme celle du point 4. On reprendra donc la différence qui a servi à calculer ce dernier. . . . .

		11,17
Ajoutez le coup avant donné sur le point.	5	1,17
Cote du point.	5	12,94
Reprenez la différence précédente.		11,17
Ajoutez le coup avant donné sur le point.	6	1,45
Cote du point.	6	13,22
Reprenez la différence précédente.		11,17
Ajoutez le coup avant donné sur le point.	7	2,05
Cote du point. , . . .	7	13,82
Retranchez le coup arrière donné snr le point.	7	1,12
Différence.		12,70
Ajoutez le coup avant donné sur le point.	8	0,86
Cote du point.	8	13,56
Retranchez le coup arrière donné sur le point.	8	1,09
Différence.		12,47
Ajoutez le coup avant donné sur le point.	9	0,28
Cote du point. . . . :	9	12,75

Telle est la manière la plus simple de disposer les calculs ; mais on sent que dans la pratique on supprime toutes les explications que nous avons données pour rendre l'opération intelligible, et qu'on n'écrit absolument que les nombres contenus dans les deux colonnes A et B. Si on examine attentivement les calculs, on verra qu'en réalité, pour obtenir la cote du point 9, on a retranché de celle du point 1 tous les coups arrière donnés sur les points intermédiaires, et qu'on lui a ajouté tous les coups avant, excepté ceux donnés sur les points 4, 5 et 6, qui ne sont pas rattachés aux autres. On aurait donc obtenu le même résultat en faisant séparément la somme de tous les coups arrière, puis celle de tous les coups avant, retranchant la première de la cote du point de départ, et ajoutant la deuxième au reste. Voici le tableau figuré de ce calcul, qu'on fait presque toujours, parce qu'on s'en sert comme moyen de vérifier le premier :

COUPS ARRIÈRE.	COUPS AVANT.
0,45	1,27
0,38	1,96
0,63	7,05
1,12	0,86
1,09	0,28
Somme 3,67	6,42

Cote du point de départ . . . . . . 10^m,00
Somme des coups arrière. . . . . . 3^m,67
Différence . . . . . . 6^m,33
Somme des coups avant , ... 6^m,42
Somme ou cote du point 9 . . . . . 12^{m}75

Résultat égal à celui que nous avait donné l'autre calcul.

Lorsqu'on a trouvé ainsi toutes les cotes de nivellement, on peut remplir la quatrième colonne du carnet, dont nous avons donné plus haut le modèle ; voici alors la forme définitive qu'il prend :

N^{os} des POINTS.	COUPS AVANT.	COUPS ARRIÈRE.	COTE de NIVELLEMENT.	OBSERVA- TIONS.
	m.	m.	m.	
1	»	0,45	10,00	»
2	1,27	0,38	10,82	»
3	1,96	0,63	12,40	»
4	1,10	»	12,87	»
5	1,17	»	12,94	»
6	1,45	»	13,22	»
7	2,15	4,12	13 82	»
8	0,86	1,09	13,56	»
9	0,28	»	12,75	»

Des Profils.

Les cotes de nivellement, telles que nous venons de les calculer, sont des résultats abstraits, mais qui, combinés avec le plan du terrain, permettent d'obtenir sa représentation exacte.

Supposons que la fig. 18 (PL. III) représente le plan d'une certaine ligne qu'on veut dessiner complètement. Supposons en outre que les quatre angles A, B, C, D, E, soient les seuls points de la ligne principale qu'on ait jugé convenable de niveler.

La fig. 18 ne représente que le plan de la ligne A B C D E ; mais supposons qu'on développe cette ligne suivant une droite $a\,b\,c\,d\,e$ fig. 19, en prennant la distance $a\,b$ égale à A B, $b\,c$ égale à B C, $c\,d$ égale à C D et $d\,e$ égale à D E ; que par chacun des points a, b, etc., on mène des perpendiculaires, sur lesquelles on portera des longueurs aa', bb', cc', dd', etc., égales aux cotes de nivellement ; il est clair que la ligne $a'\,b'$, $c'\,d'\,e'$, représentera toutes les inflexions du terrain dans le sens vertical. Le plan (fig. 18) représente au contraire toutes les inflexions dans le sens horizontal ; donc l'ensemble des deux figures 18 et 19 fait connaître d'une manière complète tous les accidens du terrain.

La fig. 19 est ce qu'on nomme le profil de la ligne A B C D E. Nous allons faire deux observations essentielles sur la manière de la dessiner.

1°. Si le terrain était peu accidenté, et que la ligne $a'\,b'\,c'\,d'\,e'$ fût dessinée d'après le même principe que les plans, elle n'offrirait que des inflexions à peine sensibles à l'œil ; mais on a imaginé de rendre les inégalités plus saisissables, en dessinant les hauteurs aa', bb', etc., à une échelle beaucoup plus grande que les longueurs $a\,b$, $b\,c$, etc. On adopte ordinairement une échelle décuple. La plus usitée est de $^1/_2$ millimètre par mètre pour les longueurs et de $^1/_2$ centimètre pour les hauteurs. A l'aide de cet artifice les moindres aspérités du terrain deviennent visibles, parce qu'elles sont décuplées ; mais aussi, au lieu d'obtenir une véritable représentation de la ligne A B C D E, on a ce qu'on pourrait appeler une exagération.

2°. La ligne $a\,e$ représente un plan de niveau ; mais il est clair qu'il peut être choisi d'une manière tout-à-fait arbitraire ; et le choix qu'on fait ne peut avoir aucune influence sur la forme du profil $a'\,b'\,c'\,d'\,e'$; seulement il se trouve plus ou moins éloigné de la ligne $a\,e$.

Supposons par exemple qu'on voulût rapporter sur une feuille de dessin le profil dont nous avons calculé les cotes à la page (54). Le calcul a été fait dans l'hypothèse d'un plan de niveau qui passerait à 10^m au-dessus du point 1 ; mais on pourrait le rapporter à un autre plan situé plus bas ; supposons par exemple qu'on le choisît placé seulement à 2 mètres au-dessus du point 1 ; il est clair qu'avant de rapporter les cotes de nivellement calculées, il faudrait en retrancher 8^m.

Nous n'avons aucun précepte rigoureux à donner sur le choix du plan de niveau ; nous dirons cependant qu'il faut le prendre le plus bas possible, pour que le dessin occupe une place moins grande.

Des Profils en travers.

Les méthodes précédentes servent à lever le plan et le profil d'une ligne donnée, c'est-à-dire que le problème le plus général que nous sachions résoudre est celui-ci :

Obtenir la représentation complète d'une ligne quelconque tracée sur le terrain.

Mais cela ne suffit pas à l'ingénieur, car il a souvent besoin de connaître non-seulement des lignes isolées, mais encore la surface entière du terrain dans un espace donné.

Pour parvenir à ce résultat, il commence par choisir une ligne d'opération principale, dont il lève et dessine le plan ABCDE et le profil (PL. III — 18 et 19) par les procédés que nous avons déjà indiqués. Il recoupe ensuite cette première ligne par des droites dirigées perpendiculairement à sa direction ; il lève le plan de chacune d'elles (opération qui se borne à mesurer les distances respectives de leurs points principaux), il les nivelle, et il calcule leur nivellement, qu'il dessine ensuite comme celui de la ligne principale.

Le profil de la ligne principale s'appelle *profil en long*. Ceux des lignes secondaires prennent le nom de *profils en travers*.

Dans ces derniers, on dessine toujours les longueurs à la même échelle que les hauteurs, et on adopte celle qui a servi à rapporter les hauteurs du profil en long. Il semble cependant qu'il y aurait avantage à faire usage ici du même artifice que pour les profils en long. Mais cette considération tombe devant une autre raison que nous ferons connaître au chapitre suivant.

En deuxième lieu, les ingénieurs s'accordaient, il y a quelques années, à rapporter les profils en travers au même plan du niveau que les profils en long ; mais on y a renoncé aujourd'hui presque généralement, pour les raisons suivantes.

D'abord, ils tenaient beaucoup de place ; il fallait mettre entre eux un très-grand intervalle, et on ne pouvait pas placer chaque profil en travers sur la même feuille que le profil en long, et vis-à-vis du point de ce profil auquel il correspondait.

Ensuite on ne pouvait calculer les profils en travers qu'après le profil en long, et cette sujétion était quelquefois gênante.

Aujourd'hui les ingénieurs rapportent presque tous chaque profil en travers à un plan de niveau passant par le point de la ligne principale auquel il correspond. C'est cette disposition que nous avons adoptée dans la figure 20. On voit qu'elle nous a permis de disposer chaque profil en travers, en regard du point correspondant du profil en long.

Nous n'entrerons pas dans plus de détails sur ces figures, parce qu'un examen attentif apprendra beaucoup plus de choses à ce sujet qu'une longue explication.

Des Plans de nivellement.

Il arrive très-souvent qu'outre les plans généraux du terrain qu'on dessine à l'échelle de 1 pour 10,000, on en dresse d'autres plus détaillés à une échelle huit ou dix fois plus grande. Sur ces plans, on trace :

1°. La direction de la ligne principale ;

2°. Celle de tous les profils en travers ;

3°. La projection de tous les points qui ont été nivelés ;

4°. Les numéros d'ordre de ces points ;

5°. Leur cote de nivellement ;

6°. Leurs distances respectives.

Ces plans sont fort utiles pour la rédaction des projets de route un peu compliqués, et on peut s'en servir, comme nous le dirons plus tard, pour dessiner les plans des propriétés traversées par la ligne projetée.

La fig. 18 représente un plan de nivellement rapporté à une petite échelle. Celle qu'on adopte ordinairement est de 8 pour 10,000 ; on la préfère à celle de 1 pour 1,000, parce qu'elle est plus en harmonie avec celle des plans du cadastre.

Des courbes horizontales.

La forme du terrain est indiquée sur les cartes topographiques détaillées par des courbes continues tracées ainsi qu'il suit :

On suppose le terrain coupé par des plans horizontaux, dont la distance est constante. Les intersections sont évidemment des courbes horizontales. On trace leur projection, et à côté de chacune d'elles on écrit leur hauteur au-dessus d'un plan de niveau déterminé. Il est évident que cette méthode revient à donner la projection d'un très-grand nombre de points. Lorsqu'on a des cartes détaillées obtenues par ce procédé, on peut s'en servir pour arrêter les bases d'un projet de route, comme nous l'expliquerons au chapitre suivant.

Nous avons représenté deux modèles de cartes topographiques, dessinées par cette méthode (Pl. III — 23 et 24).

La première contient seulement les courbes horizontales ; la deuxième renferme en outre des hachures.

Il est clair que plus un terrain donné sera rapide, plus les courbes horizontales tracées à des hauteurs constantes sur son contour, seront rapprochées en projection. Si donc on fait entre les courbes des hachures perpendiculaires à leur direction, et d'autant plus épaisses que les courbes seront plus voisines, leur épaisseur donnera une idée de la rapidité du terrain. Nous avons essayé de donner dans la fig. 24 une idée de l'effet produit par ce procédé. Nous devons du reste dire qu'il est si difficile de l'exécuter avec quelque perfection, qu'il est aujourd'hui très-peu usité.

CHAPITRE III.

DU TRACÉ DES ROUTES.

Les deux chapitres qui précèdent sont une introduction nécessaire à l'art de tracer les routes dont nous allons enfin nous occuper. Ceux qui ont lu attentivement la première partie de cet ouvrage et qui la compareront à celle-ci pourront trouver une différence essentielle et digne de remarque ; c'est que les procédés à l'aide desquels on met la surface d'une route en état de viabilité sont aussi simples que certains, et que tout le monde peut les appliquer sans craindre de se tromper. Le tracé des routes est, au contraire, livré jusqu'à un certain point à l'arbitraire. Tout homme pourra certainement, s'il réunit le désir de bien faire à la connaissance des règles que nous allons exposer, arriver à des résultats passables ; mais on ne peut pas espérer de faire très-bien la première fois qu'on se livre à un pareil travail. Il faut, pour cela, avoir acquis des qualités que la pratique seule peut donner. Telle est l'habitude de juger d'un terrain à la seule vue, d'estimer l'importance des obstacles qui se présentent, etc.

Un bon tracé doit allier la convenance à l'économie. Il est peu d'hommes qui, avec du soin, ne puissent remplir l'une des conditions au détriment de l'autre ; mais le difficile consiste à les remplir simultanément. Nous ne faisons pas cette observation dans le but de décourager ceux qui veulent se livrer à la pratique du tracé. Il est bon, au contraire, de les prévenir à l'avance qu'ils trouveront des fautes dans leurs premiers essais ; mais qu'ils ne doivent pas, pour cette raison, s'abstenir d'en faire d'autres. Il vaut infiniment mieux ouvrir des chemins qui coûtent un peu trop cher et qui renferment quelques imperfections que de n'en point ouvrir du tout ; car la dépense d'argent est couverte, et bien au-delà, par les avantages matériels qu'on retire de l'établissement d'une nouvelle voie de communication ; et quant aux fautes de tracé, on peut rectifier plus tard celles qui offrent trop d'inconvéniens. Il faut, d'ailleurs, savoir qu'il est très-peu d'ingénieurs qui sachent très-bien faire un projet. On éprouve tous les jours la nécessité de rectifier les alignemens de nos grandes routes, et tous ceux qui se sont occupés de ces matières savent que des ingénieurs différens, traçant une route dans la même localité et dans des circonstances à peu près semblables, ont fait exécuter des terrassemens qui variaient du simple au double ; et cependant les deux tracés passaient pour être excellens, quoique l'un fût certainement préférable à l'autre.

S'il y a dans le tracé d'une route quelque chose d'arbitaire qu'il est impossible de soumettre à des règles, il est, en revanche, des principes qu'il faut connaître lorsqu'on veut bien opérer. Nous allons les exposer.

On a vu, dans l'Introduction de la première partie, que la pente moyenne d'une route entre deux points donnés est égale à la différence de hauteur de ces deux points divisés par la projection horizontale de leur distance. Le résultat de cette division est un nombre abstrait. On dit, par exemple, que la pente d'une route est 0,01, de $^3/_{120}$, de $^5/_{107}$.

Mais quelquefois, au lieu d'exprimer ainsi la pente d'une manière absolue par un nombre abstrait, on donne ce qu'on appelle la pente par mètre. On dit, par exemple, pente de 1 centimètre, de $^3/_{120}$ de mètre par mètre, etc. L'usage est toujours alors de l'exprimer en fraction décimale du mètre. Ainsi, dans le deuxième exemple ci-dessus, à la fraction $^3/_{120}$, on substituerait l'expression décimale équivalente, et on dirait 25 millimètres par mètre.

Avant l'introduction du système décimal en France, on donnait toujours la pente relative par unité de longueur; mais cette unité était la toise. Ainsi, on disait pente de 3 pouces, de 2 pouces, de 18 lignes par toise. Lorsqu'on rencontre de pareilles expressions, il est facile de les transformer en nombres abstraits. On sait, par exemple, que le pouce est la soixante-douzième partie de la toise. Une pente de deux pouces par toise sera donc égale à $^2/_{72}$, ou $^1/_{36}$; et $^1/_{36}$ sera le nombre abstrait cherché. Si nous voulions avoir la pente par mètre exprimée en fractions décimales du mètre, il faudrait réduire $^1/_{36}$ en fraction décimale; le résultat serait, en s'arrêtant aux millièmes, 0^m,028. La pente donnée serait de 28 millimètres par mètre.

Les pentes d'une route sont limitées par les considérations suivantes :

1°. L'écoulement des eaux se fait mal dans les fossés, lorsque la pente est de moins d'un centimètre par mètre ;

2°. Les voitures légères ne peuvent être menées au trot que sur des pentes qui n'excèdent pas 3 centimètres ;

3°. Les voitures de rouliers ne peuvent être menées au pas ordinaire sans chevaux de renfort que sur des pentes de 4 centimètres $^1/_2$ au plus.

De là résultent les conséquences suivantes :

Sur toutes les espèces de routes on ne doit guère adopter des pentes au-dessous d'un centimètre.

Sur les routes spécialement destinées au transport des voyageurs, on doit adopter 3 centimètres pour la limite supérieure des pentes et 4 centimètres $^1/_2$ pour celles qui sont surtout destinées au transport des marchandises. Sur les chemins vicinaux, qui sont rarement parcourus par des voitures à pleine charge, on pourrait admettre des pentes un peu plus fortes; mais cette tolérance oblige à faire subir de grands changemens au tracé du chemin, si son importance vient, par la suite, à s'accroître.

Parlons maintenant des tournans d'une route. Il est rare qu'une route un peu longue ne présente en plan qu'une seule ligne droite. Les anciens constructeurs attachaient beaucoup d'importance à une pareille disposition. Aujourd'hui, au contraire, on l'évite plutôt qu'on ne la recherche. En effet, de petites inflexions augmentent si peu la longueur d'un tracé, qu'il n'en résulte pas de très-grands inconvéniens. En revanche, elles permettent d'éviter toutes les aspérités du terrain, et d'avoir ainsi de faibles pentes avec de très-petites tranchées. En outre, les voyageurs préfèrent les routes sinueuses, sur lesquelles ils rencontrent des points de vue variés, aux routes droites dont la monotonie est accablante.

Les sinuosités d'une route donnent lieu à ce qu'on appelle vulgairement des *tournans*, et à ce que, d'après la terminologie géométrique, on nomme des *courbes*.

Supposons que A B C et $a\,b\,c$ (PL. IV — 15) soient les deux arêtes d'une route, et que deux alignemens droits se rencontrent aux points B et b; il y aura là une inflexion, ou un tournant, comme on voudra l'appeler. Dans la pratique, on adoucit cette inflexion en raccordant les deux alignemens par les courbes M N P, $m\,n\,p$. De toutes celles que la géométrie permet de tracer, il n'en est aucune qui soit préférable aux arcs de cercle.

Les arcs M N P, $m\,n\,p$ étant destinés à adoucir le tournant B b, atteindront d'autant mieux le but qu'ils seront moins raides, c'est-à-dire que leur rayon sera plus long. Dans la pratique, on peut adopter des rayons de différentes longueurs, suivant que le terrain s'y prête plus ou moins. Il faut seulement adoucir assez les angles B et b, pour que les plus longs attelages puissent tourner, sans avoir à craindre de tomber dans les fossés.

Ces principes généraux posés, nous allons expliquer comment on peut rédiger un projet de route.

L'ingénieur doit d'abord se rendre compte de la direction générale, en étudiant avec soin le terrain, et s'aidant, si cela est nécessaire, des cartes détaillées qu'il peut se procurer; telles sont celles de Cassini, sur lesquelles on trouve indiquées avec une exactitude suffisante, les positions générales des vallées et des lignes de faîtes auxquelles elles aboutissent.

L'ingénieur n'est pas toujours maître de choisir comme il le veut, les points principaux de son projet. Ils résultent ordinairement des circonstances locales étrangères à l'art. Il a d'autant moins de latitude qu'on lui donne un plus grand nombre de points de sujétion ; mais aussi sa tâche devient plus facile à remplir.

Aussitôt que l'ingénieur connaît les conditions générales de son projet, il doit parcourir le terrain et fixer quelques points de repère. C'est là une opération tout-à-fait arbitraire, et qui sera d'autant mieux faite que l'ingénieur aura plus d'habitude. Souvent il n'arrive du premier coup qu'à des résultats fort imparfaits, et qu'il reconnaît plus tard la necessité de rectifier. D'autres fois, la nature du terrain est telle qu'il ne peut guère commettre d'erreurs graves. Ainsi, en plaine, dans un terrain très-régulier, dont il est facile de saisir l'ensemble, il se borne à placer ces points de manière à éviter les petites aspérités qu'offre çà et là le terrain. A-t-il à côtoyer le cours d'un ruisseau, il peut, si rien ne s'y oppose, se donner pour condition, que ses points de repère soient toujours à peu près à la même hauteur, au-dessus des hautes eaux, et il en détermine la position à l'aide du niveau. Mais ce sont là des cas particuliers, et il est impossible de donner des règles générales.

Il doit ensuite faire un premier nivellement général, qui passe par les points dont nous venons de parler, dans lequel il ne tiendra compte que des principales inflexions du terrain, et qui lui servira à fixer d'une manière approchée les pentes du projet. Supposons par exemple qu'il ait reconnu que la distance entre deux points est d'environ 500 mètres, et leur différence de niveau de 10 mètres. Il en conclura qu'il doit, entre ces deux points, donner à la route une pente de $^1/_{50}$ ou de deux centimètres par mètre. A l'aide de cette donnée, il déterminera entre ces deux points, la direction approchée de la route. Veut-il, par exemple, avoir le point qui est à 100 mètres de distance du point de départ; il est évident que puisque la pente est de deux centimètres par mètre, ce point devra être de deux mètres plus élevé que celui à partir duquel les 100 mètres ont été mesurés, et à l'aide de la mire et du niveau, il trouvera la position comme nous l'avons expliqué au chapitre précédent.

Il parviendra à trouver par le même procédé autant de points intermédiaires qu'il voudra. Il tracera une suite de lignes droites qui se rapprochera le plus possible de ces points; ce sera sa ligne d'opération. Il en lèvera le plan, il la nivellera, dessinera un profil en long, et essaiera de tracer sur ce profil le projet de la route ; il reconnaîtra généralement que la direction qu'il a suivie donne lieu à trop de mouvemens de terrain, qu'à certains points il convient de s'abaisser davantage, et à d'autres, de s'élever, pour éviter soit des déblais, soit des remblais. C'est alors qu'il lèvera sur le terrain des profils en travers. A-t-il reconnu qu'un certain point de sa ligne d'opération est placé trop haut; il trace un profil dirigé vers la vallée, dans le but d'étudier le terrain qui est plus bas que ce point. Reconnaît-il au contraire qu'il est placé trop bas, il trace un profil dirigé vers le côteau.

Lorsqu'il a assez de profils pour être certain qu'ils comprennent toute la zône du terrain de laquelle la route ne peut pas sortir, il dessine le plan que nous avons désigné sous le nom de plan de nivellement, et c'est sur ce plan qu'il arrête le tracé.

Ces notions, d'une extrême simplicité, sont faciles à concevoir. Nous devons cependant donner, à ceux qui veulent apprendre à tracer des routes, le conseil de ne pas se borner à lire un livre, mais de prendre les leçons d'un homme exercé à ce travail. Celui qui, réduit aux lumières de la théorie, voudrait devenir un habile praticien, aurait besoin d'une attention et d'une patience infatigables; car on ne décrit pas tout dans un livre, on se borne à indiquer des bases générales et à poser des points de repère. Ce que nous avons la prétention d'apprendre à ceux qui nous liront, c'est l'art de bien disposer toutes les parties d'un travail; ce sont les principes ; mais le livre le mieux fait ne pourra jamais tenir lieu de leçons prises sur le terrain ; on n'apprend pas en lisant, à bien niveler, pas plus qu'à bien dessiner ou à bien écrire : il faut pour cela faire et faire beaucoup.

Lorsqu'on a exécuté sur le terrain toutes les opérations dont nous venons de parler, on doit s'occuper de dessiner le plan de nivellement et d'arrêter le tracé de la route.

Nous avons déjà appris à exécuter la première partie de ce travail ; nous supposons donc qu'on ait entre les mains un plan semblable à celui qui est représenté (PL. III—18) et qu'on veuille y arrêter un tracé ; on fera pour cela sur le plan une opération à peu près semblable à celle qu'on a tout à l'heure exécutée sur le terrain, c'est-à-dire qu'on marquera sur le premier profil A le point de départ du chemin et on en notera la cote sur un carnet.

On prendra ensuite la pente qu'on est dans l'intention de donner au chemin entre le profil A et le profil B; on la multipliera par la distance des deux profils; le résultat sera égal à la quantité dont le chemin se sera élevé ou abaissé dans le passage d'un profil à l'autre. Nous disons élevé ou abaissé, parce que l'une ou l'autre des deux choses aura lieu suivant que la pente sera ascendante ou descendante. Dans le premier cas, on retranchera ce produit de la cote du chemin sur le profil A; dans le second cas, on l'ajoutera; la somme ou la différence représentera la cote du point du chemin qui est sur le profil B. Cette cote obtenue, il sera facile de trouver la place que doit occuper sur le profil la projection du point, si toutefois ce profil est assez étendu.

On reconnaît qu'il l'est assez lorsqu'il renferme deux points entre les cotes desquels est comprise celle du chemin; supposons, par exemple, qu'on trouve marqué sur le profil B un point qui ait pour cote 10,74

Un autre dont la cote soit 4,64

Et qu'on ait trouvé pour celle du chemin. 6,35

Il est évident que le chemin passera entre les deux premiers points, et que, par conséquent, le profil est aussi étendu qu'il est nécessaire pour l'étude.

Voyons maintenant comment dans la pratique, connaissant la cote $6^m,35$ du chemin, on déterminera sa position. Soit (Pl. IV — 16) M N un profil en travers, X Y sa projection horizontale, A et B les points dont les cotes respectives sont $10^m,74$ et $4^m,65$; C celui dont il faut trouver la position et dont la cote est égale à $6^m,35$.

Il est clair que la position du point sera connue lorsqu'on connaîtra la distance ac de sa projection au point a, ou la distance cb de la même projection au point b. Or on peut y parvenir de deux manières, l'une graphique, l'autre arithmétique.

La première est la plus facile à comprendre; on prend sur la ligne A a une longueur aC' égale à $6^m,35$; par l'extrémité C' de cette longueur, on mène une parallèle à la ligne X Y. Le point où elle rencontre la ligne M N est le point C cherché. Après avoir marqué sa position, on mesurera au compas la ligne C'C, on en rapportera la longueur de a en c sur la ligne X Y; le point c sera la projection cherchée; la ligne c C sera verticale, et c'est sur elle qu'il faudra écrire la cote de nivellement du chemin.

Voici la méthode arithmétique. Nous allons d'abord en donner la démonstration. Elle exige pour être comprise la connaissance des premiers livres de la géométrie élémentaire.

Supposons que C soit le point cherché, et

qu'on l'ait construit graphiquement, comme nous l'avons dit tout à l'heure; calculons la distance horizontale ac et la distance bc.

Par les points B et C menons les lignes B K et C C', parallèles à la ligne X Y; les triangles C' C A et K B A seront semblables et donneront la proportion :

$$AK : AC' :: BK : CC'.$$

D'où :

$$CC' = \frac{AC' \times BK}{AK}$$

Or les lignes :

$$CC', \ AC', \ BK \ et \ AK$$

sont respectivement égales à :

$$ac, \ Aa - Cc, \ ab, \ Aa - Bb$$

Substituant ces valeurs dans celle de C C' qui a été trouvée précédemment, on a :

$$ac = \frac{(Aa - Cc) \times ab}{Aa - Bb}$$

D'où résulte que pour avoir la distance ca de la projection du point C à celle du point A, il faut prendre la différence entre les cotes connues des points A et C, les multiplier par la distance des points extérieurs A et B, et diviser le tout par la différence entre les cotes de ces deux points extérieurs.

Cette règle peut être comprise même par ceux qui ne sauraient pas assez de géométrie pour comprendre la démonstration qui la précède.

On peut, comme moyen de vérification, ou pour toute autre raison, avoir besoin de connaître non-seulement la distance ca, mais encore la distance bc; on y parviendra facilement en observant que les triangles B C I, B A K sont semblables, et qu'on a par conséquent la proportion :

$$AK : CI :: BK : BI.$$

D'où :

$$BI = \frac{CI \times BK}{AK}$$

Or, les lignes :

$$BI, \ CI, \ BK, \ AK,$$

Sont respectivement égales à :

$$cb, \ Cc - Bb, \ ab, \ Aa - Bb.$$

Substituant ces valeurs dans celles de la ligne B I, on trouve :

$$cb = \frac{(Cc - Bb) \times ab}{Aa - Bb}$$

C'est-à-dire que pour avoir la distance cb, il

faut prendre la différence entre les cotes connues des points B *et* C', *la multiplier par la distance horizontale* a b *des deux points extrêmes* A *et* B, *et diviser le tout par la différence entre les cotes de ces deux points extrêmes.*

Nous allons donner un exemple de ce calcul ; supposons toujours qu'on ait les valeurs suivantes :

Cote du point A. 10,74
Cote du point B. 4,64
Cote du point C. 6,35

Donnons-nous en outre la valeur de la distance horizontale des points A et B égale à 45^m, et cherchons la valeur de la distance horizontale du point C à chacun d'eux.

Si nous examinons bien les valeurs de cb et de ac trouvées tout à l'heure, nous remarquerons qu'elles renferment le quotient $\dfrac{ab}{Aa - Bb}$ multiplié dans l'une par $Aa - Cc$, dans l'autre par $Cc - Bb$. Formons d'abord ce quotient.

La différence entre Aa et Bb est ici 6,10. Divisons par ce nombre la distance ab qui est de 45^m, nous trouverons pour quotient 7^m,38.

Les différences $Aa - Cc$ et $Cc - Bb$ sont respectivement égales à 4,39 et à 1,71.

Multiplions-les par le nombre 7,38 trouvé précédemment. Les produits respectifs sont :

$$32^m 40 \quad \text{et} \quad 12^m 62$$

Si l'opération est bien faite, la somme de ces deux résultats doit être égale à $ac - bc$, c'est-à-dire à ab, qui est ici 45^m. L'addition nous donne en effet 45^m,02. La différence de 2 centimètres vient de ce que la valeur de 7^m 38 n'est pas rigoureusement exacte. On s'est borné, en la calculant, à l'approximation qui a paru être nécessaire.

La méthode que nous venons d'indiquer permet de tracer sur le plan de nivellement (PL. III—18), des points placés de telle sorte que, si la direction définitive du chemin les raccordait tous, il serait partout à la hauteur du terrain naturel, et il n'y aurait, sur toute son

étendue, ni déblais ni remblais. Mais ce cas ne se présente jamais, parce que les points déterminés comme il a été dit, ne sont plus placés avec assez de régularité pour être tous rigoureusement contenus dans le tracé. Lorsqu'on arrête celui-ci, on est donc obligé de se borner à en approcher le plus possible, tout en donnant au plan un aspect régulier. On est alors nécessairement entraîné, lorsqu'on exécute la route, à opérer quelques mouvemens de terrain. On donne à ces mouvemens le nom générique de *terrasses*, et au travail qui a pour but de les exécuter, celui de *terrassemens*. L'art de l'ingénieur consiste à faire un projet convenable avec peu de mouvémens de terrain. Il faut pour cela, qu'avant de livrer son projet à l'exécution, il calcule les mouvemens de terrain auxquels il peut donner lieu, et qu'il modifie le tracé partout où ils lui paraissent trop considérables. Dans les pays de plaine, on peut quelquefois se dispenser de ces calculs, parce que le terrain est si régulier, que les routes sont ouvertes en terrain naturel. On se borne alors à ouvrir des fossés de chaque côté, à rejeter les déblais qu'on en extrait sur la chaussée pour en exhausser le niveau, et à recouvrir le tout d'une couche de moëllons cassés qui sert d'empierrement. Dans ces sortes de localités, l'ingénieur n'a presque pas d'études à faire. Il distingue souvent à la première vue quelle est la meilleure direction à suivre. Il la trace et fait ouvrir immédiatement la route, en se bornant à un nivellement préparatoire, pour s'assurer de la longueur du tracé et de la distribution de ses pentes. Mais, dans un pays de montagnes, on est obligé de prendre beaucoup plus de précautions, sous peine de commettre de très-grandes fautes, et de se jeter dans des dépenses imprévues considérables. Il faut alors, après avoir suivi à la lettre les méthodes du tracé exposées dans le cours de ce chapitre, évaluer le prix des ouvrages, en supputant le cube des terrasses.

Cette opération donne lieu à des calculs quelquefois très-longs. Nous allons expliquer au chapitre suivant comment on doit les disposer.

CHAPITRE IV.

DU CALCUL DES TERRASSEMENS.

Lorsqu'on est fixé sur le choix approximatif d'un tracé, on doit rapporter sur le même profil en long la configuration du terrain sur toute la direction adoptée, et celle du tracé lui-même.

Nous avons donné un modèle de ce dessin (Pl. III — fig. 21), où A B C D E F G représente une coupe du terrain, et *a b* C *d e* F *g* celle de la route. Toutes les fois que la route est au-dessus du terrain, comme dans la partie A B C *b a*, il y a remblai ; dans le cas contraire, il y a déblai. Lorsque enfin la ligne de la route coupe celle du terrain, on dit qu'il y a point de *passage*. C et F sont deux points de cette espèce. On les a ainsi nommés parce qu'ils marquent généralement les endroits où la route *passe* de l'état de remblai à celui de déblai.

Les différences A *a*, B *b*, D *d*, etc., entre les cotes du terrain et celles de la route portent le nom de *cotes rouges*. Il est nécessaire de les calculer pour obtenir les déblais et les remblais.

Aux points de passage, la cote rouge est zéro, ce qui fait qu'on les nomme quelquefois points à zéro.

Pour qu'un profil en long soit complètement dessiné et coté, il faut donc faire trois calculs distincts :

1º. Celui des cotes de la route ;

2º. Celui des cotes du terrain ;

3º. Celui des deux cotes rouges, c'est-à-dire, des différences entre les deux premiers.

Ces trois opérations doivent être faites régulièrement sur trois carnets distincts, et vérifiées avec soin.

Il faut ensuite rapporter le profil de la route sur les profils en travers du terrain.

Pour cela, ceux-ci ayant été dessinés comme on le voit fig. 20, on découpe trois modèles de profil de route, savoir : un en remblai, un autre en déblai ; enfin un troisième qui soit en remblai d'un côté et en déblai de l'autre. Ces modèles sont destinés à servir en quelque sorte de patron ; ils doivent être en carton mince et consistant, ou encore mieux en corne.

On rapporte sur les profils en travers, comme on le voit fig. 22, les cotes rouges du profil en long, A *a*, B *b*, D *d*, etc.; on a alors les points *a*, *b*, etc., par lesquels doit passer sur chaque profil du terrain le profil de la route, et on dessine facilement celui-ci en se servant des modèles dont nous avons parlé précédemment.

On obtient ainsi sur chaque profil des surfaces transversales de remblai et de déblai, telles que M N P Q fig. 22, qu'il faut évaluer avant de procéder au calcul définitif des terrasses.

L'évaluation des surfaces ne présente aucune difficulté ; il suffit de les décomposer en triangles et en trapèzes élémentaires, qu'on calculera séparément par les procédés connus des géo-

mètres. Nous allons rappeler sommairement en quoi ces procédés consistent :

On appelle triangle une figure qui a trois angles et trois côtés. Telles sont (Pl. IV — 17 et 18) les fig. A B C ou D E F.

On peut prendre pour *base* dans un triangle l'un quelconque de ses côtés. Si alors, d'un sommet de l'angle opposé, on abaisse une perpendiculaire sur la direction de ce côté, elle prend le nom de hauteur.

Ainsi, par exemple, si, dans le triangle A B C, on prend le côté A B pour base, la portion de perpendiculaire C D sera la hauteur correspondante.

Si, dans le triangle D F E, on prend le côté D E pour base, la portion de perpendiculaire F G sera la hauteur.

On démontre en géométrie que la surface d'un triangle est égale au produit de la base par la moitié de la hauteur.

Supposons, par exemple, que la base A B soit égale à 17^m, et la hauteur C D à 15^m, on obtiendra la surface du triangle par le calcul suivant :

La base est. .	17^m,00
La moitié est.	8^m,50
Hauteur . .	15^m,00
Surface. .	127^m,50

On appelle parallélogramme une figure qui contient quatre angles et quatre côtés, et dont les côtés opposés sont parallèles. Ainsi (Pl. IV — 19) la figure A B C D est un parallélogramme. On peut prendre l'un quelconque des côtés *c d* pour base, et la perpendiculaire M N élevée entre les deux côtés parallèles A B, C D, sera la hauteur correspondante.

On démontre en géométrie que la surface d'un parallélogramme est égale au produit de sa base par sa hauteur.

Supposons par exemple que sa base soit égale à . . . . 16^m.

La hauteur égale à. . . . . . . 12^m.

La surface sera égale à douze fois 16^m, c'est-à-dire à . . . . 192^m.

Dans ce cas particulier où les côtés contigus d'un parallélogramme sont perpendiculaires l'un à l'autre, la fig. prend le nom de rectangle. Nous avons représenté un rectangle (Pl. IV — 20). Sa surface est aussi égale au produit de sa base par sa hauteur.

Enfin on nomme trapèze une figure qui a quatre angles et quatre côtés, dont deux seulement sont parallèles entre eux, les autres pouvant avoir une direction quelconque. La figure

A B C D (Pl. IV — 21) représente un trapèze. Les deux côtés A B et C D sont parallèles entre eux et portent le nom de bases. Les côtés A C et B D divergent d'une manière quelconque. La perpendiculaire MN, abaissée à la fois sur les deux bases, s'appelle la hauteur.

La surface d'un trapèze est égale au produit de la demi-somme de ses bases par la hauteur.

Supposons, par exemple, que la hauteur M N soit de 17 mètres.

La base inférieure de . . . . $11^m,00$
La base inférieure de . . . . . . $14^m,00$

La somme des bases sera égale à $25^m,00$
La demi-somme à . . . . $12^m,50$
Multiplions par la hauteur . . . 17^m

Nous aurons le produit. . . . $212^m,50$
qui exprime la surface cherchée.

Lorsque par le milieu K de la ligne M N on mène une ligne E F parallèle aux deux bases, la longueur E F qui porte le nom de *base moyenne*, est précisément égale à la demi-somme des deux bases du trapèze. On peut donc dire aussi que la surface d'un trapèze est égale au produit de sa base moyenne par sa hauteur.

Ces principes admis, voyons comment on calcule une surface de déblai ou de remblai.

Prenons, par exemple, la surface de remblai P M N Q; on supposera, pour simplifier les calculs, que les deux parties M a et N a de la surface du chemin soient droites au lieu d'être courbes comme elles le sont réellement. La courbure est en effet si faible, que l'erreur commise par cette simplification peut être négligée. D'ailleurs les terrassiers n'exécutent jamais la courbe du premier coup. Ce n'est que plus tard qu'on la fait dessiner par les manœuvres chargés d'exécuter les ragréages et l'empierrement. Cela posé, pour calculer la surface du remblai, on procédera de la manière suivante.

Cette surface contient les parties suivantes :

1°. Un triangle M P R. Sa surface est égale à $\frac{1}{2}$ M R × P I.

2°. Un trapèze A a M R. Sa surface est égale à $\frac{1}{2}$ (M R + A a) × A U.

3°. Un trapèze A a N S. Sa surface est égale à $\frac{1}{2}$ (A a + N S) × A V.

4°. Un triangle N S Q. Sa surface est égale à $\frac{1}{2}$ N S × Q T.

Expressions qui toutes résultent des règles que nous avons données précédemment.

Si on avait voulu calculer une surface en déblai comme celle qui est représentée sur le profil n° 4 de la fig. 22, il aurait fallu la décom-poser en parties élémentaires de la manière suivante :

1°. Un triangle H I J.
2°. Un trapèze I J K L.
3°. Un trapèze L K V U.
4°. Un trapèze L U C c.
5°. Un trapèze C c M N.
6°. Un trapèze M N P O.
7°. Un trapèze P O R Q.
8°. Un triangle R Q S.

Enfin si la surface était moitié en déblai, moitié en remblai, comme dans le n° 3 de la fig. 22. Déjà citée, la décomposition devrait se faire de la manière suivante :

1°. Un triangle H I J.
2°. Un trapèze I J K L.
3°. Un trapèze L K M N.
4°. Un trapèze M N C c.
5°. Un triangle C c O.
6°. Un triangle O P Q.
7°. Un triangle P Q R.

Tout se réduit donc à trouver la surface de trapèzes et de triangles donnés, et nous avons déjà appris comment on fait cette opération.

Mais pour calculer les surfaces, il faut avoir la base et la hauteur de toutes les figures. Or, deux moyens se présentent pour cela. L'un, tout graphique, conduit rapidement au but, mais ne donne que des résultats plus ou moins rapprochés ; il consiste à prendre les dimensions avec un compas et une échelle. Ainsi, par exemple, pour avoir la surface du triangle H I J, on abaissera la perpendiculaire H T, à l'aide d'un équerre sur la base j I prolongée; on mesurera, à l'échelle, la longueur I j, on en prendra la moitié et on la multipliera par la longueur H T, prise aussi à l'échelle. Ce moyen est à la portée de l'intelligence la plus vulgaire. Quoiqu'il ne donne pas un très-grand degré d'exactitude, on l'emploie pour faire les tâtonnemens qui conduisent à la rédaction du projet définitif.

L'autre moyen, qui est plus exact, mais beaucoup plus long, consiste à calculer tous les élémens linéaires des surfaces. Pour mieux nous faire comprendre, appliquons nos raisonnemens à la surface n° 4, fig. 22.

Les élémens qu'il faut calculer sont d'abord un élément horizontal H T, et ensuite des élémens verticaux I J, K L, N M et qui sont sur les profils en travers ce qu'étaient tout à l'heure les cotes rouges sur le profil en long, et que, pour cette raison, on nomme aussi des cotes rouges.

Pour que nos raisonnemens s'appliquent à tous les cas possibles, nous allons les appliquer au calcul des cotes rouges :

1°. Du demi-profil en déblai, représenté fig. 22, n° 4, par les lettres H1Cc.

2°. Du demi-profil en remblai, représenté n° 1, fig. 22, par les lettres A a M p.

3°. Du demi-profil partie en remblai, partie en déblai, représenté n° 3, fig. 22, par les lettres C c P R.

Commençons par la première de ces trois figures. Ce qu'il faut avoir, ce sont les lignes :

$$C c , UV , LK , IJ , HT.$$

Cc est connue, car elle représente la cote rouge du profil en long que nous avons tout à l'heure appris à calculer.

Pour calculer la ligne U V, menons par le point c une parallèle $c x$ à la ligne C U; il est évident que la longueur V U sera la forme des trois parties V u, $u x$, x U. Or, V u est évidemment égal à la pente de la ligne C V multiplié par la longueur Cu; $u x$ est égal à Cc, et U x est égal à la pente de la ligne C U multipliée par la longueur $c x$ ou C u. Les trois portions de longueur sont donc très-faciles à calculer.

La longueur LK se décompose en Lk puis Kk. La première de ces quantités est évidemment égale à la pente de la ligne C L multipliée par la longueur Ck. La deuxième est égale à la longueur U u déjà calculée, augmentée de la profondeur du fossé.

La longueur l j se décompose en $ij + Ii$. ij est égal à la pente de la ligne Cj multipliée par la longueur ci, et Ii est égal à kk déjà calculé.

Reste à trouver la longueur de l'horizontale H T.

On y parvient à l'aide d'un calcul très-simple, que nous allons faire. Mais ceux qui sont tout-à-fait étrangers à l'étude des mathématiques pourront se borner à en lire les résultats.

Appelons p la pente de la ligne H C; p' celle de la ligne H I. Dans le triangle T H j, l'angle H représente l'inclinaison de la droite H C sur l'horizontale; on a donc, d'après les notions précédemment exposées :

$$p = \frac{T j}{H T}$$

Dans le triangle T H I, l'angle H représente l'inclinaison de la droite H I sur l'horizontale; on a donc :

$$p' = \frac{I j}{H T}$$

Je retranche la 1re de ces équations de la 2e, et je trouve :

$$p' - p = \frac{I j - T j}{H T} = \frac{I j}{H T}$$

D'où :

$$H T = \frac{I j}{p' - p}$$

Qu'on peut énoncer ainsi :

La longueur de l'horizontale H T est égale à celle de la verticale I J divisée par la différence entre la pente de la ligne H I et celle de la ligne Ij.

Nous avons démontré ce résultat sur une figure relative à un cas particulier; mais nous devons dire qu'il est généralement vrai. Supposons donc qu'on ait (Pl. IV—7) une verticale A H, deux lignes AC, BC, qui concourent au point C, et que la perpendiculaire abaissée du point C sur la base A B tombe en un point H, situé en dehors de cette base; on obtiendra la longueur de la perpendiculaire, en divisant A B par la différence des pentes des lignes A C et B C.

Dans le cas au contraire (Pl. IV—8) où la perpendiculaire tomberait en un point H, situé entre A et B, sa longueur serait égale à celle de la ligne A B, divisée par la somme des points des lignes A C et B C. C'est ce que nous allons démontrer.

Appelons p la pente de la ligne A C, on aura évidemment

$$p = \frac{A H}{C H}$$

Appelons p' la pente de la ligne CB, on aura:

$$p' = \frac{B H}{C H}$$

Ajoutons ces deux équations, nous trouvons :

$$p + p' = \frac{A H + B H}{C H} = \frac{A B}{C H}$$

D'où :

$$C H = \frac{A B}{p + p'}$$

Ce qu'il fallait démontrer.

Appliquons ceci à des exemples :

Si (Pl. III — 22, n° 4) j'abaissais du point S une perpendiculaire S y sur la ligne R Q, elle tomberait entre le point R et le point Q; il faudrait donc, pour obtenir sa longueur, diviser la longueur de RQ par la somme des pentes de la ligne R S et de la ligne S Q.

Si (Pl. III—21) j'abaissais du point C une

perpendiculaire C x sur la ligne B b, elle tomberait encore entre les deux points B et b; il faudrait donc, pour obtenir sa longueur, diviser la cote rouge B b par la somme des pentes de la ligne B C et b c, c'est-à-dire des pentes de la route et du terrain.

Si (PL. III—21) j'abaissais du point de passage F une perpendiculaire sur la ligne E e, il est évident qu'elle tomberait en dehors des points E et e; que sa longueur serait, par conséquent, égale à la cote rouge E e, divisée par la différence entre la pente de la route et celle du terrain.

Voilà tout ce que nous avons à dire sur le calcul des cotes rouges du demi-profil en déblai, n° 4. Occupons-nous maintenant du demi-profil en remblai B b H I, n° 2.

Les élémens linéaires qu'il faut connaître sont :

$$B\, b, \qquad H\, j, \qquad I\, K.$$

B b est la cote rouge calculée sur le profil en long.

H j se compose de H i et $i\, j$. H i est égal à B b, moins la pente de la ligne H b, multipliée par la demi-largeur B i du chemin. $i\, j$ est égal à la pente de la ligne B I, multipliée par la même demi-largeur. Enfin, il est évident que l'horizontale I K sera égale à H j, divisée par la différence entre la pente de la ligne H I et celle de la ligne I j.

Prenons maintenant le profil, partie en remblai, partie en déblai C c P R (Pl. III—22, n° 3). Les élémens qu'il faut avoir sont :

La cote rouge C c, qui est déjà calculée.

La perpendiculaire abaissée du point o sur la verticale C c. Elle tomberait en dehors des deux points C et c; elle serait donc égale à la cote rouge C c, divisée par la différence entre la pente de la ligne C Q et celle de la ligne c P.

La cote rouge P Q. Elle est égale à Q p — P p. Or Q p est égal à la largeur C p de la route, multipliée par la pente de la ligne C Q, et P p est égale à la cote rouge C c, plus le produit de la largeur C p par la pente de la ligne c P.

La perpendiculaire abaissée du point o sur la ligne P Q. Elle est égale à la cote rouge P Q, divisée par la différence entre la pente de la ligne O Q et celle de la ligne O P.

La perpendiculaire abaissée du point R sur la ligne P Q. Elle est égale à la cote rouge P Q, divisée par la différence entre la pente de la ligne P R et celle de la ligne Q R.

Voilà ce que nous avons à dire sur le calcul des surfaces de déblai et de remblai. Passons à présent à la cubature des solides.

Il est des méthodes à l'aide desquelles on peut cuber les solides de déblai et de remblai avec une très-grande approximation. Notre but n'est pas de les exposer ici, parce qu'il nous faudrait présenter sur la manière de concevoir la surface d'un terrain des considérations qui demanderaient, pour être comprises, de très-longs développemens. Ceux qui voudraient étudier cette question à fond pourront consulter le *Programme d'un cours de construction de Sganzin*, le *Traité de topographie de Puissant* et l'ouvrage de *Busson d'Escars* sur le *Calcul des terrasses*. Mais dans ce livre tout-à-fait élémentaire, nous nous bornerons à exposer une méthode d'approximation extrêmement simple, et qui donne, dans presque tous les cas, des résultats d'une exactitude suffisante.

Pour la rendre intelligible, résumons d'abord en peu de mots ce qu'on enseigne en géométrie sur la mesure des solides élémentaires.

On donne le nom de *cube* à un solide régulier dont toutes les arêtes et tous les angles plans sont égaux. Nous l'avons représenté (Pl. IV—17). Son volume est égal au produit de la base A B C D par sa hauteur, qui est égale à l'une quelconque de ses arêtes D E.

On appelle pyramide un solide qui a une base polygonale à laquelle aboutissent plusieurs faces triangulaires partant du même sommet. Telle est la figure S A B C D E (PL. IV — 18). La base peut avoir un nombre quelconque de côtés. Dans le cas particulier où elle est triangulaire, le solide prend le nom de pyramide triangulaire (PL. IV— 19).

La hauteur d'une pyramide se mesure sur la perpendiculaire abaissée du sommet sur la base. Son volume est égal au tiers du produit de la base par la hauteur.

On appelle prisme un solide qui a deux bases égales parallèles, et placées l'une au-dessus de l'autre, de telle sorte que leurs côtés correspondans soient parallèles entre eux. Tel est le solide A B C D E, $a\,b\,c\,d\,e$ représenté (PL. IV — 20). Son volume est égal au produit de la base par la hauteur.

Dans le cas particulier où les bases sont triangulaires, on lui donne le nom de prisme triangulaire. Si en outre les arêtes sont perpendiculaires aux bases, elles deviennent égales à la hauteur, le prisme prend le nom de prisme triangulaire droit, et son volume est égal au produit de sa base par l'une quelconque des arêtes.

En ce cas, on peut donner de ce volume une autre expression qui est quelquefois plus commode dans la pratique et que nous allons faire connaître.

Soit A B C abc (Pl. IV — 21) le prisme en question. Son volume sera égal, d'après ce que nous venons de dire, à A B C × A a. Or, si dans le triangle A B C nous abaissons du sommet C une perpendiculaire C D sur la base A B, la surface A B C sera égale à $^1/_2$ A B × C D et l'expression du volume donnée ci-dessus deviendra :

$$^1/_2 \text{ A B} \times \text{C D} \times \text{A } a$$

ou

$$^1/_2 \text{ A B} \times \text{A } a \times \text{C D}$$

mais A B × A a est évidemment égal à la surface du rectangle A B ab ; la formule ci-dessus devient donc :

$$^1/_2 \text{ C D} \times \text{A B } ab ;$$

d'où il résulte que, pour obtenir la solidité du prisme triangulaire donné, il faut multiplier une face rectangle quelconque par la moitié de la perpendiculaire, abaissée sur cette base d'un point de l'arête opposée.

Si au lieu d'un prisme triangulaire complet, on avait (Pl. IV — 23) un tronc de prisme A B C D $abcd$ obtenu en tronquant le prisme primitif par un plan C D cd, parallèle à l'une des bases rectangles, il est facile de démontrer qu'on obtiendrait son volume en multipliant une base moyenne entre A B ab et C D cd, par la distance perpendiculaire M N entre les deux bases.

Cette opération est analogue à celle par laquelle on obtient dans la géométrie plane la surface d'un trapèze ; aussi a-t-on donné au solide dont nous venons de parler le nom de solide trapézoïdal.

Supposons maintenant qu'on ait un rectangle plan A B C D (Pl. IV — 24) ; que par une ligne M N parallèle à deux de ses côtés on fasse passer un plan E F G H ; qu'on le limite de deux côtés par deux droites E G, F H, perpendiculaires à M N ; qu'enfin par les lignes A B et C D, on mène deux rectangles A B E F, C D G H, dont les plans soient perpendiculaires à celui du rectangle A B C D ; ces opérations détermineront les arêtes de deux prismes triangulaires droits M N A B E F et M N C D G H, dont il sera facile de calculer le volume ; en effet, il sera égal pour le premier prisme à la base C D G H, multiplié par la moitié de la hauteur M C, et pour le second à la base A E B F, multiplié par la moitié de la hauteur M A.

Ces deux hauteurs M A, M C sont faciles à calculer, lorsqu'on connaît les bases C G et A E.

Il suffit pour cela d'observer que les deux triangles M C G et M A E étant semblables donnent la proportion :

$$\text{M A} : \text{M C} :: \text{A E} : \text{G C}$$

d'ou on tire :

$$\text{M A} + \text{M C ou A C} : \text{M A} :: \text{A E} + \text{G C} : \text{A E}$$
$$\text{M A} + \text{M C ou A C} : \text{M C} :: \text{A E} + \text{C G} : \text{C G}$$

proportions qui donnent :

$$\text{M A} = \text{A E} \times \frac{\text{A C}}{\text{A E} + \text{C G}}$$
$$\text{M C} = \text{C G} \times \frac{\text{A C}}{\text{A E} + \text{C G}}$$

c'est à dire que, pour avoir la hauteur M A, il faut multiplier la longueur correspondante A E, par la distance totale A C, et diviser le résultat par la somme des deux hauteurs A E et C G.

Pour avoir la hauteur M C, il faut suivre la même règle ; seulement on substituera partout la hauteur A E à la hauteur C G, et réciproquement.

Ces notions suffisent pour qu'on puisse comprendre la méthode de calcul des terrasses que nous allons exposer.

Voici à quoi elle se réduit :

1°. Lorsqu'on a à calculer le solide compris entre deux profils qui sont l'un et l'autre complètement en remblai et complètement en déblai, on l'assimile à un solide trapézoïdal qui aurait pour bases les deux surfaces de déblai ou de remblai. Pour le calculer, on prend une moyenne entre les deux surfaces, et on la multiplie par la distance entre les profils.

Ce cas est celui qui aurait lieu (Pl. III — 22), entre les deux profils 1 et 2, si le petit fossé en déblai M P Q R, n° 2, n'existait pas.

L'application de cette règle ne présente point de difficulté, lorsque l'axe de la route est en ligne droite ; mais lorsqu'il est en ligne courbe, la distance des profils est plus ou moins grande, suivant qu'on la mesure sur l'arête intérieure ou sur l'arête extérieure. Mais on obtient en ce cas une approximation suffisante en prenant pour distance moyenne celle qui se mesure sur l'axe.

2°. Si l'un des profils est en déblai et l'autre en remblai, comme cela a lieu (Pl. III — 22, n°s 4, 5), il y a entre les deux profils un solide de déblai et un solide de remblai. On les assimile aux deux prismes accolés que nous avons représentés (Pl. IV — 24), et on les calcule par un procédé analogue ; c'est-à-dire qu'on fait les deux opérations suivantes :

On cherche la distance de chaque profil au point de passage analogue à celui qui est représenté par M (Pl. IV — 24).

On multiplie la surface de chaque profil par la distance correspondante. L'un des produits représente le cube de déblai, l'autre représente le cube de remblai.

Ce qui rend cette opération inexacte, c'est que la ligne de passage M N qui dans la Pl. IV, fig. 24, est parallèle aux bases des deux prismes, est ici inclinée; de sorte que la distance aux deux bases est différente suivant le point auquel on la prend. On obtient un résultat moyen, en la calculant au milieu, c'est-à-dire au point F (Pl. III — 21), auquel la ligne de passage coupe le profil en long. Les distances cherchées sont alors respectivement égales aux perpendiculaires abaissées du point F sur la ligne E e d'une part, et la ligne G g de l'autre. Or, on sait que les longueurs de ces perpendiculaires se calculent en divisant les distances E e et G g par la différence entre la pente de la route et celle du terrain.

Les points où la route et le terrain se rencontrent sur le profil en long portent le nom générique de points de passage. On voit que leur connaissance est indispensable pour calculer les terrasses d'une manière même approximative. On devra donc toujours les calculer à l'avance et les vérifier avec soin.

3°. Le troisième cas est celui où l'un des profils étant tout en remblai ou en déblai, l'autre est partie en déblai, partie en remblai. Ce cas est celui qui se présente pour les n°ˢ 3 et 4. En ce cas, on calcule le solide de déblai, en prenant la moyenne des deux surfaces de déblai et la multipliant par la distance des profils. Le solide de remblai se calcule comme une pyramide qui aurait pour hauteur la distance des profils, et pour base la surface de remblai, c'est-à-dire qu'il faut multiplier cette surface par le tiers de la hauteur.

Enfin, lorsque chaque profil est moitié en déblai, moitié en remblai, les solides de déblai et de remblai s'obtiennent respectivement en multipliant les demi-sommes des surfaces de déblai ou de remblai par la distance des profils.

Nous répétons que ces méthodes ne sont qu'approximatives; mais lorsqu'on a soin de rapprocher assez les piquets pour ne pas avoir des profils distribués trop irrégulièrement, elles conduisent à des résultats assez exacts.

Nous allons terminer ce sujet par l'énonciation de quelques règles pratiques, faciles à suivre.

On doit viser, lorsqu'on fait un projet de route, à avoir le moins de déblais et de remblais possible. Le but est atteint lorsque l'axe du chemin est partout à zéro. En ce cas, les terrassiers n'ont qu'à déblayer d'un côté de l'axe pour jeter les terres en remblai de l'autre.

On ne peut presque jamais arriver à un résultat aussi parfait sous le rapport de l'économie, sans rendre la route très-sinueuse. On se borne alors à un minimum qui varie suivant les localités. Nous avons vu, dans quelques pays assez accidentés, ouvrir des routes bien tracées en faisant de 4 à 7 mètres cubes de déblai par mètre courant.

Lorsqu'on pense qu'on a atteint le minimum cherché, on tâche d'avoir autant de déblais qu'il en faut pour exécuter les remblais. Lorsqu'on ne le peut pas, on retrousse les déblais, s'ils sont trop considérables, c'est-à-dire qu'on les rejette sur les terres voisines; on fait au contraire des emprunts s'il y a trop de remblais.

Pour arriver à une compensation exacte, il faut connaître le foisonnement d'un mètre cube de déblai employé en remblai. Il varie pour chaque espèce de terre. Il est moyennement d'un sixième du volume primitif.

Il faut éviter les retroussemens et les emprunts, parce qu'ils font beaucoup de tort à l'agriculture. Il est cependant des cas où ils ne présentent pas de grands inconvéniens. Ainsi les retroussemens en terre végétale améliorent les propriétés sur lesquelles ils ont lieu, et les emprunts dans des terres arides n'excitent guère les plaintes des agriculteurs.

Lorsqu'on est au contraire forcé de faire des emprunts dans des terres fertiles, il faut tâcher d'amoindrir le mal en n'enlevant pas toute la couche de terre végétale. On peut même, si cette couche est peu épaisse, l'enlever, la mettre en dépôt, faire l'emprunt par dessous et répandre ensuite la terre végétale dans la fouille.

On pourrait presque toujours trouver l'emploi des déblais en les portant fort loin; mais cette méthode est dispendieuse, parce que les transports deviennent fort coûteux.

Les emprunts comme les retroussemens doivent être faits parallèlement à la route et d'une largeur uniforme.

Des Transports.

Il faut, pour calculer les frais d'établissement d'une route, connaître les distances auxquelles chaque masse de déblai doit être transportée.

Chaque masse de déblai se subdivise en plusieurs parties limitées par deux profils consécutifs. On pourrait calculer séparément la distance à laquelle chaque partie doit être transportée; mais ordinairement on se contente de calculer une distance moyenne qui s'applique à la masse tout entière.

Le calcul rigoureux de cet élément offre de très-grandes difficultés; mais on suit dans la pratique une règle simple qui donne des résultats approchés.

Lorsqu'une route est à mi-côte, une grande partie des déblais est prise d'un côté de l'axe pour être jetée de l'autre. Sur celle-là, on évalue grossièrement la longueur du jet, et on en tient compte à l'entrepreneur pour une somme qui est toujours très-faible.

Reste à s'occuper des déblais qui doivent être transportés en avant; pour ceux-là, voici comment on procède.

On cherche ce qu'on nomme en mécanique le centre de gravité du déblai, et celui du remblai sur lequel il doit être porté. Leur distance représente la longueur des transports.

On suppose pour plus de simplicité les solides de déblai et de remblai homogènes, ce qui n'est pas exactement vrai.

En ce cas, le centre de gravité d'une figure plane est un point tel, que toutes les lignes qui s'y croisent divisent la figure en deux parties équivalentes.

Si au lieu d'une figure plane, on a un solide, les plans qui passent par le centre de gravité du solide le divisent aussi en deux parties équivalentes.

Cela posé, supposons qu'on ait un certain nombre de profils en déblai, suivis de plusieurs profils en remblai; voici comment on s'y prendra pour trouver la position des centres de gravité.

On tracera une ligne droite X Y (Pl. IV—22), sur laquelle on rapportera les distances A B, B C, C D, D E, etc., des profils consécutifs à chaque point de division; on élèvera des perpendiculaires A a, B b, C c, etc., sur lesquelles on portera des longueurs proportionnelles aux surfaces calculées des profils, en ayant soin de placer les longueurs qui représentent des surfaces en déblai au-dessus de la ligne X Y, et celles qui représentent des surfaces en remblai au-dessous. On mènera la ligne $a\,b\,c$, etc.; les points M et N où elle coupera la ligne X Y représenteront assez bien le passage du déblai au remblai, et les figures planes A a B b, seront à peu près proportionnelles aux cubes des solides de déblai et de remblai qu'il faut transporter. On cherchera la position des centres de gravité de toutes ces

figures planes. On abaissera de ces points des perpendiculaires sur les verticales élevées par le point M ou par le point N. Les longueurs seront égales aux distances respectives des centres de gravité de chaque solide au point de passage.

Pour faire cette opération il faut savoir trouver le centre de gravité d'un trapèze et celui d'un triangle. Or, il existe pour cela une règle fort simple que nous allons indiquer.

Le centre de gravité d'un triangle est situé sur la ligne menée du sommet du triangle au milieu de sa base, et aux deux tiers de cette ligne à partir du sommet.

Quant au centre de gravité d'un trapèze, il est placé sur la ligne qui joint les milieux des deux bases, et en représentant l'une des bases par a, l'autre par b, la hauteur du trapèze par h, il est aussi placé sur une deuxième ligne parallèle aux deux bases, et distant de celle que nous avons appelée a d'une quantité représentée par la formule.

$$\frac{h}{3}\left(1, +\frac{b}{a+b}\right)$$

A l'aide de ce qui précède, on trouvera les centres de gravité de toutes les parties dont se compose chaque masse de déblai ou de remblai; voici maintenant comment on déduit la position du centre de gravité de la masse elle-même.

On multipliera le volume de chaque partie par la distance de son centre de gravité à la verticale élevée par le point de passage; on fera la somme de tous ces produits; on la divisera par la somme de tous les volumes, c'est-à-dire par la masse totale. Le résultat exprimera la distance du centre de gravité de cette masse à la verticale élevée par le point de partage.

On peut avoir ainsi les distances horizontales au même point de passage du centre de gravité d'un remblai et d'un déblai consécutifs, qui doivent être portés l'un sur l'autre. En les additionnant, on aura le chemin moyen qui sera parcouru par les déblais.

Nous terminerons ici cet exposé relatif au calcul des terrasses. Nous répétons que notre but n'était pas de traiter la matière à fond; nous avons voulu seulement résumer en peu de mots les méthodes qu'on applique le plus fréquemment lorsqu'on trace les routes. Les ouvrages spéciaux, dont nous avons déjà donné le titre, pourront être consultés avec fruit, lorsqu'on croira les règles que nous avons données insuffisantes.

Nous avons placé à la fin de cet ouvrage deux modèles de tableaux. L'un est destiné à faire comprendre comment on doit disposer les calculs de terrasses; l'autre, comment on peut décrire, en les résumant, les principaux résultats d'une étude.

CHAPITRE V.

DE LA RÉDACTION COMPLÈTE D'UN PROJET DE ROUTE.

L'ingénieur qui a conçu un projet de route, et qui en a arrêté toutes les dispositions, n'a encore rempli que la moitié de sa tâche. Il faut qu'il le dessine, et qu'il accompagne ses dessins d'un texte explicatif, à l'aide duquel l'administrateur puisse comprendre sa pensée, et l'entrepreneur l'exécuter. Nous allons examiner quels sont les documens qu'il doit réunir dans ce but, et quelle forme il doit leur donner.

Les dessins nécessaires pour la parfaite intelligence d'un projet sont:

1º. Un plan d'ensemble.

2º. Un plan parcellaire et détaillé.

3º. Un profil en long.

4º. Une collection de profils en travers.

5º. La collection des plans, coupes et élévations de tous les travaux d'art à construire sur la direction de la route projetée.

L'administrateur qui veut prendre une connaissance complète d'un projet, a besoin de tous ces documens. Quant à l'entrepreneur chargé de l'exécution, il doit se contenter des deux derniers, parce que les employés de l'ingénieur traçant toujours eux-mêmes le plan sur le terrain, ce tracé tient lieu d'un plan dessiné.

Les dessins doivent être accompagnés du texte suivant:

1º. Un mémoire descriptif, dans lequel il est traité de la direction générale de la route; des motifs qui ont porté à la préférer à toutes les autres; de l'influence que sa construction peut exercer sur les localités qu'elle traverse; et enfin, de toutes les questions d'art, d'administration et d'économie publique, que le tracé a soulevées.

2º. Un devis contenant la description des travaux, les conditions relatives au choix et à l'emploi des matériaux; le texte des marchés généraux qui doivent être passés avec les entrepreneurs.

3º. Une collection de sous-détails, c'est-à-dire les analyses des prix de tous les ouvrages à exécuter, rapportés à une mesure déterminée.

4º. Le métré des ouvrages.

5º. Le détail estimatif, c'est-à-dire l'évaluation des travaux en argent.

Il est facile de concevoir la forme dans laquelle doit être rédigé le mémoire descriptif: mais la rédaction des devis, des sous-détails, des métrés et des estimations, est soumise à des règles que nous allons faire connaître.

Du Devis.

Il doit contenir les divisions suivantes. Nous avertissons seulement qu'il faudrait quelquefois plusieurs articles pour développer des matières que nous avons renfermées dans un seul.

Les articles forment, par la continuité de leurs numéros, une seule et même série. Cette disposition a été adoptée afin que les matières pussent être désignées dans les tables, par le nº seul de l'article qui les contient, sans qu'il fût besoin de parler de la section et du paragraphe.

EXPOSÉ.

Art. 1er. — Description générale de la route.

Art. 2. — Divisions principales du devis.

CHAPITRE I.

Description des Ouvrages.

SECTION I.

Ouvrages principaux.

§ Ier.

Terrassemens.

Art. 3.—Tracé. — Longueur.—Communes traversées. — Propriétés coupées, classées par nature de terrain, etc.

Art. 4.—Généralités sur le profil en long.— Pentes du projet.

Art. 5.—Description du profil en travers.

§ II.
Ragréages et empierremens.

Art. 6.—Ragréages.

Art. 7.—Grosseur des pierres cassées.

Art. 8.—Largeur et épaisseur de l'empierrement.

SECTION II.
Ouvrages accessoires.

§ Ier.
Travaux de maçonnerie.

On décrira les cassis, les aquaducs, ponceaux, et ponts projetés, en se conformant aux règles que nous avons données dans la 1re partie.—Le nombre des articles de ce paragraphe est variable.

§ II.
Travaux de charpente.

Même observation qu'au paragraphe précédent.

CHAPITRE II.
Emploi et qualité des Matériaux.

SECTION I.
Ouvrages principaux.

§ Ier.
Terrassemens.

Art. 1er.—De l'exécution des déblais.—Manière dont les tranchées doivent être ouvertes, et les travaux conduits.

Art. 2.—De l'exécution des remblais.—Epaisseur des couches successives de remblai.—Régalage, etc.

§ II.
Ragréages et Empierremens.

Art. 1er.—Des ragréages et des conditions imposées à ce sujet à l'entrepreneur.

Art. 2.—Du choix des pierres propres à l'empierrement.—Lieu d'où elles doivent être extraites.—Vérification que l'ingénieur se réserve de faire à ce sujet.—Mode de cassage.

SECTION II.
Ouvrages accessoires.

§ Ier.
Travaux de maçonnerie.

Art. 1er.—Du choix de la chaux.

Art. 2.—*Id.* Du sable.—De la pouzzolane.

Art. 3.—Des soins qui doivent être apportés à la confection du mortier.

Art. 4.—Du choix du moëllon brut.

Art. 5.—Du choix de la pierre de taille.

Art. 6.—Du soin qui doit être apporté à la préparation du moëllon.

Art. 7.—Description des différentes espèces de pierres de taille.—Soins qu'on doit apporter à leur taillage.

Art. 8.—Conditions d'exécution de la maçonnerie ordinaire.

Art. 9.—Conditions d'exécution de la maçonnerie de pierre de taille.

Art. 10.—Rejointoiement.

§ II.
Travaux de charpente.

Art. 1er.—De l'espèce des bois.

Art. 2.—De leurs qualités.

Art. 3.—Equarrissage.—Débit et autres conditions relatives à sa préparation.

Art. 4.—Pose de la charpente.

CHAPITRE III.
Clauses et conditions imposées à l'entrepreneur.

On prend ordinairement sur les routes trois entrepreneurs différens : l'un est chargé des terrassemens ; l'autre, des ragréages et de l'empierrement ; le troisième, des travaux d'art.

On doit communiquer à chaque entrepreneur la partie du devis relative aux travaux dont il veut se charger ; les analyses des prix qui doivent lui être appliqués ; les métrés qui ont été faits par l'ingénieur sur les plans dressés par lui. Enfin, l'entrepreneur chargé des terrassemens doit recevoir communication du profil en long et du profil en travers. Celui qui est chargé de l'exécution des travaux d'art doit prendre connaissance des plans des coupes et des élévations.

Les marchés passés avec les entrepreneurs doivent être rédigés dans la forme suivante :

1°. On commencera par parler des engagemens réciproques que prennent l'un envers l'autre l'entrepreneur et l'administration qui traite avec lui.

2°. On expliquera la marche que chaque partie contractante devra suivre pour constater la violation de ces engagemens, lorsqu'elle aura été commise par l'une des parties au détriment de l'autre.

3°. On passera ensuite à l'énumération des peines encourues par chacune des parties pour chaque violation.

4°. On désignera les tribunaux devant lesquels les contestations de tout genre devront être portées.

Parlons d'abord des engagemens que l'entrepreneur et l'administration doivent prendre l'un vis-à-vis de l'autre.

On commencera par définir les ouvrages ; on désignera nominativement les principaux ateliers de travail ; l'époque à laquelle les ouvrages seront commencés sur chacun d'eux, celle à laquelle ils seront livrés ; il sera même bon d'indiquer le maximum et le minimum d'ouvriers que l'entrepreneur pourra être obligé de tenir sur ses ateliers.

Celui-ci s'engagera à se conformer à toutes les prescriptions du directeur des travaux, à augmenter et à diminuer le nombre de ses ouvriers dans les limites comprises entre le maximum et le minimum, toutes les fois qu'il en sera requis ; enfin, à subir entre certaines limites les augmentations et les diminutions de travaux qui lui seront imposées.

D'autre part, l'administration contractante s'engage à verser entre les mains de l'entrepreneur le prix des travaux exécutés à des époques déterminées. Ordinairement on donne à la fin de chaque mois à l'entrepreneur le prix des travaux qu'il a exécutés, moins $^1/_{10}$ de leur valeur, qu'on retient pour garantie de la bonne exécution des ouvrages.

Quant à la violation des engagemens, si elle provient du fait de l'entrepreneur, on stipule le plus souvent qu'elle sera constatée par un simple procès-verbal de l'ingénieur, qui devra être régulièrement signifié à l'entrepreneur, s'il n'aime mieux y adhérer par l'apposition de sa signature, et si elle provient du fait de l'administration, elle doit être prouvée et constatée par les moyens généralement suivis en pareille matière.

Viennent ensuite les clauses pénales. Les marchés prévoient généralement deux espèces de contraventions. Celles qui ne sont pas très-graves donnent lieu à de simples dommages-intérêts exigibles du jour où la contravention a été constatée ; les autres emportent la mise des travaux en régie ou la réadjudication à un autre entrepreneur aux risques et périls de celui qui n'a pas tenu ses engagemens. En conséquence, il semble qu'on devrait exiger de l'entrepreneur, aussitôt après la signature du marché, le dépôt d'un cautionnement suffisant pour couvrir tous les frais qui pourraient être mis à sa charge dans le cas où il ne s'exécuterait pas. Mais si on prenait cette mesure à la rigueur, le cautionnement pourrait être assez considérable pour éloigner beaucoup d'entrepreneurs. On peut alors exiger le dépôt d'une somme moindre, et stipuler qu'à chaque paiement il sera fait à l'entrepreneur une retenue égale à la valeur de la dixième partie des travaux exécutés. Cette mesure suffit presque toujours, parce qu'on n'éprouve généralement de difficultés sérieuses de la part des entrepreneurs que lorsque les travaux sont déjà avancés.

Dans les marchés passés pour le compte de l'administration des ponts et chaussées, il est de droit rigoureux que les difficultés qui peuvent s'élever entre l'administrateur et l'entrepreneur soient portées devant les tribunaux administratifs, et après avoir suivi le cours d'une procédure régulière. Mais lorsqu'une administration libre contracte, il y a lieu à désigner un tribunal qui prononcera sur les contestations. On stipule ordinairement qu'elles seront portées devant deux arbitres nommés l'un par une partie, l'autre par l'autre, et qui sont autorisés d'avance à en nommer un troisième, en cas de partage. On se réserve ordinairement pour les cas graves l'appel devant la Cour royale.

Des Métrés.

Les tableaux de métrés doivent contenir autant de divisions qu'il y a d'ouvrages différens à exécuter. Ainsi, dans un projet de route ou de chemin ordinaire, on peut adopter les divisions suivantes :

1º. Les terrassemens. Tout ce qui est relatif à l'extraction et à la distribution des terres doit être contenu dans le cahier de calcul des terrasses dont nous donnons le modèle plus bas, ainsi que nous l'avons dit au chapitre précédent.

2º. Les propriétés occupées par la route et le chemin. Elles doivent être divisées en autant de classes qu'il y a de propriétaires respectifs. Chaque classé doit contenir autant de subdivisions nommées parcelles, qu'elle renferme de natures différentes de terrains. Enfin chaque parcelle doit être évaluée en hectares, ares et centiares. Voici la forme qu'on doit donner à ce tableau :

NUMÉROS DES PARCELLES.	NOMS DES PROPRIÉTAIRES.	DOMICILE DES PROPRIÉTAIRES.	ÉVALUATION DE LA PARCELLE.	NATURE DU TERRAIN.	OBSERVATIONS.
			h. a. c		
Nº 1.	A	a	1, 3,65	Prés.	» »
Nº 2.	B	b	0,17,48	Terres labourables.	» »
» »	» »	» »	»		» »

Les ingénieurs annexent quelquefois aux calculs de terrassemens et de surface un état récapitulatif dont nous avons donné un modèle (Tab. I — n° 2), et qui permet de saisir d'un coup-d'œil tout l'ensemble du travail.

3°. L'empierrement. Quelquefois l'empierrement des diverses parties d'une même route ne doit pas être adjugé au même prix. En ce cas, on la divise en autant de sections qu'on se propose d'établir de prix différens. Pour avoir le cube de l'empierrement sur chacune d'elles, on prend :

1°. L'épaisseur moyenne de l'empierrement.
2°. La largeur de la chaussée empierrée.
3°. La longueur de la section.

Le produit de ces trois élémens exprime le cube cherché.

4°. Les travaux d'art. Cette partie contient autant de divisions qu'on se propose d'exécuter de travaux différens. Dans chaque section, on cube séparément la maçonnerie de moëllon et de pierre de taille en les divisant en autant d'espèces que nous en avons distinguées en parlant de l'exécution de ces sortes de travaux. La maçonnerie de moëllon peut être évaluée en bloc. Quant à la maçonnerie de pierre de taille, on est souvent obligé de calculer séparément le volume de chaque pierre.

On évalue ensuite en mètres carrés la surface des paremens ou en pierre taillée ou en moëllons piqués.

Pour toutes ces mesures, on se conforme aux règles ordinaires de la géométrie.

Les travaux de charpente s'évaluent au mètre cube comme les travaux en maçonnerie.

Des Analyses de prix ou sous-détails.

Lorsqu'on a mesuré des ouvrages en les rapportant à une unité commune, il faut les évaluer en argent. On est pour cela obligé de commencer par déterminer le prix d'exécution de chaque unité.

L'ingénieur se rend compte de ces prix en les soumettant à une analyse détaillée.

Supposons, par exemple, qu'il veuille connaître le prix du piochage d'un mètre cube de terre ordinaire; il raisonne ainsi :

Le piochage est exécuté par des *hommes*, se servant d'*outils* déterminés.

Les *hommes* travaillent *à la journée*. De là, une première question : Combien faut-il de journées d'hommes pour exécuter le travail demandé? Il a recours à l'expérience pour en avoir la solution. Nous supposons qu'un tiers de journée soit nécessaire.

Il se demande, en deuxième lieu, de combien l'outil s'usera-t-il pendant le cours de l'exécution? Nous supposons qu'il perde le $\frac{1}{100}$ de sa valeur.

Il cherche ensuite quel est le prix de la journée dans la localité désignée.

Quel est le prix de l'outil dans la même localité.

Il applique à ces élémens les résultats généraux précédemment obtenus, et il en déduit ce qu'on appelle le *prix brut* de l'ouvrage à exécuter.

Ce n'est pas tout. Lorsque des ouvriers travaillent réunis, on est obligé d'exercer sur eux une surveillance active, qui doit être comptée séparément et ajoutée au prix brut. La somme des deux quantités porte le nom de *prix de revient*.

Enfin, pour qu'un entrepreneur veuille se charger de l'exécution des travaux, il est nécessaire de lui accorder un bénéfice proportionné à leur importance ; ce bénéfice se calcule pour chaque unité de travail ; on l'ajoute au prix de revient pour composer le prix de la mise en adjudication.

Les ingénieurs suivent, en général, la méthode suivante.

Ils évaluent les frais de surveillance à $\frac{1}{20}$ du prix brut, et le bénéfice de l'entrepreneur à $\frac{1}{10}$ du *prix de revient*. Souvent ils comprennent le prix des outils employés dans le $\frac{1}{20}$ de surveillance; c'est la marche que nous avons suivie dans les tableaux annexés à ce chapitre. Cette méthode est cependant très-défectueuse. Il est, en effet, certain que, sur des travaux étendus, les frais de surveillance sont souvent au-dessous du $\frac{1}{20}$ des prix bruts, et qu'on peut accorder à l'entrepreneur moins du $\frac{1}{10}$ du prix de revient, et lui laisser néanmoins un bénéfice considérable. Aussi arrive-t-il presque toujours que, lorsque la mise en adjudication a lieu sur des sous-détails composés de cette manière, les entrepreneurs qui se présentent en concurrence pour obtenir l'adjudication font des rabais très-considérables.

Ainsi il faut, pour que les travaux soient exécutés à des prix modérés, laisser aux concurrens le soin de réduire les prix élémentaires à un taux convenable. C'est là un grave inconvénient, et qui est souvent de nature à compromettre la bonne exécution des travaux. Il arrive, en effet, quelquefois que des entrepreneurs ignorans ou de mauvaise foi font sur les prix de mise en adjudication des rabais tels, qu'ils ne peuvent se tirer d'affaire qu'en exécutant mal. L'ingénieur se trouve alors réduit à l'une des alternatives suivantes :

Ruiner l'entrepreneur.

Lui faire accorder des dédommagemens plus ou moins considérables.

Tolérer une exécution imparfaite.

Ces raisons ont conduit quelques ingénieurs distingués à penser qu'il vaudrait mieux que la rédaction des sous-détails fût plus conforme à la vérité; et qu'au lieu d'adjuger les travaux à l'entrepreneur qui offrirait de faire le rabais le plus considérable, on les livrât à celui qui donnerait le plus de garanties de moralité et de capacité. Nous exposons cette opinion sans la discuter. Nous dirons cependant qu'une compagnie particulière qui veut faire exécuter de grands travaux, et dont les agens connaissent bien la localité, a plus d'avantages à traiter de gré à gré avec des entrepreneurs qu'à faire adjuger les travaux au rabais.

Nous allons dire maintenant quel est l'ordre qu'il faut suivre dans la rédaction des sous-détails.

On les distribue en tableaux qui sont divisés en six colonnes. La 1re contient l'indication des ouvrages et de leurs élémens; la 2e, les prix bruts; la 3e, le $1/20$ pour frais de surveillance; la 4e, le prix de revient; la 5e, le $1/10$ de bénéfice, et la 6e, le prix de mise en adjudication. Nous avons dit qu'on tenait toujours compte des frais de surveillance pour le $1/20$ du prix brut. On déroge cependant quelquefois à cette règle, et alors, entre la 2e et la 3e colonne du tableau, on en dispose une autre dans laquelle on indique par un nombre la partie du prix brut qu'on prendra pour les frais de surveillance. C'est ce que nous avons fait dans nos tableaux modèles.

En tête des collections de sous-détails pour l'exécution d'une route ou d'un chemin, on doit mettre l'énumération des diverses espèces d'ouvriers et de voitures qu'on se propose d'employer. En regard, on écrit le prix brut du travail pour chacun d'eux, le prix de revient et celui de mise en adjudication. Lorsque, pendant le cours de l'exécution des travaux, on charge l'entrepreneur de trouver des ouvriers pour les employer en régie, l'usage est de lui compter les journées augmentées du $1/20$ de surveillance et du $1/10$ de bénéfice; mais, en revanche, il doit leur fournir tous les outils nécessaires à l'exécution du travail, et supporter les frais de recherches d'ouvriers, quels qu'ils soient.

Les prix des journées étant fixés, on procède aux analyses proprement dites. On établit entre les ouvrages quelques divisions générales qui correspondent aux principaux chapitres du devis. Chaque division se subdivise en autant d'articles qu'il y a d'ouvrages différens à évaluer. On commence par les ouvrages simples, c'est-à-dire par ceux dont les prix se déduisent immédiatement des prix des journées. Tels sont le piochage d'un mètre cube de matériaux, le prix d'un mètre cube de chaux, de sable, etc. On passe ensuite aux ouvrages composés, dont les prix ne peuvent être déduits que de ceux des ouvrages simples. Tels sont le mortier, la maçonnerie, etc., et on procède toujours par ordre de complication.

La lecture attentive des tableaux qui suivent ce chapitre achèvera d'éclaircir ce sujet. Nous terminerons donc ici par une simple observation.

Nous plaçons immédiatement après ce chapitre une collection de sous-détails. Ce tableau est plutôt un modèle à suivre qu'un bordereau de prix réels. Ainsi nous avons adopté quelquefois des hypothèses qui ne se réalisent jamais. Nous avons, par exemple, supposé, en établissant les prix de maçonnerie, que tous les matériaux se trouvent sur les lieux où on les emploie. En réalité, ils en sont toujours plus ou moins éloignés, et on doit faire entrer les transports en ligne de compte.

DÉSIGNATION DES OUVRAGES.	PRIX BRUT.	FAUX FRAIS ET SURVEILLANCE.		TOTAL.	1/10 DE BÉNÉFICE.	PRIX PAYÉ À L'ENTREPRENEUR.
	FR.		FR.	FR.	FR.	FR.
PRIX ÉLÉMENTAIRES.						
ARTICLE PREMIER. — *Prix réduits des journées d'ouvriers.*						
Un manœuvre ordinaire.	1,60	1/20	0,08	1,68	0,17	1,85
Un bon terrassier régaleur, un manœuvre carrier.	2,20	»	0.11	2,31	0,23	2,54
Un mineur, un maçon, un charpentier.	2,50	»	0,12	2,62	0,26	2,88
Un maçon poseur, un tailleur de pierres.	3,00	»	0,15	3,15	0,31	3,46
ART. 2. — *Prix réduit des journées de chevaux et de voitures.*						
Un cheval seul.	3,00	»	0,15	3,15	0,31	3,46
Un cheval attelé à une voiture.	3,50	»	0,17	3,67	0,37	4,04
Une voiture à un cheval et son conducteur.	5,00	»	0,25	5,25	0,62	5,77
Une voiture à 2 chevaux et son conducteur.	8,00	»	0,40	8,40	0,84	9,24
TERRASSEMENS.						
ART. 3. — *Transports sur les ateliers de terrasses.*						
Transports à 15 mètres de distance en plaine.	0,05	»	0,002	0,052	0,005	0,06
— à 30 *id.*	0,10	»	0,005	0,105	0,010	0,12
— à 45 *id.*	0,13	»	0,006	0,136	0,014	0,15
— à 60 *id.*	0,18	»	0,009	0,189	0,019	0,21
— à 75 *id.*	0,23	»	0,012	0,242	0,024	0,27
— à 90 *id.*	0,27	»	0,013	0,283	0,028	0,31
— à 100 *id.*	0,30	»	0,015	0,315	0,031	0,35
— à 150 *id.*	0,40	»	0,020	0,420	0,042	0,46
— à 200 *id.*	0,55	»	0,027	0,577	0,058	0,63
— à 300 *id.*	0,70	»	0,035	0,735	0,073	0,81
— à 400 *id.*	0,78	»	0,039	0,819	0,082	0,90
— à 500 *id.*	0,87	»	0,043	0,913	0,091	1,00
— à 600 *id.*	0,96	»	0,048	1,008	0,101	1,11
ART. 4. — *Prix du mètre cube de terre extraite à la pioche ordinaire.*						
Fouille et charge, 1/5 journée de manœuvre.	0,320	»	0,016	0,336	0,034	0,37
ART. 5. — *Prix d'un mètre cube de terre extraite à la pioche montoise.*						
Fouille et charge, 1/4 journée de manœuvre.	0,40	»	0,02	0,42	0,04	0,46
ART. 6. — *Prix du mètre cube de roc extrait au pic.*						
Piochage et charge, 1/3 journée de manœuvre carrier.	0,73	1/10	0,07	0,80	0,08	0,88
ART. 7. — *Prix d'un m. c. de roc extrait à la pince.*						
1/4 journée de carrier et 1/4 journée de manœuvre ordinaire.	0,95	»	0,10	1,05	0,10	1,15
ART. 8. — *Prix d'un mètre cube de roc extrait à la poudre.*						
1/3 journée de mineur.	0,83	»				
1/3 journée de manœuvre.	0,53	»				
1/8 kilog. de poudre, à 2 fr. 80 c.	0,35	»				
Prix brut du mètre cube.	1,71	»	0,17	1,88	0,19	2,07
ART. 9. — *Prix d'un mètre cube de granit fort dur, extrait en larges tailles à la poudre.*						
1/2 journée de mineur.	1,25	»				
1/2 journée de manœuvre.	0,80	»				
1/6 kilog. de poudre, à 2 fr. 80 c.	0,47	»				
Prix du mètre cube.	2,52	»	0,25	2,77	0,28	3,05

DÉSIGNATION DES OUVRAGES.	PRIX BRUT.	FAUX FRAIS ET SURVEILLANCE.		TOTAL.	1/10 DE BÉNÉFICE.	PRIX PAYÉ À L'ENTREPRENEUR.
	FR.		FR.	FR.	FR.	FR.
TRAVAUX D'ART.						
ART. 10. — *Transport à la voiture d'un mètre cube de pierre de taille.*						
Transport à 300 mètres de distance.	0,78	1/20	0,04	0,82	0,08	0,90
— à 400 id.	0,89	»	0,04	0,93	0,09	1,02
— à 500 id.	1,00	»	0,05	1,05	0,10	1,15
— à 600 id.	1,10	»	0,05	1,15	0,12	1,27
— à 700 id.	1,21	»	0,06	1,27	0,13	1,40
— à 800 id.	1,32	»	0,07	1,39	0,14	1,53
— à 900 id.	1,43	»	0,07	1,50	0,15	1,65
— à 1000 id.	1,54	»	0,08	1,62	0,16	1,78
— à 2000 id.	2,62	»	0,13	2,75	0,27	3,02
— à 3000 id.	3,70	»	0,18	3,88	0,39	4,27
— à 4000 id.	4,78	»	0,24	5,02	0,50	5,52
— à 5000 id.	5,86	»	0,29	6,15	0,61	6,76
ART. 11. — *Transport à la voiture d'un mètre cube de menus matériaux.*						
Transport à 300 mètres de distance.	0,65	»	0,03	0,68	0,07	0,75
— à 400 id.	0,74	»	0,04	0,78	0,08	0,86
— à 500 id.	0,83	»	0,04	0,87	0,09	0,96
— à 600 id.	0,92	»	0,05	0,97	0,10	1,07
— à 700 id.	1,01	»	0,05	1,06	0,11	1,17
— à 800 id.	1,11	»	0,06	1,17	0,12	1,29
— à 900 id.	1,20	»	0,06	1,26	0,13	1,39
— à 1000 id.	1,30	»	0,06	1,36	0,14	1,50
— à 2000 id.	2,29	»	0,11	2,40	0,24	2,64
— à 3000 id.	3,30	»	0,16	3,46	0,35	3,81
— à 4000 id.	4,30	»	0,21	4,51	0,45	4,96
— à 5000 id.	5,30	»	0,26	5,56	0,56	6,12
ART. 12. — *Fourniture du moëllon et de la pierre de taille, pris à la carrière.*						
N° 1. — Prix du mètre cube de moëllon brut, dit pierre mureuse :						
Indemnité de carrière.	0,10	»				
Extraction et choix, 1/2 journée de carrier.	1,10	»				
Prix du mètre cube.	1,20	»	0,06	1,26	0,13	1,39
N° 2. — Prix du mètre cube de moëllon ébauché, smillé, etc.						
1m,10 de moëllon brut, à 1 fr. 20 c.	1,32	«				
Ebauchage, 1/10 journée de carrier,	0,22	»				
Prix du mètre cube.	1,54	»	0,08	1,62	0,16	1,78
N° 3. — Prix du mètre cube de petite pierre de taille :						
Indemnité de carrière.	1,80	»				
Extraction et choix, 6 journées de carrier, à 2 fr. 20 c.	13,20	»				
Prix du mètre cube.	15,00	»	0,75	15,75	1,75	17,32
N° 4. — Prix du mètre cube de grande pierre de taille :						
Indemnité de carrière.	2,40	»				
Extraction et choix, 8 journées de carrier, à 2 fr. 20 c.	17,60	»				
Prix du mètre cube.	20,00	»	1,00	21,00	2,10	23,10

DÉSIGNATION DES OUVRAGES.	PRIX BRUT.	FAUX FRAIS ET SURVEILLANCE.		TOTAL.	$\frac{1}{10}$ DE BÉNÉFICE.	PRIX PAYÉ à L'ENTREPRENEUR.
	FR.		FR.	FR.	FR.	FR.
ART. 13. — *Prix du taillage du moëllon et de la pierre de taille.*						
No 1. — Prix du smillage du mètre carré de parement vu de moëllon :						
3/4 journée de tailleur de pierre, à 3 fr.	2,25	1/20	0,11	2,36	0,24	2,60
No 2. — Prix du piquage du mètre carré de parement vu de moëllon :						
1 journée de tailleur de pierre, à 3 fr.	3,00	»	0,15	3,15	0,31	3,46
No 3. — Taillage d'un mètre carré de parement vu de pierre de bas appareil :						
1 journée 1/4 de tailleur de pierre.	3,75	1/10	0,37	4,12	0,41	4,53
No 4. — Taillage d'un mètre carré de parement vu de pierre de haut appareil :						
2 journées de tailleur de pierre.	6,00	«	0,60	6,60	0,66	7,26
ART. 14. — *Chaux, sable, ciment.*						
No 1.—Prix d'un m. c. de chaux vive au four :	14,00	1/20	0,70	14,70	1,47	16,17
No 2. — Prix d'un m. c. de chaux éteinte :						
2/3 mètre cube de chaux vive, à 14 fr.	9,33					
Extinction, perte, etc.	1,50					
Prix du mètre cube.	10,83	»	0,54	11,37	1,14	12,51
N. 3. — Prix d'un mètre cube de sable :						
Fouille et charge, 1/5 journée de manœuvre.	0,32	»	0,02	0,34	0,03	0,37
No 4. — Prix d'un mètre cube de ciment ou de pouzzolane artificielle.	15,00	»	0,75	15,75	1,58	17,33
ART. 15. — *Prix d'un mètre cube de mortier.*						
No 1. — Mortier de chaux et sable.						
0m c.,40 chaux éteinte, à 10 fr. 83 c.	4,33					
0m,80 sable, à 0 fr. 32 c.	0,26					
Façon, 1/3 journée de manœuvre.	0,53					
Prix du mètre cube.	5,12	»	0,26	5,38	0,54	5,92
No 2. — Mortier de chaux et ciment :						
0m c.,40 chaux éteinte, à 10 fr. 83 c.	4,33					
0m,80 ciment, à 15 fr.	12,00					
Façon, 1/3 journée de manœuvre.	0,53					
Prix du mètre cube.	16,86	»	0,84	17,70	1,77	19,47
ART. 16. — *Maçonnerie.*						
No 1. — Maçonnerie en moëllons bruts :						
1 mètre cube de moëllons bruts, à.	1,20					
0m c.,30, mortier, chaux et sable, à 5 fr. 12 c.	1,54					
Façon de la maçonn., 1/2 journée de maçon.	1,25					
Service des matériaux, 1/2 j. de manœuvre.	0,80					
Prix du mètre cube.	4,79	»	0,24	5,03	0,50	5,53
No 2. — Maçonnerie en moëllons ébauchés, smillés et piqués :						
1 mètre cube de moëllons ébauchés, à 1 fr.	1,54					
0m,25 mortier de chaux et sable, à 5 fr. 12 c.	1,28					
Façon, 2/3 journée de maçon.	1,67					
Approche des matériaux, 1/2 j. de manœuvre.	0,80					
Prix du mètre cube.	5,29	»	0,26	5,55	0,55	6,10
No 3.—Maçonnerie en petite pierre de taille :						
1 mètre cube, petite pierre de taille.	15,00					
0m,10 de mortier ordinaire, à 5 fr. 12 c.	0,51					
Pose, une journée de maçon poseur.	3,00					
Approche des matériaux, 1/2 j. de manœuvre.	0,80					
Prix du mètre cube.	19,31	»	0,96	20,27	2,03	22,30

DÉSIGNATION DES OUVRAGES.	PRIX BRUT.	FAUX FRAIS ET SURVEILLANCE.		TOTAL.	$\frac{1}{10}$ DE BÉNÉFICE.	PRIX PAYÉ À L'ENTREPRENEUR.
	FR.		FR.	FR.	FR.	FR.
N° 4.—Maçonnerie en grande pierre de taille :						
1 mètre cube grande pierre de taille.	20,00	$\frac{1}{20}$				
0m,10 de mortier ordinaire, à 5 fr. 12 c.	0,51					
Pose, 1 journée $\frac{1}{2}$ de maître poseur, à 3 fr.	4,50					
Approche des matériaux, 1 j. de manœuvre.	1,60					
Prix du mètre cube.	26,61	»	1,33	27,94	2,79	30,53
ART. 17. — *Rejointoiemens* (le mètre carré).						
N° 1.— Pour le moëllon épincé et smillé :						
0m. c.,01 de mortier de ciment, à 16 fr. 86 c.	0,17					
$\frac{1}{5}$ journée de maçon.	0,50					
Prix du rejointoiement d'un mètre carré.	0,67	»	0,03	0,70	0,07	0,77
N° 2. — Pour le moëllon piqué et la petite pierre de taille.						
0m. c,005 de mortier de ciment, à 16 fr. 86 c.	0,08					
$\frac{1}{5}$ journée de maçon.	0,50					
Prix du rejointoiement d'un mètre cube.	0,58	»	0,03	0,61	0,06	0,67
N° 3. — Pour la grande pierre de taille :						
0m. c.,005 de mortier de ciment, à 16 fr. 86 c.	0,08					
$\frac{1}{10}$ journée de maçon.	0,25					
Prix du rejointoiement d'un mètre carré.	0,33	»	0,02	0,35	0,03	0,38
ART. 18. —*Prix d'un m. c. de béton pour chappe.*						
0m. c.,75 de mortier de ciment, à 16 fr. 86 c.	12,63					
0m. c.,33 de cassons de pierre, à 1 fr. 50 c.	0,50					
Façon, $\frac{1}{2}$ journée de manœuvre.	0,80					
Prix du mètre cube.	13,93	»	0,70	14,63	1,46	16,09
ART. 19. — *Prix d'un mètre cube de bois pour cintres, fondations et travaux provisoires.*						
Achat à la forêt d'un m. c. de bois équarri.	40,00					
$\frac{1}{20}$ déchet pour assemblages.	2,00					
$\frac{1}{5}$ journées de 5 manœuvres pour chargement et déchargement.	1,60					
4 journées de charpentier pour l'assemblage.	10,00					
Prix du mètre cube.	53,60	»	2,68	56,28	5,63	61,91
ART. 20. — *Prix d'un mètre cube de bois de choix équarri à vive arête, employé en travaux d'art.*						
Achat d'un mètre cube de bois équarri.	60,00					
$\frac{1}{20}$ déchet pour assemblages.	3,00					
$\frac{1}{5}$ journée de 5 manœuvres pour chargement et déchargement.	1,60					
6 j. de charp., à 2 f. 50 c. par assemblage.	15,00					
Prix du mètre cube.	79,60	»	3,98	83,58	8,36	91,94
ART. 21. — *Prix du kilogramme de fer forgé.*						
Le prix courant est par kilog. de.	1,00		0,05	1,05	0,10	1,15
EMPIERREMENT ET RAGRÉAGES.						
ART. 22. — *Empierrement.*						
Prix du m. c. de pierres cassées.						
1m. c. de moëllons bruts pris à la carrière.	1,20					
Cassage et emploi, $\frac{4}{5}$ journée de manœuvre.	1,28					
Prix du mètre cube.	2,48	»	0,12	2,60	0,26	2,86
ART. 23. —*Ragréages.*						
Ragréage d'un mètre carré, $\frac{1}{50}$ de journée de manœuvre, à 1 fr. 60 c.	0,03		«	«	«	0,04

CHAPITRE VI.

DE L'EXÉCUTION DES TERRASSEMENS.

Les terrassemens doivent être exécutés à l'entreprise, sous la direction de l'ingénieur ou de tout autre constructeur chargé de la surveillance.

L'ingénieur doit faire tracer sur le terrain par ses agens, la direction de l'axe de la route et la limite des terres occupées par les talus. De distance à autre, il doit faire ouvrir des profils modèles pour guider l'entrepreneur; enfin, il doit donner à celui-ci un profil en long et un cahier de terrassemens sur lequel les transports à effectuer soient notés avec soin.

Tracé de l'axe de la route.

L'axe de la route renferme des alignemens droits, raccordés par des courbes.

Les alignemens droits se tracent avec des jalons; quant aux courbes, il faut employer des moyens particuliers que nous allons faire connaître.

Supposons (PL. IV. — fig. 26) qu'on veuille raccorder par un arc de cercle les deux alignemens droits A S, S B, qui concourent au point S. On mesurera sur le terrain la longueur A S égale à B S; on se transportera avec un graphomètre au point A, et on divisera l'angle A en un certain nombre de parties égales par les lignes A 1, A 2 et A 3. On divisera de la même manière, l'angle B par les lignes B 3, B 2, B 1. Nous nous sommes bornés ici à quatre divisions, mais on aurait pu en faire un plus grand nombre. Les intersections des lignes A 1 et B 1, A 2 et B 2, A 3 et B 3 seront autant de points de la courbe de raccordement cherchée. Cette courbe sera un arc de cercle, parce que les angles inscrits M¹, M² et M³ sont égaux.

On peut aussi adopter la méthode suivante.

On prend (PL. IV — 27) sur les alignemens donnés deux longueurs S A et S B, égales ou inégales. On divise le côté S B et le côté S A en un même nombre de parties égales (il y en a quatre sur la figure). On joint ensuite chaque division de B S en remontant, y compris le point B, avec chaque division correspondante de A S en descendant, et y compris le point A. Les intersections successives de toutes ces droites pri-

ses deux à deux dans l'ordre qu'on vient d'indiquer, appartiendront à une courbe tangente aux alignemens A S et S B, aux points A et B. L'axe ainsi construit n'a pas une courbure uniforme. Il appartient à une ligne nommée parabole. On le préfère souvent à un arc de cercle, parce qu'il est très-facile à tracer sur le terrain. Enfin, si la localité permettait de ne tracer sur une grande partie du chemin que des arcs de cercle d'un rayon déterminé, on pourrait adopter la méthode suivante, que l'un de nous a constamment suivie pour tracer les courbes d'un chemin de fer qui avaient presque toutes 500 mètres de rayon.

On dessinera à une échelle assez grande, celle par exemple d'un centimètre par mètre, un arc de cercle A C et sa tangente au point A, A T. (PL. IV—28). On divisera l'arc A C en parties égales A M, M N, N P, etc. par chacun des points de division; on abaissera sur la tangente des perpendiculaires M m, N n, P p, etc. On prendra leur longueur à l'échelle, ainsi que celle des parties de tangentes correspondantes A m, A n, A p. On formera une table de toutes ces longueurs.

Supposons maintenant qu'on veuille raccorder les deux alignemens droits A S et B S (PL. IV — 29) par un arc de cercle du rayon donné. On mesurera l'angle S avec un graphomètre; on calculera la distance S A du sommet au point de tangence. Cette opération ne présente aucune difficulté. Supposons en effet que l'arc à construire soit A R B; que son centre soit au point O; que son rayon O R soit égal à R. Le triangle A O S donnera évidemment :

$$A S = R \times \text{tang. } A O S.$$

Mais l'angle A O S est égal à 90° — A S O ou à 90° — ¹/₂ A S B. Substituant, on aura :

$$A S = R \times \text{tang} \left(90° - \tfrac{1}{2} A S B\right)$$
$$= R \times \text{cot } \tfrac{1}{2} A S B$$

On cherchera dans les tables la valeur de cot ¹/₂ A S B. En la multipliant par le rayon qu'on veut donner à la courbe, on aura la valeur de A S.

Le point A une fois fixé, on portera sur la

tangente des longeurs A m, $n m$, $n p$, etc., égales à celles qui ont été précédemment calculées. On élèvera les perpendiculaires correspondantes M m, N n, P p, etc. Les points M, N, P appartiendront à la courbe cherchée.

Pour que les terrassiers puissent se conformer exactement aux indications du projet, il faut que les piquets placés sur la direction de l'axe soient tout au plus distans de 50 mètres sur les alignemens droits, et de 10 sur les parties courbes.

Tracé des talus.—Profils modèles.

Lorsque l'axe de la route est établi, l'ingénieur doit tracer la largeur, talus compris. Pour cela, il prend cette largeur à chaque piquet sur les profils en travers, et il la rapporte sur le terrain. Il a ainsi plusieurs points de la ligne de séparation de la route projetée et du terrain naturel. Il unit ces points par une ligne continue; il établit ainsi une limite que l'entrepreneur ne devra jamais franchir. Lorsqu'il a terminé cette opération, et remis en outre aux chefs d'ateliers, des expéditions du profil en long et des calculs de terrasses, ceux-ci peuvent procéder à l'ouverture de la route.

Exécution des terrassemens.

Les chefs d'ateliers de terrassiers ont trois espèces de travaux à exécuter. Les déblais, les transports de terres et les remblais.

Les déblais se font ordinairement :

1º. Dans la terre végétale, auquel cas ils s'exécutent à la bêche ordinaire, représentée (Pl. IV — 30).

2º. Dans un terrain dur ou pierreux. On se sert alors d'un outil plus résistant, la pioche montoise (Pl. IV — 31), qui est terminée d'un côté par une pointe très-solide, nommée pic, et de l'autre par un taillant à l'aide duquel on enlève les terres moins consistantes ou déjà ébranlées.

3º. Dans de la roche très-tendre, en bancs très-minces, etc. On peut alors se servir du pic de la pioche montoise, ou d'un pic séparé un peu plus gros.

4º. Dans de la roche plus dure et en bancs épais. Dans ce cas on est obligé de se servir à la fois du pic, de la pioche, et quelquefois du coin et de la masse.

La pince est représentée (Pl. IV — 32 et 33). On donne ce nom à un levier A B, terminé par une espèce de coin B C. Pour en faire usage, on creuse légèrement la roche entre deux lits jusqu'à ce qu'on ait pratiqué une place suffisante pour y loger le coin C D; ce coin une fois entré, plusieurs hommes appuient fortement sur l'extrémité A du levier jusqu'à ce qu'ils soient parvenus à soulever le banc de rocher.

La pince a des dimensions très-variables. Le levier A B est en fer, le bout B C est en acier.

Nous n'avons pas besoin d'expliquer l'usage du coin (Pl. IV — 34) et de la masse (fig. 35 et 36). On se sert de cet outil en faisant entrer le coin entre deux lits de pierre, et le chassant fortement à la masse.

5º. Il est des roches plus dures encore que les espèces dont nous venons de parler, et qui ne peuvent être extraites qu'à la poudre. Voici alors comment on procède.

On fait dans le roc un trou de 1 pouce ou 18 lignes de diamètre et d'une profondeur variable. On met au fond une certaine quantité de poudre nue ou renfermée dans une cartouche; on bourre avec de l'argile, de la terre, des cailloux, du sable, etc. Mais, avant de faire cette dernière opération, on plante dans la poudre une tige en fer ou en cuivre, nommée épinglette, représentée (Pl. IV — 37), et qui est assez longue pour sortir hors du trou de mine. Aussitôt qu'on a achevé de bourrer, on retire l'épinglette, et il reste à la place un trou qui met en communication la poudre avec la surface du sol; on s'en sert pour amorcer, après quoi il ne reste plus qu'à mettre le feu.

Toutes ces opérations exigent quelques connaissances qui se trouvent rarement réunies chez les ouvriers, même habiles.

Il faut d'abord avoir assez d'habitude pour placer le trou de mine d'une manière convenable, et pour ne le faire ni trop court ni trop profond. Il est difficile de donner des préceptes généraux sur cette matière; l'habitude et l'expérience peuvent seules servir de guide.

On doit en second lieu faire un choix convenable d'outils. On peut se servir de la drague (Pl. IV — 38) ou du burin (Pl. IV — 39).

La drague est une longue tige de fer A B assez lourde, terminée par un taillant C D, et qui est maniée par deux hommes à la fois, l'un assis, l'autre debout. On place le taillant de la drague sur l'emplacement présumé du trou, après quoi les deux mineurs l'élèvent et la laissent retomber alternativement; la pierre est bientôt entamée, surtout si on a soin de la mouiller fréquemment, et le trou s'approfondit à chaque coup de drague.

D'autres fois on se sert du burin; c'est un outil semblable à la drague, mais plus court. Il est en fer, et terminé par un taillant d'acier.

Pour en faire usage, on place le taillant sur l'emplacement du trou, et on frappe sur sa tête avec une masse en fer. Quelquefois un seul mineur fait les deux opérations à la fois. Il tient le burin d'une main et le frappe avec la masse qu'il tient de l'autre. Quelquefois aussi le mineur se contente de diriger l'outil, et il se fait aider par un manœuvre qui porte la masse. La première méthode est généralement plus expéditive. Cependant la seconde peut être préférable dans la roche très-dure, parce qu'on se sert d'une masse beaucoup plus lourde. Dans les travaux que nous avons fait exécuter, la nature de roche était telle que le burin, manié par un seul homme, donnait généralement de meilleurs résultats que la drague et le burin à deux hommes. Il est du reste des localités en France où on se sert exclusivement de l'un de ces outils. Il convient alors de se conformer aux habitudes prises.

Nous n'en dirons pas autant des procédés employés pour charger, amorcer et tirer. Si ces procédés sont mauvais, il ne faut pas hésiter à leur en substituer de meilleurs, parce qu'il pourrait y avoir de grands inconvéniens à laisser suivre une routine erronée.

En premier lieu il faut accoutumer les mineurs à renfermer soigneusement la poudre, pour éviter les accidens, et à ne pas employer de charges trop fortes. Quelques expériences faites sur divers trous de mine apprendront quelle est la meilleure règle à suivre à cet égard. Si on s'apercevait que les manœuvres n'exécutent pas les ordres qui leur sont donnés dans un but de sûreté pour eux, et d'économie pour l'entreprise, on devrait ne leur distribuer la poudre qu'en cartouches d'un poids déterminé.

Les outils dont on se sert pour charger un trou de mine sont l'épinglette, le bourroir et la masse. Les deux premières sont généralement en fer. Mais lorsqu'on s'aperçoit que la roche peut étinceler sous le briquet, il faut exiger qu'on les remplace par des outils de cuivre.

Il faut aussi apprendre aux ouvriers à bourrer la poudre. On se contente généralement de chasser à coups de masse et avec le bourroir de la terre et des pierrailles dans le trou. Cette méthode est très-imparfaite. Le but d'un coup de mine est de faire éclater la roche. Or, tout le monde sait qu'un tube quelconque, chargé de poudre, n'éclate jamais mieux que lorsqu'il existe un vide dans la chambre à poudre. Il faut, lorsqu'on charge une mine, tâcher de produire ce vide d'une manière artificielle. Un des meilleurs moyens qu'on puisse employer pour obte-

nir ce résultat, consiste à avoir des tasseaux de bois coniques et cannelés (Pl. IV—40), dont la plus grande base ait précisément le diamètre du trou, en faisant entrer la petite base la première, et on charge par dessus. La poudre ne pénètre que très-imparfaitement par les cannelures jusqu'au fond du trou, de sorte qu'il se forme là un vide très-propre à faire éclater les masses de roche qu'on veut attaquer.

Nous terminerons en citant un fait qui est généralement peu connu ; lorsqu'on a à sa disposition des matières très-élastiques, comme du sable fin, on peut se contenter d'en mettre quelques pouces par-dessus la poudre, et de mettre le feu à la mine sans bourrer ; elle éclate très-énergiquement. Les mineurs qui travaillent au fond d'un puits ou d'une galerie inondée, font quelque chose de semblable. Ils introduisent dans le trou une cartouche en fer-blanc ou en papier goudronné, fermée de toutes parts ; seulement à la partie supérieure existe un petit trou, auquel ils soudent une amorce assez longue pour arriver hors de l'eau, et protégée aussi par une enveloppe imperméable. Si la cartouche est seulement recouverte de 20 ou 15 centimètres d'eau, ils mettent le feu sans bourrer. L'action mécanique de l'eau suffit pour faire éclater la pierre.

Lorsqu'un coup de mine est chargé, il faut l'amorcer et le tirer. La première opération se fait en retirant l'épinglette, et introduisant à sa place une matière très-combustible.

Quelques ouvriers se bornent à verser dans le trou de la poudre fine ; mais ce procédé est dangereux dans la pratique, et il doit être sévèrement défendu. Il peut, en effet, arriver qu'on laisse tomber quelques grains de poudre aux abords du trou, et que plus tard, lorsqu'on approchera la mèche, ces grains épars mettent le feu à la mine sans qu'on s'y attende.

Il vaut mieux s'y prendre ainsi qu'il suit :

On enroule des bandes de papier autour d'une petite tige en fer représentée (Pl. IV — 41), et on en fait ainsi des cornets dont le diamètre extérieur soit égal à celui de l'épinglette. On les enduit intérieurement avec une pâte liquide composée d'esprit-de-vin et de poudre ordinaire. On les laisse sécher, et on les tient dans une boîte en fer-blanc, à l'abri de l'humidité, pour s'en servir au besoin.

Les cornets ainsi préparés s'appellent des canettes. On leur donne ordinairement 6 pouces de long.

Pour s'en servir, on en fait entrer deux ou trois les unes dans les autres. On a ainsi un tube fait de plusieurs pièces qui a la même profondeur que le trou de mine. On s'en sert pour amorcer, en l'introduisant dans la place vide qu'a laissée l'épinglette lorsqu'on l'a retirée.

La manière de mettre le feu à l'amorce donne aussi lieu à quelques remarques importantes dans l'intérêt de la vie des ouvriers : il faut proscrire l'usage de toutes les matières légères, et d'une combustibilité inégale, telle que l'amadou. On doit leur préférer une mèche soufrée de quelques lignes de long. On la colle par l'un des bouts à l'extrémité de la cannette, on l'allume de l'autre, et on se retire pour attendre l'explosion.

Nous terminerons là ces détails sur l'exploitation de chaque espèce de terrain; nous allons maintenant dire quelques mots sur la direction des ateliers de terrassiers.

Lorsqu'un projet de route est bien étudié, il doit y avoir compensation entre les déblais et les remblais. Il peut alors se présenter trois cas.

Si la route est, sur toute son étendue, en terrain naturel, il n'y a qu'à faire ouvrir des fossés, rejeter la terre extraite sur la chaussée, et niveler le sol de celle-ci. La direction du travail ne présente point de difficultés.

Si elle est à mi-côte, les déblais et les remblais ne sont jamais bien considérables. Les transports se font très-facilement : le plus souvent, on se borne à entamer la côte et à jeter à la pelle le terrain qu'on en extrait du côté de la vallée pour faire le remblai. S'il y a quelquefois à faire des répartitions à des distances un peu éloignées, on se sert de la brouette. Les remblais n'étant pas bien considérables, on peut se dispenser de surveiller leur exécution et de les faire pilonner, parce qu'ils ne peuvent prendre que peu de tassement.

Dans les deux cas dont nous venons de parler, tous les points de l'axe de la route étant à 0, on peut disposer des ouvriers tout le long de cet axe, en tel nombre qu'on juge convenable.

Mais s'il se présente alternativement des déblais et remblais, la direction et la surveillance deviennent plus pénibles.

D'abord chaque masse de déblai est comprise entre deux masses de remblai, et doit être portée, partie sur l'une d'elles, partie sur l'autre. Il y a donc nécessité, si l'on veut procéder avec ordre, de n'attaquer le déblai que par la ligne de passage. Les premières portions de terre seront enlevées avec des brouettes, et serviront à faire le commencement du remblai. Les por-

tions suivantes seront emportées plus loin avec des voitures.

Quelquefois, malgré le soin qu'on a pris de compenser les déblais avec les remblais, il arrive que, par suite du foisonnement des terres, qui n'avait pas été estimé à sa juste valeur, et d'autres circonstances prévues ou imprévues, il y a trop de déblais ou trop de remblais.

Dans le premier cas, on déposera une partie des terres sur la surface des propriétés voisines. Il faut, dans l'intérêt de l'agriculture, faire les dépôts avec un certain discernement. Ainsi, on peut ne les composer que de terre végétale, auquel cas leur surface sera au moins aussi cultivable que lui-même. S'il est impossible de remplir cette condition, on fera au moins en sorte que ces dépôts ne présentent pas un aspect trop irrégulier. On pourra, par exemple, les répandre uniformément des deux côtés du remblai voisin, de manière qu'ils paraissent constituer un élargissement de la route. S'il y a très-près de là des terrains vagues de peu de valeur, on les y jettera en leur laissant occuper le moins de place possible.

Si au contraire on manque de déblais, on pourra, pour s'en procurer, élargir un peu les tranchées principales, agrandir les fossés, diminuer la pente des talus. On visera toujours à exécuter des travaux qui présentent un aspect régulier, et à enlever à l'agriculture ses terrains les moins précieux.

Il faut se rendre compte à l'avance de l'importance de tous ces ouvrages ; on risquerait sans cela de dépasser de beaucoup les crédits alloués et de voir traîner les travaux en longueur.

Il faut, en effet, remarquer qu'on ne peut pas à un instant donné hâter des travaux de terrassemens qui sont partie en déblai, partie en remblai. Outre la difficulté qu'on éprouve sur tous les ateliers, quels qu'ils soient, à augmenter brusquement le nombre des ouvriers employés, il s'en présente ici une qui est particulière à la nature des ouvrages à faire. Elle consiste en ce que, si on veut procéder économiquement et ne pas être obligé de faire des chemins de service pour l'exécution des remblais, on ne peut guère disposer qu'un atelier de terrassiers à chaque ligne de passage. Le nombre des hommes qu'on peut employer est dès-lors nécessairement limité.

Dans les terrassemens de très-peu d'importance qu'on exécute à mi-côte, on jette les terres à la pelle ou on les transporte à la brouette. Mais pour des remblais considérables, on doit se servir à la fois de brouettes et de voitures à un ou plusieurs chevaux. Les brouettes sont d'un emploi économique pour tous les transports qui se font à une distance au-dessous de 90 mètres ; les voitures doivent être préférées pour les distances plus grandes. Cependant, on peut, en cas de besoin, s'éloigner un peu de ces limites.

La surveillance d'un atelier de terrassiers qui paraît très-simple au premier coup-d'œil, exige cependant une certaine habitude et beaucoup de soins.

S'il y a dans la même tranchée plusieurs natures de terrains, l'employé chargé de la surveillance doit les classer aussitôt qu'elles se présentent. Il doit ensuite veiller à ce que les terrassemens soient exécutés avec tout le soin possible, conformément à ce qui est réglé par le devis. Ainsi la voie et les fossés devront avoir partout leur largeur, les talus leur inclinaison. Tous les ragréages devront être faits exactement.

La façon des remblais exige aussi une certaine surveillance. On stipule ordinairement qu'ils seront exécutés par couches successives de 20 centimètres d'épaisseur, que les voitures chargées des transports passeront sur chacune d'elles avant qu'on étende la suivante, qu'on pourra même les pilonner lorsqu'elles ne seront pas en pierre ; qu'on leur donnera un peu plus d'empatement qu'elles ne doivent en conserver, de telle sorte qu'à la fin des travaux on puisse couper les talus sans être obligé de rapporter de nouvelles terres.

Il y a aussi quelques remarques à faire sur l'exécution des déblais.

On n'ouvre presque jamais une tranchée en terre du premier coup. On se borne à terrasser toute sa largeur, et on laisse les parois verticales. Lorsque la tranchée est percée d'un bout à l'autre, on revient sur ses pas et on enlève les talus, après quoi on procède à l'ouverture des fossés et au ragréage simultané de toutes les parties.

Il est beaucoup d'ouvriers qui ouvrent par ce procédé non-seulement les tranchées en terre, mais encore les tranchées en roches. Les ouvriers expérimentés ont cependant l'habitude d'achever celles-ci du premier coup. Ils ne réservent pour la fin que les fossés et les ragréages.

Le cube des terres enlevées se mesure toujours sur les déblais et non sur les remblais, à moins de conventions contraires. Pour qu'on puisse vérifier ce cube après l'achèvement des travaux, les terrassiers laissent sur les ateliers des masses de terre coniques auxquelles ils donnent le nom de *témoins* ou de *dames*. Ces témoins doivent être placés à tous les points remarquables de l'axe, à ceux même qu'on a nivelés lorsqu'on a levé le profil en long. Ils peuvent au besoin servir à vérifier ce profil après l'achèvement des travaux. Il est surtout nécessaire de laisser des témoins lorsque la nature du terrain change à diverses profondeurs. On peut alors observer à la fois tous les changemens sur les talus et sur les témoins, et il est facile de s'en faire une idée exacte alors même qu'on n'a pas suivi le travail avec soin.

TROISIÈME PARTIE.

INSTRUCTION RÉSUMÉE

SUR LA CONSTRUCTION ET L'ENTRETIEN DES CHEMINS VICINAUX.

Largeur. Fossés. Talus.

ARTICLE PREMIER. Le constructeur chargé d'ouvrir ou de réparer un chemin commencera par lui donner sur toute son étendue la largeur qu'il doit avoir. Il ouvrira des fossés dans les déblais, fera régler les talus; il pourra même les consolider par des perrés lorsque ce sera nécessaire et possible.

ART. 2. Les réglemens fixent à 6^m la largeur des chemins vicinaux. On peut néanmoins ne leur en donner que 4 lorsqu'ils sont peu fréquentés. Mais alors il est bon de ménager à de courtes distances des emplacemens dans lesquels les chars volumineux puissent se réfugier si des embarras de voitures avaient lieu. Ces emplacemens serviront aussi de lieux de dépôt pour les matériaux d'entretien.

ART. 3. Les fossés servent à la fois à assécher le sol de la route et à le limiter. On leur donnera les dimensions suivantes.

Dans les terrains ordinaires :

1^m d'ouverture, 0^m,33 de profondeur; 0^m,33 au fond.

Dans les terrains humides :

1^m,50 d'ouverture; 0^m,50 de profondeur; 0^m,50 au fond.

Dans les terrains marécageux on est quelquefois obligé de les faire beaucoup plus grands.

ART. 4. Les talus auront les dimensions suivantes :

Dans la roche : $\frac{1}{2}$ de base pour 1 de hauteur.

Dans les terres solides, 1 de base pour 1 de hauteur.

Dans les terres mobiles, 1 $\frac{1}{2}$ ou 2 de base pour 1 de hauteur.

Forme du profil.

ART. 5. Tout chemin en remblai doit être soutenu par deux talus. Tout chemin ou terrain naturel ou en déblai doit être bordé de deux fossés. Tout chemin tracé à mi-côte, c'est-à-dire moitié en déblai, moitié en remblai, doit être soutenu par un talus du côté du remblai et bordé par un fossé du côté du déblai.

ART. 6. La surface d'un chemin doit être bombée vers l'axe et déprimée vers les bords, de manière à avoir la configuration dite en dos d'âne. La pente transversale doit être de 3 centimètres par mètre. On adopte quelquefois d'autres dispositions, mais elles sont vicieuses.

De l'empierrement.

ART. 7. Les chemins vicinaux doivent être empierrés sur toute leur largeur. Cependant, lorsqu'ils ont 6 mètres de large, on peut se contenter d'en empierrer 5 et laisser le 6e en terrain naturel. On aura ainsi d'un seul côté du chemin un accotement de 1 mètre, sur lequel on déposera les matériaux d'entretien.

Nota. Lorsque le sol naturel est argileux, et qu'il se transforme facilement en boue, il ne faut jamais laisser l'accotement de 1^m, dont nous venons de parler, parce que la boue produite serait rejetée sur la chaussée et la salirait.

Il est bon de faire observer que l'empierrement de ces accotemens se fait à très-peu de frais pour deux raisons :

D'abord il peut être plus mince que celui du milieu de la chaussée.

En outre, il s'use très-peu, parce que les voitures ne passent guère sur les bords de la route.

Art. 8. L'empierrement sera établi sur un sol bien uni et ayant la configuration décrite à l'art. 6. Il aura 25 centimètres au milieu et 20 sur les bords. Sa surface sera bombée comme celle du sol sur lequel il repose.

Il ne faut pas, suivant un usage généralement adopté, faire l'empierrement plus mince sur le rocher que sur la terre. L'expérience prouve, en effet, que les empierremens assis sur le rocher durent très-peu; si on les faisait trop minces, la roche serait bientôt mise à nu et offrirait une surface dure et cahotante pour les voitures, inégale et glissante pour les pieds des chevaux.

Art. 9. Toutes les pierres qui présentent une résistance un peu grande à l'écrasement, donnent des empierremens passables. Mais les pierres siliceuses, telles que les grès, les granites, les porphyres, sont préférables à toutes les autres, parce qu'elles résistent mieux à l'action successive de la gelée, de la pluie et du soleil, et que leurs débris étant sablonneux donnent peu de poussière en été et peu de boue en hiver.

Art. 10. On ne doit jamais empierrer qu'avec des cailloux brisés à la masse ou au marteau, et ayant par conséquent des formes anguleuses. Les empierremens faits en cailloux roulés, à formes arrondies, sont toujours mauvais, parce que l'extrême mobilité de leurs élémens les empêche de se consolider.

Art. 11. Les cailloux très-durs doivent être cassés de telle sorte que les plus gros puissent passer à travers un anneau de 6 centimètres de diamètre. Pour ceux d'une dureté moindre, on peut adopter un diamètre de 8 centimètres, parce qu'ils se brisent plus vite sous l'action des roues et sous le piétinement des chevaux. On peut même dire que sur les chemins vicinaux ordinaires, qui doivent être construits et réparés à peu de frais, on peut se borner à atteindre cette dimension de 8 centimètres, quelle que soit l'espèce de cailloux employés.

Construction des chaussées neuves.

Art. 12. Pour construire une chaussée neuve, on commencera par préparer le sol, conformément à ce qui a été dit à l'art 8. On le recouvre ensuite d'une couche de cailloux de 8 ou 10 centimètres d'épaisseur qu'on abandonne pendant quelques jours à la circulation, en ayant soin de réparer les ornières à mesure qu'il s'en formera. Lorsque cette couche sera à demi consolidée, on la recouvrira successivement d'une deuxième et même d'une troisième, en prenant les mêmes précautions. Toutes les couches réunies devront avoir ensemble de 20 à 25 centimètres d'épaisseur.

Réparation des chaussées dégradées.

Art. 13 Une chaussée qui a été mal entretenue pendant long-temps, peut être ou défoncée, ou bouleversée, ou seulement inégale.

Art. 14. Si elle est défoncée, c'est-à-dire si elle est couverte de trous et de boue, et qu'il ne reste plus d'empierremens sur quelques-unes de ses parties, on la refera à neuf. En conséquence, on repiochera la chaussée; on arrachera les pierres qu'on pourra avoir sans trop de frais; on les mettra de côté, et on les recassera s'il y a lieu, pour les employer plus tard avec des pierres neuves. On nivellera ensuite le sol, et on refera la chaussée comme il a été dit à l'art. 12.

Art. 15. Si la chaussée est bouleversée, c'est-à-dire si sa surface présente quelques trous et quelques ondulations, on pourra encore la réparer comme il a été dit à l'art. 14. Mais cette méthode qui donne d'excellens résultats, étant fort dispendieuse, on pourra lui substituer la suivante :

On arrachera les pierres qui font saillie sur la chaussée, on les recassera, s'il y a lieu, et on s'en servira pour combler les creux, en leur ajoutant au besoin des pierres neuves.

Art. 16. Si la chaussée est seulement inégale, on se bornera à regratter les principales saillies; on fera sauter à la masse les têtes de grosses pierres qu'on pourra apercevoir à la surface; enfin, on fera disparaître les dépressions à l'aide de quelques répandages faits à propos.

Préceptes généraux.

Art. 17. Toutes les fois que la chose sera possible, on fera exécuter les travaux décrits dans les articles précédens à l'entreprise. On ne les fera exécuter en journée, que lorsqu'on sera réduit aux ressources de la prestation en nature.

Art. 18. Si on traite à l'entreprise, on le fera dans la forme suivante :

Pour les chaussées neuves, *ou qui doivent être refaites à neuf*, on divisera le travail en quatre parties :

1°. La mise en état du sol. On l'évaluera au mètre courant de chaussée, ou au mètre carré de superficie.

2°. La fourniture et le transport des pierres.

3°. Le cassage.

4°. Le répandage sur la chaussée.

Ces trois dernières espèces d'ouvrages devront être évaluées au mètre cube.

On pourra à volonté adjuger les quatre travaux au même entrepreneur, ou à des entrepreneurs différens. Il faudra consulter à cet égard les ressources de la localité, voir si elle renferme ou non des hommes capables de diriger à la fois des ouvrages aussi divers.

Art. 19. Lorsqu'on sera obligé de faire exécuter les travaux à la journée, on prendra beaucoup de précautions pour que le temps des hommes soit utilisé.

On exercera sur eux une surveillance rigoureuse. Pour qu'elle soit plus facile, on ne les fera jamais travailler isolés, mais réunis en ateliers qu'on espacera le moins possible. Enfin, le surveillant devra se former à l'avance une idée exacte de la tâche qui peut être imposée par jour à un ouvrier, pour pouvoir stimuler à propos le zèle de chacun d'eux.

Art. 20. Dans plusieurs localités, les surveillans pourraient être autorisés à transformer les journées exigées de chaque homme en une tâche convenue de gré à gré. Les travaux qui peuvent être le plus facilement donnés à la tâche, sont l'extraction, le transport et le cassage des matériaux. Nous croyons que l'adoption d'une pareille mesure serait avantageuse aux communes, dans le cas même où on n'exigerait de chaque contribuable, que les 2/3 du travail qu'il pourrait exécuter à la journée, s'il travaillait en conscience.

De l'Entretien.

Art. 21. On dit qu'un chemin est à l'état d'entretien, lorsque sa surface est dure, unie et bien roulante. L'entretien doit avoir pour but de le maintenir constamment dans cet état.

Art. 22. Les chemins vicinaux situés aux abords des grandes villes, qui sont très-fatigués dans toutes les saisons de l'année, doivent être entretenus comme les routes royales, par des cantonniers payés à l'année et placés à poste fixe. Ces cantonniers doivent être exclusivement chargés de réparer les frayés et les ornières aussitôt qu'elles se forment, et de répandre des matériaux lorsque le besoin s'en fait sentir. La fourniture et le cassage doivent être donnés à des entrepreneurs *ad hoc*.

Art. 23. Les chemins vicinaux situés loin des villes, et qui traversent les communes rurales, sont placés dans des circonstances tout-à-fait différentes, et qui modifient d'une manière notable les conditions de leur entretien. Ils ne sont en effet parcourus que par des chariots médiocrement chargés, et seulement pendant le temps des récoltes et des semailles. Voici comment on devra les entretenir : quelque temps avant ces deux époques, on les fera mettre en état de viabilité, et on choisira pour cette opération l'instant où les travaux de l'agriculture occupent le moins de bras. On fera déposer sur les accotemens quelques matériaux pour réparer les accidens graves qui pourront survenir.

Pendant toute la durée des récoltes et des semailles, on entretiendra sur les chemins un petit nombre de cantonniers, chargés de veiller sur leur état. Hors de ce temps, on se bornera à les visiter de temps à autre, et à les faire réparer par des ateliers ambulans, lorsqu'on en aura reconnu la nécessité.

Des Plantations d'arbres, des haies, etc.

Art. 24. Il est malheureux que les réglemens sur la voie publique n'obligent pas, en France, à ne donner aux haies et aux murs qu'une hauteur déterminée. Les haies élevées nuisent beaucoup au bon état des chemins, parce qu'elles les soustraient à l'action des vents et du soleil. Les murs leur font encore plus de mal.

Les autorités municipales n'étant pas libres de faire couper les haies et abattre les murs trop élevés, doivent se borner à prévenir les empiétemens sur la voie publique.

Art. 25. En revanche, elles ont le droit de faire couper les branches d'arbres qui avancent sur les chemins, et elles doivent user de ce droit dans un but d'assainissement, alors même que ces branches ne gêneraient pas la circulation des voitures.

Des Bornes milliaires.

Art. 26. Des bornes milliaires, construites d'après un modèle très-simple, coûtent peu à établir, et elles servent à indiquer d'une manière exacte les dimensions des chemins, et à dresser les états de réparation. Aussi, recommandons-nous fortement d'en faire placer sur tous les chemins, de 1,000 en 1,000 mètres.

Des Travaux d'art.

Art. 27. Ces travaux sont de plusieurs espèces : les uns, nommés cassis, laissent couler les eaux sur la surface même du chemin, sans que le sol de celui-ci soit détrempé.

Les autres nommés aqueducs, ponceaux et ponts, suivant leur importance, servent à faire passer la surface du chemin sur les ravins, les ruisseaux et les rivières dont il coupe le cours. Ces ouvrages doivent être construits à la fois avec solidité et économie ; toute espèce de luxe doit en être sévèrement bannie.

Les constructions en maçonnerie seront en moëllons bruts et semblables à celles que les maçons du pays ont l'habitude d'exécuter.

Pour les constructions en charpente, on emploiera de préférence les arbres que fournit la localité; on adoptera des projets simples, et qui puissent être confiés à des charpentiers de village.

Des Tracés.

Art. 28. Avant de tracer une route, on en fixera les plus grandes pentes; on se donnera les rayons des principaux alignemens courbes; après quoi on n'aura plus à s'occuper que des conditions économiques du tracé.

Des Pentes.

Art. 29. On évitera le plus possible les pentes et les contrepentes, à moins qu'elles ne soient très-faibles.

Lorsqu'on sera obligé de s'élever du pied au sommet d'un côteau, on tâchera d'y arriver avec des pentes au-dessous de 6 centimètres par mètre. Si la ligne directe a une pente plus forte que le maximum que nous venons d'indiquer, on la rejetera, bien qu'elle ait l'avantage d'être plus courte que toutes les autres, et on lui substituera une ligne en zig-zag, n'ayant que la pente ci-dessus.

Des Courbes.

Art. 30. Le rayon des courbes à l'aide desquelles on raccorde les alignemens droits d'un chemin, doit être d'autant plus grand que l'angle formé par ces alignemens est plus aigu. Il faut déterminer ces rayons par la condition que les plus longs attelages puissent parcourir rapidement les tournans les plus courts.

Conditions économiques.

Art. 31. Lorsqu'on trace un chemin en plaine, il se présente d'ordinaire une foule de directions qui peuvent être suivies. Parmi toutes celles-là, il faut choisir à la fois la plus courte et celle qui se prête le mieux aux besoins connus de la localité.

Cette direction étant une fois arrêtée, on ouvrira les fossés; on rejettera le terrain qu'ils fourniront sur la chaussée : on en exhaussera ainsi le sol de 7 ou 8 centimètres. Sur ce sol

exhaussé, on établira, comme il a été dit, un empierrement de 25 centimètres, et la surface définitive du chemin se trouvera d'environ 0^m, 33 plus haute que celle du terrain naturel.

Cette disposition est à la fois très-économique, très-favorable à l'écoulement des eaux et à l'asséchement du chemin. Elle offre en outre un aspect de régularité très-agréable à l'œil.

Art. 32. Lorsqu'on trace un chemin en pays de montagne, il faut au contraire tâcher de le maintenir toujours à mi-côte. Il se trouve alors en déblai du côté de la montagne, et en remblai du côté de la vallée. Il faut, autant que possible, placer l'axe de telle sorte qu'il y ait sur chaque profil, équivalence entre la surface en déblai et la surface en remblai.

Art. 33. La disposition que nous venons d'indiquer rendrait quelquefois le chemin sinueux et par conséquent très-long. Son développement pourrait en outre présenter des tournans très-raides. On est alors forcé de faire quelques coupures pour éviter les principaux détours. Ces coupures donnent lieu à des déblais lorsqu'on s'enfonce dans la côte, et à des remblais lorsqu'on s'en éloigne. Il faut viser à ce que les déblais soient équivalens aux remblais, et à ce que leur somme soit la plus petite possible. Lorsqu'on a quelque habitude de ce genre de travail, on parvient sans peine au résultat, à l'aide de quelques tâtonnemens.

De l'Ouverture d'une route.

Art. 34. Lorsqu'une route est tracée en plaine ou à mi-côte, la disposition des ateliers de terrassiers chargés de l'ouvrir ne présente aucune difficulté. On peut, en effet, placer des ouvriers sur toute sa longueur, et les rapprocher autant qu'on le veut. Le travail peut être achevé dans un temps très-court, si on peut disposer d'un nombre d'hommes suffisant.

Art. 35. Lorsqu'au contraire il y a dans un projet des masses de déblais et des masses de remblais séparées par des lignes de passage, chacune de ces masses ne doit être attaquée que vers les lignes de passage qui la terminent. On y place à cet effet un atelier de cinq ou six hommes avec des brouettes ou des voitures, suivant la distance à laquelle il faut transporter les terres. En pareil cas, le nombre des hommes qu'il est matériellement possible d'occuper est limité. On ne peut guère espérer d'avoir terminé les travaux qu'au bout d'un temps fixe dont il est bon de se rendre compte à l'avance pour bien coordonner toutes les parties du travail.

Précautions qu'il faut prendre avant d'empierrer une route neuve.

Art. 36. Lorsqu'un chemin est ouvert en terrain naturel ou en déblai, et que le terrain offre un peu de solidité, on peut préparer le sol aussitôt que les terrassemens sont terminés, et l'empierrer immédiatement après.

Art. 37. S'il est en remblai, et que le remblai soit en pierre ou en sable, on peut aussi empierrer immédiatement, parce qu'il y a peu de tassemens à craindre.

Art. 38. Si au contraire le remblai est en terre végétale ou en argile, il faut, lors même qu'on aurait pris soin de le faire exécuter par couches successives de peu d'épaisseur et pilonnées chacune séparément, ne l'empierrer qu'après qu'il aura subi l'effet des pluies d'hiver.

Art. 39. Pour ouvrir un chemin dans un marais, on prendra les précautions suivantes :

On ouvrira des fossés larges et profonds ; on en rejettera la terre sur la chaussée. On abandonnera pendant quelque temps celle-ci à elle-même. Elle ne tardera pas à se dessécher et à s'affaisser d'une manière sensible. Si l'affaissement est tel que la surface de la chaussée se trouve au-dessous de celle du terrain naturel, on y remédiera en agrandissant les fossés et en rejetant de nouveau sur la chaussée le terrain qu'on en extraira.

On ne commencera à préparer le sol de la chaussée par l'empierrement que lorsque celui-ci sera parvenu à un état de dessication tel que l'action successive des pluies et du soleil n'y occasione plus de changemens de niveau considérable.

Remarques diverses.

Art. 40. On a souvent remarqué que le sol des routes royales tend à s'exhausser par suite des rechargemens successifs qu'on leur fait subir. Celui des chemins vicinaux tend au contraire à s'abaisser par une raison contraire.

Il n'est pas rare de trouver en France de ces chemins qui présentent l'aspect de ravins assez profonds et devenus très-étroits, parce qu'ils n'avaient à leur surface que 6 mètres de largeur, et que par suite de l'éboulement des talus cette largeur ne s'est pas conservée au fond.

Il y a deux moyens de les mettre en état de viabilité. Le premier consiste à les combler et à les empierrer de nouveau. Le second à refaire leurs talus, et à les élargir assez pour pratiquer une voie et deux fossés.

Art. 41. Il est des chemins vicinaux qui sont plus fréquemment parcourus par des bestiaux que par des voitures. Leur empierrement s'use très-lentement. On peut alors le faire fort mince et le recouvrir d'une couche de chaux. On évite ainsi aux bêtes de somme une partie de l'énorme fatigue que leur causent les empierremens neufs.

QUATRIÈME PARTIE.

DE L'ADMINISTRATION ET DE LA POLICE DES ROUTES ET DES CHEMINS VICINAUX.

Notre but n'est pas de faire l'historique de la législation sur les routes et les chemins vicinaux. Notre tâche est plus facile et donne des résultats plus pratiques. Nous voulons rechercher dans les lois, les décrets et les ordonnances qui régissent la matière, les dispositions encore en vigueur, les grouper méthodiquement, indiquer les difficultés que présente leur interprétation et les lacunes qui subsistent encore, expliquer les unes et remplir les autres à l'aide des décisions ministérielles et des arrêts du Conseil d'Etat et de la Cour de cassation. Nous voulons enfin rédiger le code actuel des routes et des chemins vicinaux.

L'ordre que nous suivrons est facile à comprendre. Nous traiterons d'abord de la législation sur l'expropriation pour cause d'utilité publique, parce qu'elle doit être connue de tous ceux qui s'occupent de la construction des routes.

Puis, nous parlerons séparément :

Des routes et chemins en général, de leur propriété ;

Des routes royales et départementales ;

Des chemins vicinaux ;

De quelques autres espèces de chemins, tels que les chemins de hallage, etc.

CHAPITRE PREMIER.

DE L'EXPROPRIATION POUR CAUSE D'UTILITÉ PUBLIQUE.

L'utilité publique a toujours été une cause d'expropriation. Mais il a été en même temps établi que nul ne peut être exproprié sans une juste et préalable indemnité.

On retrouve ce principe dans plusieurs édits et ordonnances du seizième siècle. L'Assemblée constituante l'a formellement rappelé dans la constitution du 14 septembre 1791. Enfin il a été consacré par la Charte et le Code civil, dans les termes suivans :

Art. 9 *de la Charte.* L'État peut exiger le sacrifice d'une propriété pour cause d'intérêt public légalement constaté, mais avec une indemnité préalable.

Art. 545 *du Code civil.* Nul ne peut être contraint de céder sa propriété, si ce n'est pour cause d'utilité publique moyennant une juste et préalable indemnité.

On peut priver un individu de sa propriété de trois manières différentes :

Ou on s'en empare pour la posséder à perpétuité ;

Ou on l'occupe temporairement ; d'où résultent des dommages ;

Ou on y crée des servitudes perpétuelles.

Ces trois cas sont régis par une législation différente. Nous allons les examiner séparément ; après quoi nous traiterons une question qui a avec elle une connexion intime. Nous voulons parler des études de travaux publics qui doivent précéder la déclaration d'utilité publique, et du réglement des indemnités auxquelles elles donnent lieu :

§ Ier. — *De l'expropriation proprement dite.*

Ce qui est relatif à l'expropriation proprement dite a été successivement réglé par les lois des 6 et 11 septembre 1790, 8 avril 1796, 16 septembre 1807 et 8 mars 1810. La matière est aujourd'hui régie par la loi du 7 juillet 1833 qui a abrogé toutes les dispositions des lois précédentes. Nous en donnerons le texte accompagné de quelques notes interprétatives.

TITRE PREMIER.

DISPOSITIONS PRÉLIMINAIRES.

ARTICLE PREMIER. L'expropriation pour cause d'utilité publique s'opère par autorité de justice (1).

ART. 2. Les tribunaux ne peuvent prononcer l'expropriation qu'autant que l'utilité en a été constatée et déclarée dans les formes prescrites par la présente loi.

Ces formes consistent :

1°. Dans la loi ou l'ordonnance royale qui autorise l'exécution des travaux pour lesquels l'expropriation est requise.

2°. Dans l'acte du préfet qui désigne les localités ou territoires sur lesquels les travaux doivent avoir lieu, lorsque cette désignation ne résulte pas de la loi ou de l'ordonnance royale.

3°. Dans l'arrêté ultérieur par lequel le préfet détermine les propriétés particulières auxquelles l'expropriation est applicable.

Cette application ne peut être faite à aucune propriété particulière, qu'après que les parties intéressées ont été mises en état d'y fournir leurs contredits, selon les règles exprimées au titre II.

ART. 3. Tous grands travaux publics, routes royales, canaux, chemins de fer, canalisation de rivières, bassins et docks, entrepris par l'État ou par compagnies particulières, avec ou sans subside du trésor, avec ou sans aliénation du domaine public, ne pourront être exécutés qu'en vertu d'une loi qui ne sera rendue qu'après une enquête administrative.

Une ordonnance royale suffira pour autoriser l'exécution des routes, des canaux et des chemins de fer d'embranchement, de moins de vingt mille mètres de longueur, des ponts et de tous autres travaux de moindre importance (2).

Cette ordonnance devra être également précédée d'une enquête.

Ces enquêtes auront lieu dans les formes déterminées par un réglement d'administration publique (3).

(1) Cet article dit formellement que l'expropriation s'opère par autorité de justice. Il n'établit point d'exceptions. Le deuxième paragraphe de l'art. 10 de la loi du 28 juillet 1834, qui autorise le préfet à ordonner l'expropriation de sa propre autorité pour la construction des chemins vicinaux lorsque l'indemnité due aux propriétaires n'excède pas 3,000 francs, doit donc être considéré comme abrogé. (Voyez la note sur l'art. 3 de la présente loi, et au chap. VI le commentaire sur la loi de 1824.)

(2) Ces mots : *Tous autres travaux de moindre importance*, s'appliquent à tous les redressemens de routes royales et départementales, et à tous les chemins vicinaux à ouvrir ou à élargir, ou à détourner, lorsque les parties à reconstruire n'ont pas plus de 20,000 mètres de long.

Cet article ôte évidemment aux préfets le droit de déclarer l'utilité publique dans le cas qui leur était réservé par le paragraphe déjà cité de la loi de 1824, puisqu'il veut que cette déclaration ne soit faite que par une loi ou une ordonnance.

(3) Les commissions des deux Chambres avaient proposé un projet de réglement pour l'enquête. Mais on a décidé que la forme en serait abandonnée à l'administration. Elle a été réglée par une ordonnance rendue au conseil d'État le 18 février 1834, et promulguée le 7 mars suivant. En voici la teneur :

TITRE II.

DES MESURES D'ADMINISTRATION RELATIVES A L'EXPROPRIATION.

ART. 4. Les ingénieurs ou autres gens de l'art chargés de l'exécution des travaux, lèvent, pour la partie

TITRE Ier. — *Formalités des enquêtes relatives aux travaux publics qui ne peuvent être exécutés qu'en vertu d'une loi.*

Art. premier. Les entreprises de travaux publics qui, aux termes du premier paragraphe de l'art. 3 de la loi du 7 juillet 1833, ne peuvent être exécutés qu'en vertu d'une loi, seront soumises à une enquête préalable dans les formes ci-après déterminées.

Art. 2. L'enquête pourra s'ouvrir sur un avant-projet où l'on fera connaître le tracé général de la ligne des travaux, les dispositions principales des ouvrages les plus importans, et l'appréciation sommaire des dépenses.

S'il s'agit d'un canal, d'un chemin de fer ou d'une canalisation de rivière, l'avant-projet sera nécessairement accompagné d'un nivellement en longueur et d'un certain nombre de profils transversaux; et si le canal est à point de partage, on indiquera les eaux qui doivent l'alimenter.

Art. 3. A l'avant-projet sera joint, dans tous les cas, un mémoire descriptif, indiquant le but de l'entreprise, et les avantages qu'on peut s'en promettre ; on y annexera le tarif des droits, dont le produit sera destiné à couvrir les frais des travaux projetés, si ces travaux devaient devenir la matière d'une concession.

Art. 4. Il sera formé, au chef-lieu de chacun des départemens que la ligne des travaux devra traverser, une commission de neuf membres au moins et de treize au plus, pris parmi les principaux propriétaires de terre, de bois, de mines, les négocians, les armateurs et les chefs d'établissemens industriels.

Les membres et le président de cette commission seront désignés par le préfet dès l'ouverture de l'enquête.

Art. 5. Des registres destinés à recevoir les observations auxquelles pourra donner lieu l'entreprise projetée seront ouverts, pendant un mois au moins et quatre mois au plus, au chef-lieu de chacun des départemens et des arrondissemens que la ligne des travaux devra traverser.

Les pièces qui, aux termes des articles 2 et 3, doivent servir de base à l'enquête, resteront déposées pendant le même temps et aux mêmes lieux.

La durée de l'ouverture des registres sera déterminée dans chaque cas particulier par l'administration supérieure.

Cette durée, ainsi que l'objet de l'enquête, seront annoncés par des affiches.

Art. 6. A l'expiration du délai qui sera fixé en vertu de l'art. précédent, la commission mentionnée à l'art. 4 se réunira sur-le-champ : elle examinera les déclarations consignées aux registres de l'enquête ; elle entendra les ingénieurs des ponts et chaussées et des mines employés dans le département ; et après avoir recueilli auprès de toutes les personnes qu'elle jugerait utile de consulter, les renseignemens dont elle croira avoir besoin, elle donnera son avis motivé, tant sur l'utilité de l'entreprise que sur les diverses questions qui auront été posées par l'administration.

Ces diverses opérations, dont elle dressera procès-verbal, devront être terminées dans un nouveau délai d'un mois.

Art. 7. Le procès-verbal de la commission d'enquête sera clos immédiatement ; le président de la commission le transmettra sans délai, avec les registres et les autres pièces, au préfet, qui l'adressera avec son avis à l'administration supérieure, dans les quinze jours qui suivront la clôture du procès-verbal.

Art. 8. Les chambres de commerce, et, au besoin, les chambres consultatives des arts et manufactures des villes

12

qui s'étend sur chaque commune, le plan parcellaire des terrains ou des édifices dont la cession leur paraît nécessaire.

Art. 5. Le plan desdites propriétés particulières, indicatif des noms de chaque propriétaire, tels qu'ils sont inscrits sur la matrice des rôles, reste déposé pendant huit jours au moins à la mairie de la commune où les propriétés sont situées, afin que chacun puisse en prendre connaissance.

Art. 6. Le délai fixé à l'article précédent ne court qu'à dater de l'avertissement, qui est donné collectivement aux parties intéressées, de prendre communication du plan déposé à la mairie.

Cet avertissement est publié à son de trompe ou de caisse dans la commune, et affiché tant à la principale porte de l'église du lieu, qu'à celle de la maison commune.

Il est en outre inséré dans l'un des journaux des chefs-lieux d'arrondissement et de département.

Art. 7. Le maire certifie ces publications et affiches; il mentionne sur un procès-verbal qu'il ouvre à cet effet, et que les parties qui comparaissent sont requises de signer, les déclarations et réclamations qui lui ont été faites verbalement, et y annexe celles qui lui sont transmises par écrit (4).

Art. 8. A l'expiration du délai de huitaine, prescrit par l'art. 5, une commission se réunit au chef-lieu de la sous-préfecture (5).

---

intéressées à l'exécution des travaux, seront appelés à délibérer et à exprimer leur opinion sur l'utilité et la convenance de l'opération.

Les procès-verbaux de leurs délibérations devront être remis au préfet avant l'expiration du délai fixé dans l'art. 6.

TITRE II. — *Formalités des enquêtes relatives aux travaux publics qui peuvent être autorisés par une ordonnance royale.*

Art. 9. Les formalités prescrites par les art. 2, 3, 4, 5, 6, 7 et 8, seront également appliquées, sauf les modifications ci-après, aux travaux qui, aux termes du deuxième paragraphe de l'art. 3 de la loi du 7 juillet 1833, peuvent être autorisés par une ordonnance royale.

Art. 10. Si la ligne des travaux n'excède pas les limites de l'arrondissement dans lequel ils sont situés, le délai de l'ouverture des registres et du dépôt des pièces sera fixé au plus à un mois et demi et au moins à vingt jours.

La commission d'enquête se réunira au chef-lieu de l'arrondissement, et le nombre de ses membres variera de cinq à sept.

TITRE III. — *Disposition transitoire.*

Art. 11. Les dispositions ci-dessus prescrites ne sont pas applicables aux entreprises de travaux publics pour lesquels une instruction et des enquêtes spéciales auraient été commencées avant la publication de la présente ordonnance, et conformément aux ordonnances et réglemens antérieurs.

NOTA. — *Voyez les ordonnances réglementaires du* 28 *juillet* 1834.

(4) Il transmet le tout au sous-préfet.

(5) L'utilité de cette commission a été contestée. On a fait valoir contre elle :

1°. Qu'elle n'était pas apte par sa composition à juger les questions d'art.

2°. Que si on la considérait comme représentant plus particulièrement les propriétaires intéressés, son intermédiaire était inutile, car ceux-ci ne manquent jamais de faire valoir tous les moyens qui sont en leur faveur.

Cette commission, présidée par le sous-préfet de l'arrondissement, sera composée de quatre membres du conseil-général du département, ou du conseil de l'arrondissement désigné par le préfet, du maire de la commune où les propriétés sont situées, et de l'un des ingénieurs chargés de l'exécution des travaux.

Les propriétaires qu'il s'agit d'exproprier ne peuvent être appelés à faire partie de la commission.

Art. 9. La commission reçoit les observations des propriétaires.

Elle les appelle toutes les fois qu'elle le juge convenable.

Elle reçoit leurs moyens respectifs, et donne son avis.

Ses opérations doivent être terminées dans le délai d'un mois ; après quoi le procès-verbal est adressé immédiatement par le sous-préfet au préfet.

Dans le cas où lesdites opérations n'auraient pas été mises à fin dans le délai ci-dessus, le sous-préfet devra, dans les trois jours, transmettre au préfet son procès-verbal et les documens recueillis (6).

Art. 10. Le procès-verbal et les pièces transmis par le sous-préfet resteront déposés au secrétariat-général de la préfecture, pendant huitaine, à dater du jour du dépôt.

Les parties intéressées pourront en prendre communication sans déplacement et sans frais.

Art. 11. Sur le vu du procès-verbal et des documens y annexés, le préfet détermine, par un arrêté motivé, les propriétés qui doivent être cédées, et indique l'époque à laquelle il sera nécessaire d'en prendre possession. Toutefois, dans le cas où il résulterait de l'avis de la commission, qu'il y aurait lieu de modifier le tracé des travaux ordonnés, le préfet surseoira jusqu'à ce qu'il ait été prononcé par l'administration supérieure (7).

La décision de l'administration supérieure sera définitive et sans recours au Conseil-d'Etat (8).

Art. 12. Les dispositions des art. 8, 9 et 10 ne

C'est l'expérience qui apprendra si ces craintes sont bien fondées.

(6) Il est évident que l'avis de la commission n'est point obligatoire. Il résulte même du dernier paragraphe de cet article, que le préfet peut prononcer avant que la commission ait émis son avis.

Cette disposition qui peut d'abord paraître étrange, est cependant très-juste et très-rationnelle.

La commission a été en effet spécialement instituée en faveur des propriétaires. On lui a donné à cet effet des moyens très-étendus pour arriver à la connaissance de la vérité, de telle sorte qu'elle pût combattre efficacement auprès du préfet l'opinion des ingénieurs, si cette opinion était erronée et défavorable aux propriétaires.

Mais on n'a pas voulu en même temps qu'elle pût par négligence ou mauvaise volonté arrêter la marche de l'administration, et voilà pourquoi il a été décidé que, faute par elle d'avoir terminé les opérations dans le délai d'un mois, il serait passé outre, et le préfet pourrait prendre arrêté sur le vu des pièces.

(7) C'est-à-dire par le ministre compétent.

(8) Le Conseil-d'Etat qui est une cour du contentieux administratif n'aurait en effet pu être saisi que de la question de formes, dont la connaissance est attribuée par l'art. 14 aux tribunaux ordinaires.

sont point applicables aux cas où l'expropriation serait demandée par une commune, et dans un intérêt purement communal.

Dans ce cas, le procès-verbal prescrit par l'art. 7 est transmis avec l'avis du conseil municipal, par le maire au sous-préfet, qui l'adressera au préfet avec ses observations.

Le préfet, en conseil de préfecture, sur le vu de ce procès-verbal et sauf l'approbation de l'administration supérieure, prononcera comme il est dit en l'article précédent (9).

TITRE III.

DE L'EXPROPRIATION ET DE SES SUITES, QUANT AUX PRIVILÉGES, HYPOTHÈQUES ET AUTRES DROITS RÉELS.

Art. 13. A défaut de conventions amiables avec les propriétaires des terrains ou bâtimens dont la cession est reconnue nécessaire, le préfet transmet au procureur du roi, dans le ressort duquel les biens sont situés, la loi ou l'ordonnance qui ordonne l'exécution des travaux et l'arrêté du préfet mentionné en l'article 2 (10).

Art. 14. Dans les trois jours, et sur la production des pièces constatant que les formalités prescrites par l'article 2 du titre Ier, et par le titre II de la présente loi, ont été remplies, le procureur du roi requiert, et le tribunal prononce l'expropriation pour cause d'utilité publique des terrains ou bâtimens indiqués dans l'arrêté du préfet (11).

Le même jugement commet un des membres du tribunal pour remplir les fonctions attribuées par le titre IV, chap. II, au magistrat directeur du jury, chargé de fixer l'indemnité.

---

(9) Par ces mots *le préfet, en conseil de préfecture*, il faut entendre : le préfet, sur l'avis non obligatoire du conseil.

(10) Les premiers mots de cet article, *à défaut de conventions amiables*, pourraient faire croire que les tribunaux ne peuvent être saisis de la question d'expropriation que lorsqu'un arrangement amiable a été tenté et a échoué. Nous pensons cependant qu'il n'en est point ainsi, et que tant qu'il n'y a pas eu de conventions amiables l'expropriation peut être requise.

(11) Il est dit que le tribunal doit juger sur les pièces produites. Il doit regarder toutes les assertions contenues dans les pièces comme vraies, et se borner à examiner s'il en résulte ou non que les formalités voulues par la loi ont été remplies.

Si contrairement aux principes que nous venons de poser, le tribunal allait discuter la vérité des faits allégués par le préfet, le maire, etc., il empiéterait sur le pouvoir administratif, et le jugement pourrait être attaqué par la voie du recours en cassation pour excès de pouvoir.

S'il ne résultait pas des pièces fournies par le préfet que les formalités voulues par la loi ont été remplies, et que néanmoins le tribunal prononçât l'expropriation, le jugement pourrait être cassé pour vices de forme.

Si au contraire les faits allégués par le préfet étaient suffisans pour faire prononcer l'expropriation, mais que les faits fussent faux, les parties lésées ne pourraient obtenir justice qu'en s'inscrivant en faux contre le préfet.

Par suite du jugement d'expropriation, l'exproprié perd la qualité de propriétaire, mais il devient usufruitier, et ne cesse de l'être que le jour où l'administration entre en possession après avoir payé ou consigné le montant de l'indemnité à laquelle l'exproprié a droit.

Art. 15. Le jugement est publié et affiché par extrait, dans la commune de la situation des biens, de la manière indiquée en l'article 6. — Il est en outre inséré dans l'un des journaux de l'arrondissement, et dans l'un de ceux du chef-lieu du département.

Cet extrait, contenant les noms des propriétaires, les motifs et le dispositif du jugement, leur est notifié au domicile qu'ils auront élu dans l'arrondissement de la situation des biens, par une déclaration faite à la mairie de la commune où les biens sont situés, et dans le cas où cette élection de domicile n'aurait pas eu lieu, la notification de l'extrait sera faite en double copie au maire et au fermier, locataire, gardien ou régisseur de la propriété.

Toutes les autres notifications prescrites par la présente loi seront faites dans les formes ci-dessus indiquées.

Art. 16. Le jugement sera immédiatement transcrit au bureau de la conservation des hypothèques de l'arrondissement, conformément à l'article 2181 du Code civil.

Art. 17. Dans la quinzaine de la transcription, les privilèges et les hypothèques conventionnelles, judiciaires ou légales, antérieurs au jugement, seront inscrits.

A défaut d'inscription dans ce délai, l'immeuble exproprié sera affranchi de tous privilèges et de toutes hypothèques, de quelque nature qu'ils soient, sans préjudice du recours contre les maris, tuteurs, ou autres administrateurs qui auraient dû requérir ces inscriptions.

Les créanciers inscrits n'auront dans aucun cas la faculté de surenchérir ; mais ils pourront exiger que l'indemnité soit fixée conformément au titre IV.

Art. 18. Les actions en résolution, en revendication, et toutes autres actions réelles, ne pourront arrêter l'expropriation, ni en empêcher l'effet. — Le droit des réclamans sera transporté sur le prix, et l'immeuble en demeurera affranchi.

Art. 19. Les règles posées aux deux articles qui précèdent sont applicables, dans le cas de conventions amiables, aux contrats passés entre l'administration et le propriétaire.

Art. 20. Le jugement ne pourra être attaqué que par la voie du recours en cassation, et seulement pour incompétence, excès de pouvoir, ou vices de formes du jugement.

Le pourvoi aura lieu dans les trois jours, à dater de celui de la notification du jugement, par déclaration au greffe du tribunal qui l'aura rendu.

Ce pourvoi sera notifié dans la huitaine, soit au préfet, soit à la partie, au domicile indiqué par l'article 15, et les pièces adressées dans la quinzaine à la chambre civile de la Cour de cassation, qui statuera dans le mois suivant.

L'arrêt, s'il est rendu par défaut à l'expiration de ce délai, ne sera pas susceptible d'opposition (12).

---

(12) Voyez sur l'utilité du recours en cassation la note précédente.

On remarquera que les délais ont été abrégés le plus possible. C'est dans ce but qu'il a été prescrit que l'affaire serait portée à la chambre civile sans passer par la section des requêtes.

TITRE IV.
DU RÈGLEMENT DES INDEMNITÉS.

CHAPITRE Ier. — *Mesures préparatoires.*

ART. 21. Dans la huitaine qui suit la notification prescrite par l'article 15, le propriétaire est tenu d'appeler et de faire connaître au magistrat directeur du jury les fermiers, locataires, ceux qui ont des droits d'usufruit, d'habitation ou d'usage, tels qu'ils sont réglés par le Code civil, et ceux qui peuvent réclamer des servitudes résultant des titres même de propriété, ou d'autres actes dans lesquels il serait intervenu; sinon il restera seul chargé envers eux des indemnités que ces derniers pourront réclamer.

Les autres intéressés seront en demeure de faire valoir leurs droits par l'avertissement énoncé en l'art. 6, et tenus de se faire connaître au magistrat directeur du jury, dans le même délai de huitaine, à défaut de quoi ils seront déchus de tous droits à l'indemnité (13).

ART. 22. Les dispositions de la présente loi, relatives aux propriétaires et à leurs créanciers, sont applicables à l'usufruitier et à ses créanciers.

ART. 23. L'administration notifie aux propriétaires, aux créanciers inscrits, et à tous autres intéressés qui auront été désignés ou qui seront intervenus en vertu des articles 21 et 22, les sommes qu'elle offre pour l'indemnité.

ART. 24. Dans la quinzaine suivante, les propriétaires et autres intéressés sont tenus de déclarer leur acceptation, ou s'ils n'acceptent pas les offres qui leur sont faites, d'indiquer le montant de leurs prétentions (14).

ART. 25. Les maris, tuteurs, et autres personnes qui n'ont pas qualité pour aliéner un immeuble, peuvent valablement accepter les offres énoncées en l'article 23, lorsqu'ils s'y sont fait autoriser par le tribunal (15).

Cette autorisation peut être donnée sur simple mémoire en la chambre du conseil, le ministère public entendu.

Le tribunal ordonne les mesures de conservation ou de remploi que chaque cas peut nécessiter.

ART. 26. S'il s'agit de biens appartenant à des départemens, à des communes ou à des établissemens publics, les préfets, maires, ou administrateurs, pourront valablement accepter les offres énoncées en l'art. 23,

s'ils y sont autorisés par délibération du conseil général du département, du conseil municipal ou du conseil d'administration, approuvée par le préfet en conseil de préfecture (16).

ART. 27. Le délai de quinzaine, fixé par l'article 24, sera d'un mois dans les cas prévus par les art. 25 et 26.

ART. 28. Si les offres de l'administration ne sont point acceptées, et si, nonobstant l'acceptation du propriétaire, les créanciers inscrits et autres intéressés déclarent, dans la quinzaine de la notification qui leur en est faite, qu'ils ne veulent pas se contenter de la somme convenue entre l'administration et le propriétaire, il sera procédé au règlement des indemnités, de la manière indiquée au chapitre suivant.

CHAPITRE II. — *Du Jury spécial chargé de régler des indemnités.*

ART. 29. Dans la session annuelle du conseil-général du département, il sera désigné, pour chaque arrondissement de sous-préfecture, tant sur la liste des électeurs que sur la deuxième partie de la liste du jury, trente-six personnes au moins et soixante-douze au plus, qui ont leur domicile réel dans l'arrondissement, parmi lesquels sont choisis, jusqu'à la session suivante ordinaire du conseil-général, les membres du jury spécial, appelé, le cas échéant, à régler les indemnités par suite d'expropriation pour cause d'utilité publique (17).

Le nombre des jurés désignés pour le département de la Seine sera de six cents.

ART. 30. Toutes les fois qu'il y a lieu de recourir à un jury spécial, la Cour royale, dans les départemens qui sont le siége d'une Cour royale, et dans les autres départemens, le tribunal du chef-lieu judiciaire du département (toutes les chambres réunies en chambres du conseil), choisit sur la liste dressée en vertu de l'article précédent, seize personnes pour former le jury spécial, chargé de fixer définitivement le montant de l'indemnité.

La Cour, ou le tribunal, choisit en outre et en même temps quatre jurés supplémentaires.

Ne peuvent être choisis :

1°. Les propriétaires, fermiers, locataires des terrains et bâtimens désignés dans l'arrêté du préfet, pris en vertu de l'article 11, et qui restent à acquérir.

2°. Les créanciers ayant inscription sur lesdits immeubles.

3°. Tous les autres intéressés désignés ou intervenus en vertu des articles 21 et 22.

Les septuagénaires seront dispensés, s'ils le requièrent, des fonctions de jurés.

ART. 31. La liste des seize jurés et des quatre jurés supplémentaires est transmise par le préfet ou sous-préfet qui, après s'être concerté avec le magistrat directeur du jury, convoque les jurés et les parties en

---

(13) Par ces mots *les autres intéressés*, entendez tous ceux qui ont des droits d'usage et autres réglés par des lois particulières (Code civil, art. 636).

Après ces mots, *seront déchus de tous droits à l'indemnité*, sous-entendez *contre l'État, mais non pas contre le propriétaire.* Cette interprétation résulte des explications données aux Chambres.

(14) Les offres ne doivent pas être motivées. Si le propriétaire ne fait pas connaître ses prétentions, il supporte, en vertu de l'art. 40, tous les frais qui seront faits ultérieurement ; à moins qu'il ne se trouve dans le cas des articles 25 et 26.

(15) Ils sont donc dispensés de se faire autoriser par le conseil de famille, attendu qu'il y a eu préalablement un jugement d'expropriation. S'ils voulaient traiter à l'amiable avant que ce jugement eût été obtenu, ils devraient procéder dans la forme ordinaire.

(16) Toujours dans le cas où le jugement d'expropriation a été antérieurement obtenu. Dans le cas contraire, les formes ordinaires devraient être suivies, sous peine de nullité de la vente.

(17) Il résulte des discussions des Chambres qu'il pourrait y avoir au besoin plusieurs jurys dans le même arrondissement.

leur indiquant, au moins huit jours à l'avance, le lieu et le jour de la réunion. La notification aux parties leur fait connaître le nom des jurés.

Art. 32. Tout juré qui, sans motifs légitimes, manque à l'une des séances ou refuse de prendre part à la délibération, encourt une amende de 100 fr. au moins et de 300 fr. au plus.

L'amende est prononcée par le magistrat directeur du jury.

Il prononce en dernier ressort sur l'opposition qui serait formée par le juré condamné.

Il prononce également sur les causes d'empêchement que les jurés proposent, ainsi que sur les exclusions ou incompatibilités dont les causes ne seraient survenues ou n'auraient été connues que postérieurement à la désignation faite en vertu de l'art. 30.

Art. 33. Ceux des jurés qui se trouvent rayés de la liste par suite des empêchemens, exclusions ou incompatibilités, prévus à l'art. précédent, sont immédiatement remplacés par les jurés supplémentaires, que le magistrat directeur du jury appelle dans l'ordre de leur inscription.

En cas d'insuffisance, le tribunal de l'arrondissement choisit, sur la liste dressée en vertu de l'art. 29, les personnes nécessaires pour compléter le nombre des seize jurés.

Art. 34. Le magistrat directeur du jury est assisté, auprès du jury spécial, du greffier ou commis greffier du tribunal, qui appelle successivement les causes sur lesquelles le jury doit statuer, et tient procès-verbal des opérations.

Lors de l'appel, l'administration a le droit d'exercer deux récusations péremptoires; la partie adverse a le même droit.

Dans le cas où plusieurs intéressés figurent dans la même affaire, ils s'entendent pour l'exercice du droit de récusation, sinon le sort désigne ceux qui doivent en user.

Si le droit de récusation n'est point exercé, ou s'il ne l'est que partiellement, le magistrat directeur du jury procède à la réduction des jurés, au nombre de douze, en retranchant les derniers noms inscrits sur la liste.

Art. 35. Le jury spécial n'est constitué que lorsque les douze jurés sont présens.

Les jurés ne peuvent délibérer valablement qu'au nombre de neuf au moins.

Art. 36. Lorsque le jury est constitué, chaque juré prête serment de remplir ses fonctions avec impartialité.

Art. 37. Le magistrat directeur met sous les yeux du jury:

1º. Le tableau des offres et demandes notifiées en exécution des art. 23 et 24.

2º. Les plans parcellaires et les titres ou autres documens produits par les parties à l'appui de leurs offres et demandes.

Les parties ou leurs fondés de pouvoir peuvent présenter sommairement leurs observations.

Le jury pourra entendre toutes les personnes qu'il croira pouvoir l'éclairer (18).

Il pourra également se transporter sur les lieux, ou déléguer à cet effet un ou plusieurs de ses membres.

La discussion est publique; elle peut être continuée à une autre séance.

Art. 38. La clôture de l'instruction est prononcée par le magistrat directeur du jury.

Les jurés se retirent immédiatement dans leur chambre pour délibérer sans désemparer sous la présidence de l'un d'eux qu'ils désignent à l'instant même.

La décision du jury fixe le montant de l'indemnité; elle est prise à la majorité des voix.

En cas de partage, la voix du président du jury est prépondérante.

Art. 39. Le jury prononce des indemnités distinctes en faveur des parties qui les réclament à des titres différens, comme propriétaires, fermiers, locataires, usagers autres que ceux dont il est parlé au premier paragraphe de l'art. 21, etc.

Dans le cas d'usufruit, une seule indemnité est fixée par le jury eu égard à la valeur totale de l'immeuble; le nu-propriétaire et l'usufruitier exercent leurs droits sur le montant de l'indemnité au lieu de l'exercer sur la chose.

L'usufruitier sera tenu de donner caution; les père et mère ayant l'usufruit légal des biens de leurs enfans en seront seuls dispensés.

Lorsqu'il y a litige sur le fond du droit ou la qualité des réclamans, et toutes les fois qu'il s'élève des difficultés étrangères à la fixation du montant de l'indemnité, le jury règle l'indemnité indépendamment de ces difficultés sur lesquelles les parties sont renvoyées à se pourvoir devant qui de droit.

Art. 40. Si l'indemnité réglée par le jury est inférieure ou égale à l'offre faite par l'administration, les parties qui l'auront refusée seront condamnées aux dépens.

Si l'indemnité est égale ou supérieure à la demande des parties, l'administration sera condamnée aux dépens.

Si l'indemnité est à la fois supérieure à l'offre de l'administration et inférieure à la demande des parties, les dépens seront compensés de manière à être supportés par les parties et l'administration, dans les proportions de leur offre ou de leur demande avec la décision du jury.

Tout indemnitaire qui ne se trouvera pas dans le cas des art. 25 et 26, sera condamné aux dépens, quelle que soit l'estimation ultérieure du jury, s'il a omis de se conformer aux dispositions de l'art. 24.

Art. 41. La décision du jury signée des membres

____

(18) Puisque le jury peut entendre toutes les personnes qu'il croit pouvoir l'éclairer, il peut au besoin nommer des experts. Cela résulte des discussions des Chambres. D'ailleurs le tarif des frais, annexé à la loi, fixe à cet égard une indemnité de comparution.

Il serait à désirer que le jury déléguât toujours quelques-uns de ses membres pour se transporter sur les lieux, ou qu'il y envoyât des experts dont l'habileté et la moralité ne pussent être révoquées en doute.

qui y ont concouru est remise par le président au magistrat directeur, qui la déclare exécutoire, statue sur les dépens, et envoie l'administration en possession de la propriété, à la charge par elle de se conformer aux dispositions des art. 53 et 54 suivans.

Ce magistrat fixe les dépens.

Un règlement d'administration publique qui sera publié avant la mise à exécution de la présente loi, déterminera le tarif des dépens (19).

La taxe ne comprendra que les actes faits postérieurement à l'offre de l'administration ; les frais des actes antérieurs demeurent, dans tous les cas, à la charge de l'administration.

Art. 42. La décision du jury ne peut être attaquée que par la voie du recours en cassation et seulement pour violation du premier paragraphe de l'art. 30 et des art. 31, 35, 36, 37, 38, 39 et 40.

Le délai sera de quinze jours pour ce recours, qui sera d'ailleurs formé, notifié et jugé comme il est dit en l'art. 20 ; il courra à partir du jour de la décision.

Art. 43. Lorsqu'une décision du jury aura été cassée, l'affaire sera renvoyée devant un nouveau jury choisi dans le même arrondissement.

Il sera procédé à cet effet conformément à l'art. 30.

Art. 44. Le jury ne connaît que des affaires dont il a été saisi au moment de sa convocation, et statue successivement et sans interruption sur chacune de ces affaires. Il ne peut se séparer qu'après avoir réglé toutes les indemnités dont la fixation lui a été ainsi déférée.

Art. 45. Les opérations commencées par un jury et qui ne sont pas encore terminées au moment du renouvellement annuel de la liste générale mentionnée en l'art. 29 sont continuées, jusqu'à conclusion définitive, par le même jury.

Art. 46. Après la clôture des opérations du jury, les minutes de ses décisions et les autres pièces qui se rattachent auxdites opérations sont déposées au greffe du tribunal civil de l'arrondissement.

Art. 47. Les noms des jurés qui auront fait le service d'une session ne pourront être portés sur le tableau dressé par le conseil-général pour l'année suivante.

CHAPITRE III. — *Des règles à suivre pour la fixation des indemnités.*

Art. 48. Le jury est juge de la sincérité des titres et de l'effet des actes qui seraient de nature à modifier l'évaluation de l'indemnité.

Art. 49. Dans le cas où l'administration contesterait au détenteur exproprié le droit à une indemnité, le jury, sans s'arrêter à la contestation dont il renvoie le jugement devant qui de droit, fixe l'indemnité comme si elle était due, et le magistrat directeur du jury en ordonne la consignation, pour ladite indemnité rester

---

(19) Ce tarif a été déterminé par une ordonnance rendue au Conseil-d'Etat le 18 septembre 1833 et promulguée le 20 du même mois. On s'est rapproché le plus possible du tarif criminel qui est peu dispendieux et s'applique assez bien à une procédure par jurés. On a cependant été obligé de recourir au tarif civil du 16 février 1807 pour plusieurs actes qui n'ont pas d'analogues dans la procédure criminelle.

déposée jusqu'à ce que les parties se soient entendues, ou que le litige soit vidé.

Art. 50. Les maisons et bâtimens dont il est nécessaire d'acquérir une portion pour cause d'utilité publique seront achetés en entier, si les propriétaires le requièrent par une déclaration formelle adressée au magistrat directeur du jury, dans le délai énoncé en l'art. 24.

Il en sera de même de toute parcelle de terrain qui, par suite du morcellement, se trouvera réduite au quart de la contenance totale, si toutefois le propriétaire ne possède aucun terrain immédiatement contigu, et si la parcelle, ainsi réduite, est inférieure à dix ares.

Art. 51. Si l'exécution des travaux doit procurer une augmentation de valeur immédiate et spéciale au restant de la propriété, cette augmentation pourra être prise en considération dans l'évaluation de l'indemnité.

Art. 52. Les constructions, plantations et améliorations ne donneront lieu à aucune indemnité, lorsque à raison de l'époque où elles auront été faites ou de toutes autres circonstances, dont l'appréciation lui est abandonnée, le jury acquiert la conviction qu'elles ont été faites dans la vue d'obtenir une indemnité plus élevée.

TITRE V.

DU PAIEMENT DES INDEMNITÉS.

Art. 53. Les indemnités réglées par le jury seront, préalablement à la prise de possession, acquittées entre les mains des ayans-droit.

S'ils se refusent à les recevoir, la prise de possession aura lieu après offres réelles et consignation.

Art. 54. Il ne sera pas fait d'offres réelles, toutes les fois qu'il existera des inscriptions sur l'immeuble exproprié, ou d'autres obstacles au versement des deniers entre les mains des ayans-droit ; dans ce cas il suffira que les sommes dues par l'administration soient consignées, pour être ultérieurement distribuées ou remises selon les règles du droit commun.

Art. 55. Si, dans les six mois du jugement d'expropriation, l'administration ne poursuit pas la fixation de l'indemnité, les parties pourront exiger qu'il soit procédé à ladite fixation.

Quand l'indemnité aura été réglée, si elle n'est ni acquittée ni consignée dans les six mois, les intérêts courront de plein droit à l'expiration de ce délai, à titre de dédommagement.

TITRE VI.

DISPOSITIONS DIVERSES.

Art. 56. Les contrats de vente, quittances et autres actes relatifs à l'acquisition des terrains, peuvent être passés dans la forme des actes administratifs : la minute restera déposée au secrétariat de la préfecture ; expédition en sera transmise à l'administration des domaines.

Art. 57. Les significations et notifications mentionnées en la présente loi sont faites à la diligence du préfet du département de la situation des biens.

Elles peuvent être faites tant par huissier que par

tout agent de l'administration dont les procès-verbaux font foi en justice.

Art. 58. Les plans, procès-verbaux, certificats, significations, jugemens, contrats, quittances, et autres actes faits en vertu de la présente loi, seront visés pour timbre et enregistrés *gratis* lorsqu'il y aura lieu à la formalité de l'enregistrement.

Art. 59. Lorsqu'un propriétaire aura accepté les offres de l'administration, le montant de l'indemnité devra, s'il l'exige, et s'il n'y a pas eu contestation de la part des tiers, dans le délai prescrit par l'art. 28, être versé à la caisse des dépôts et consignations, pour être remis ou distribué à qui de droit, selon les règles du droit commun.

Art. 60. Si des terrains acquis pour des travaux d'utilité publique ne reçoivent pas cette destination, les anciens propriétaires ou leurs ayans-droit peuvent en demander la remise.

Le prix des terrains à rétrocéder est fixé à l'amiable, et s'il n'y a pas accord, par le jury, dans les formes ci-dessus prescrites. La fixation par le jury ne peut, en aucun cas, excéder la somme moyennant laquelle l'Etat est devenu propriétaire desdits terrains.

Art. 61. Un avis, publié de la manière indiquée en l'art. 6, fait connaître les terrains que l'administration est dans le cas de revendre. Dans les trois mois de cette publication, les anciens propriétaires qui veulent réacquérir la propriété desdits terrains, sont tenus de le déclarer; et dans le mois de la fixation du prix, soit amiable soit judiciaire, ils doivent passer le contrat de rachat et payer le prix : le tout à peine de déchéance du privilège que leur accorde l'art. précédent.

Art. 62. Les dispositions des art. 60 et 61 ne sont pas applicables aux terrains qui auront été acquis sur la réquisition du propriétaire, en vertu de l'art. 50, et qui resteraient disponibles après l'exécution des travaux.

Art. 63. Les concessionnaires des travaux publics exerceront tous les droits conférés à l'administration, et seront soumis à toutes les obligations qui lui sont imposées dans la présente loi.

Art. 64. Les contributions de la portion d'immeuble qu'un propriétaire aura cédée, ou dont il aura été exproprié pour cause d'utilité publique, continueront à lui être comptées pendant un an, à partir de la remise de la propriété, pour former son cens électoral.

TITRE VII.

DISPOSITIONS EXCEPTIONNELLES.

Art. 65. Les formalités prescrites par les titres 1 et 11 de la présente loi, ne sont applicables ni aux travaux militaires ni aux travaux de la marine royale.

Pour ces travaux, une ordonnance royale détermine les terrains qui sont soumis à l'expropriation.

Art. 66. L'expropriation ou l'occupation temporaire, en cas d'urgence, des propriétés privées qui seront jugées nécessaires pour des travaux de fortifications, continueront d'avoir lieu conformément aux dispositions prescrites par la loi du 30 mars 1831.

Toutefois, lorsque les propriétaires ou autres intéressés, n'auront pas accepté les offres de l'administration, le règlement définitif des indemnités aura lieu conformément aux dispositions du titre IV ci-dessus.

Seront également applicables aux expropriations poursuivies en vertu de la loi du 30 mars 1831, les art. 16, 17, 18 et 20, ainsi que le titre IV de la présente loi.

TITRE VIII.

DISPOSITIONS FINALES.

Art. 67. La loi du 8 mars est abrogée.

Les dispositions de la présente loi seront applicables dans tous les cas où les lois se réfèrent à celle du 8 mars 1810.

Art. 68. La présente loi sera obligatoire à dater de la première convocation générale des conseillers-généraux de département qui suivra la promulgation.

Les instances en réglement d'indemnité dont les tribunaux se trouveront saisis à l'époque de cette première convocation, seront jugées d'après les lois *en vigueur au moment où l'instance aura été introduite.*

Néanmoins, avant le jugement, les parties auront la faculté de demander que l'indemnité soit fixée conformément à la présente loi, à la charge par le demandeur d'acquitter les frais de l'instance faits antérieurement.

—

§ II. *De l'occupation temporaire, du trouble en jouissance et des dommages qui en résultent.*

Si l'utilité publique est une cause légitime d'expropriation, elle doit permettre aussi de troubler le propriétaire dans sa jouissance, de lui causer des dommages et de créer des servitudes sur son fonds, car toutes ces atteintes à la propriété sont moins graves que l'expropriation elle-même.

Mais la loi de 1810 et celle de 1833 se taisant sur tous ces cas, on est forcé de recourir aux dispositions des lois et même des édits antérieurs. Nous allons d'abord examiner celles qui sont relatives à l'occupation temporaire, aux troubles en la jouissance, et aux dommages qui en résultent.

Quatre questions se présentent. On peut demander :

1°. Qui peut autoriser les dommages ?

2°. D'après quelle base ils doivent être estimés.

3°. Par qui ils doivent être évalués.

4°. Comment ils doivent être payés.

Première question. — Qui peut autoriser les dommages ?

On peut d'abord consulter l'arrêt du conseil-d'Etat du 7 septembre 1755, que le Conseil-d'Etat regarde encore aujourd'hui comme régissant la matière. Il n'est relatif qu'à l'extraction des matériaux dont les entrepreneurs de travaux publics ont besoin pour leurs constructions.

Il est ainsi conçu :

« Art. 1er. Les entrepreneurs. . . pourront prendre la pierre, le grès, le sable et autres matériaux pour l'exécution des ouvrages dont ils sont adjudicataires, dans tous les lieux qui leur seront indiqués par les devis et adjudications desdits ouvrages, sans néanmoins qu'ils puissent les prendre dans des lieux qui seront fermés de murs ou autre clôture équivalente, suivant les usages du pays. Fait Sa Majesté défense aux seigneurs ou propriétaires desdits lieux non clos, de leur apporter aucun trouble ni empêchement, sous quelque prétexte que ce puisse être, à peine de toute perte, dépens, dommages et intérêts, même d'amende et de telle autre condamnation qu'il appartiendra, suivant l'exigence des cas, sauf néanmoins auxdits seigneurs et propriétaires à se pourvoir contre lesdits entrepreneurs pour leur dédommagement, ainsi qu'il sera réglé ci-après. Dans le cas où les matériaux indiqués par les devis ne seront pas jugés convenables ou suffisans, les inspecteurs généraux ou ingénieurs pourront en indiquer à prendre dans d'autres lieux; mais lesdites indications seront données par écrit et signées desdits inspecteurs ou ingénieurs. Veut Sa Majesté que les entrepreneurs ne puissent faire aucun autre usage des matériaux qu'ils auront extraits des terres appartenantes aux particuliers, que de les employer dans les ouvrages dont ils sont adjudicataires, à peine de tous dommages-intérêts envers les propriétaires, et même de punition exemplaire.

» Art. 2. . . . . Les entrepreneurs ne pourront pas mettre d'ouvriers dans les bois appartenant au roi ou aux gens de main morte, même dans les lisières et aux abords des forêts et distances prohibées par les réglemens, sans en avoir pris la permission des grands maîtres des eaux et forêts (administration des eaux et forêts). . . . . .

» Art. 3. L'art. 3 trace des règles de procédure qui ont été changées par des lois postérieures. Il décide en outre que les entrepreneurs rejetteront à leurs frais et dépens, dans les fouilles et ouvertures qu'ils auront faites, les terres et décombres qui en seront provenus. »

Nous citons cet arrêt textuellement, parce que les tribunaux administratifs en font aujourd'hui la base de leurs arrêts. Quelques dispositions de l'art. 1er ayant donné lieu à contestation, M. le directeur-général des ponts-et-chaussés l'a interprété ainsi qu'il suit par sa décision du 14 juillet 1828.

« Pour prévenir, autant que possible, toute contestation dans l'application de cet arrêt, ou du moins, pour assurer l'issue des procès dont elle pourrait devenir l'origine, il importe :

» 1°. Que les devis qui indiquent l'emplacement des carrières ou des terrains à fouiller soient approuvés par l'administration ;

» 2°. Que si MM. les ingénieurs jugent nécessaire, après l'approbation du devis, de recourir à de nouvelles carrières, ils soumettent leurs propositions à MM. les préfets, afin que ces derniers puissent eux-mêmes présenter à l'approbation de M. le directeur-général, l'arrêté qu'ils croiront convenable de prendre par suite de ces propositions. »

Mais le Conseil-d'Etat a plusieurs fois décidé que ces formalités, excellentes en elles-mêmes, n'étaient point obligatoires. Un entrepreneur de travaux publics peut, sur une simple autorisation de l'ingénieur, entrer dans une propriété non close, et y faire des fouilles à l'effet d'en extraire des matériaux. Il n'a même pas besoin d'exhiber l'autorisation de l'ingénieur; il lui suffit de faire connaître au propriétaire sa qualité d'entrepreneur, à la charge de justifier plus tard, devant le tribunal compétent, des ordres qu'il a reçus.

Il nous semble résulter de là que l'ordre ou l'autorisation écrite de l'ingénieur peuvent n'être donnés que lorsque l'entrepreneur est traduit devant ses juges compétens.

Des discussions ont souvent lieu entre les entrepreneurs et les propriétaires, au sujet de l'interprétation des mots : *murs* ou *autre clôture équivalente, suivant les usages du pays.* Le Conseil-d'Etat a plusieurs fois décidé que ces mots *clôture équivalente, suivant les usages du pays*, devaient être pris à la lettre et dans un sens très-restreint.

On ne peut souvent exploiter une carrière sans ouvrir des chemins provisoires chez un ou plusieurs propriétaires. Il est admis que les entrepreneurs sont autorisés à ouvrir ces chemins aussi bien qu'à s'emparer des carrières.

La loi du 28 juillet 1791 contient deux dispositions sur le même sujet. L'une est conforme à celle dont nous venons de parler ; l'autre, relative au réglement de l'indemnité, a été abrogée par la loi de 1807 dont nous parlerons plus tard.

Cette loi de 1807 autorise divers cas d'occupation temporaire, dont l'arrêt de 1755 ne parle pas. Ainsi, elle permet de supprimer des moulins et autres usines, de les déplacer, modifier, ou de réduire l'élévation de leurs eaux ; mais, en ce cas, il faut remplir des formalités obligatoires. Les réglemens veulent que l'utilité de l'occupation soit constatée par les ingénieurs des ponts-et-chaussées, et qu'elle soit ordonnée par un arrêté du préfet, rendu avec l'autorisation de l'administration supérieure.

L'arrêt de 1755 et la loi de 1807 prévoyant tous les cas principaux d'occupation temporaire, le Conseil-d'Etat en a étendu, par analogie, les dispositions aux cas particuliers non prévus.

2e *question.* — D'après quelle base les dommages doivent-ils être estimés?

Les juges compétens doivent, autant qu'il est possible, estimer le dommage réel.

Pour l'indemnité de carrière, la loi de septembre 1807 a posé le principe suivant :

« Art. 55. Les terrains occupés pour prendre les matériaux nécessaires aux routes et aux constructions publiques, pourront être payés au propriétaire comme s'ils eussent été pris pour la route même.

» Il n'y aura lieu à faire entrer dans l'estimation la valeur des matériaux à extraire, que dans le cas où l'on s'emparerait d'une carrière déjà en exploitation ; alors lesdits matériaux seront évalués d'après leur prix courant, abstraction faite de l'existence et des besoins de laquelle ils seraient pris, ou des constructions auxquelles on les destine, »

Si l'administration ou les concessionnaires veulent user de la faculté que leur laisse le premier paragraphe de cet article, il est clair qu'ils transforment le dommage en une véritable expropriation, et qu'ils doivent se conformer aux prescriptions de la loi de 1833.

Dans le cas contraire, il peut arriver que la fixation de l'indemnité, d'après le deuxième paragraphe, présente quelques difficultés. En effet, les matériaux extraits d'une carrière en exploitation n'ont, généralement parlant, de valeur commerciale qu'après qu'ils ont été extraits. Si l'entrepreneur ou l'administration les font extraire à leurs frais, il faut, de leur valeur commerciale, retrancher les frais d'extraction pour arriver à la valeur réelle avant l'extraction; c'est ce qu'il n'est pas toujours facile de faire.

3ᵉ *question.* — Par qui les dommages doivent-ils être évalués?

Si les dommages procèdent du fait personnel des entrepreneurs, l'affaire est de la compétence du conseil de préfecture, en vertu du troisième paragraphe de l'art. 4 de la loi du 28 pluviôse an VIII (17 février 1800). Ce paragraphe est ainsi conçu:

« Le conseil de préfecture prononcera sur les réclamations des particuliers qui se plaindront de torts et de dommages procédant du fait personnel des entrepreneurs, et non du fait de l'administration. »

Il résulte de là, aussi bien que du texte de l'ordonnance de 1755, que ce ne sont pas les entrepreneurs, mais bien les propriétaires, qui doivent, en cas de contestation, élever la question d'indemnité devant les tribunaux administratifs. Cette question doit être jugée par eux dans la forme ordinaire, car la loi n'indique pas de règles spéciales à suivre dans la procédure.

Si les dommages résultent du fait de l'administration ou des concessionnaires, c'est encore au conseil de préfecture à prononcer en vertu du quatrième paragraphe de l'art. 4 de la loi du 28 pluviôse an VIII, et des articles 56 et 57 de la loi du 16 septembre 1807. Mais le conseil de préfecture est tenu de se conformer, en ce qui touche les formalités de la procédure, aux dispositions de cette dernière loi. Voici, du reste, les textes:

Loi du 28 pluviôse an VIII, art. 4, § 4. — « Le conseil de préfecture prononcera sur les demandes et contestations concernant les indemnités dues aux particuliers, à raison des terrains pris ou fouillés pour la confection des chemins, canaux et autres ouvrages publics. »

Il est évident que cette disposition ne s'applique plus aujourd'hui qu'aux terrains fouillés, et qu'elle a été abrogée par les lois de 1810 et de 1833 dans ce qui est relatif aux terrains pris.

Loi du 16 septembre 1807, art. 56. — « Les experts pour l'évaluation des indemnités relatives à une occupation de terrain, dans les cas prévus au présent titre, seront nommés, pour les objets de travaux de grande voirie, l'un par le propriétaire, l'autre par le préfet, et le tiers-expert, s'il en est besoin, sera de droit l'ingénieur en chef du département. Lorsqu'il y aura des concessionnaires, un expert sera nommé par le propriétaire, un par le concessionnaire, et le tiers-expert par le préfet.

» Quant aux travaux des villes, un expert sera nommé par le propriétaire, un par le maire de la ville, ou de l'arrondissement pour Paris, et le tiers-expert par le préfet.

ART. 57. « Le contrôleur et le directeur des contributions donneront leur avis sur le procès-verbal d'expertise, qui sera soumis par le préfet à la délibération du conseil de préfecture; le préfet pourra, dans tous les cas, faire faire une nouvelle expertise. »

4ᵉ *question.* — Comment doit être payée l'indemnité?

Toute la difficulté est réduite à savoir si l'indemnité doit être préalable ou non. Il semble, au premier abord, qu'il résulte de l'art. 9 de la Charte et de l'art. 545 du Code civil, qu'elle doit être préalable. Mais on a considéré, d'une part, que ces articles n'étaient formellement applicables qu'au cas où l'expropriation était complète; en deuxième lieu, que les dommages dont il vient d'être question dans ce paragraphe ne peuvent jamais être exactement déterminés à l'avance. En conséquence, on a admis, et il est aujourd'hui érigé en principe que les entrepreneurs, l'administration et les concessionnaires sont garans du dommage, mais qu'ils ne doivent pas en indemniser préalablement le propriétaire.

§ III. — *De la création de nouvelles servitudes.*

L'établissement d'une voie de communication nécessite quelquefois la création de nouvelles servitudes sur les propriétés voisines. Ainsi, par exemple, on peut, dans le but d'assécher le sol de la route, établir un aqueduc qui donne un débouché commun à des eaux auparavant éparses. La propriété sur laquelle on dirige les eaux se trouve ainsi grevée d'un service foncier.

Il est possible qu'on coupe par une tranchée ou par un remblai des chemins dus par un certain propriétaire à titre de servitude, et qu'on soit obligé de les remplacer par des chemins nouveaux, qui constitueront une servitude au détriment des propriétés qu'ils traverseront.

Les cas que nous venons de citer se rencontrent très-fréquemment; ils ne sont cependant prévus par aucune loi. De plus, la jurisprudence du Conseil-d'Etat sur cette importante question n'a pas toujours été la même. Aujourd'hui il paraît admettre que le réglement des indemnités dues à raison de ces services ne peut être fait que par les tribunaux judiciaires. Il se fonde probablement sur ce que les tribunaux administratifs sont des tribunaux d'exception qui ne peuvent connaître que des cas qui leur sont formellement réservés par une loi.

Nous ne connaissons, du reste, qu'une seule ordonnance rendue en Conseil-d'Etat et qui consacre formellement ce principe. Elle est du 6 mars 1826. Elle renferme le considérant suivant:

« Considérant qu'il s'agit, dans l'espèce, d'un service foncier imposé à perpétuité sur un fonds inférieur par suite de travaux publics; que cette question ne rentre dans aucun des cas prévus par les lois des 17 février

13

1800 (28 pluviôse an VIII) et 16 septembre 1807 ; que, par conséquent, le réglement des indemnités dues à raison de ladite servitude ne peut être fait que par les tribunaux, etc. »

Il nous paraît difficile d'appliquer rigoureusement ce principe d'une manière conforme aux lois générales sur l'expropriation et la dépossession. Voici cependant les règles qui nous paraissent devoir être suivies en cas de contestation.

Le préfet, en sa qualité de chef de l'administration, autorisera les ayans-droit à établir la servitude ; il prendra à cet effet un arrêté, après avoir consulté, s'il le juge convenable, l'administration supérieure. Cet arrêté sera exécutoire sans visa ni mandement des tribunaux ; mais il sera attaquable au fond devant le ministre compétent, et, pour violation des formes, devant le Conseil-d'Etat.

Les tribunaux ne connaîtront pas du fait de l'établissement de la servitude ; ils le regarderont comme décidé par l'arrêté du préfet. Ils ne pourront, par conséquent, pas ordonner, à la requête du propriétaire, que les lieux soient remis en état ; ils se borneront à régler l'indemnité pécuniaire qui lui est due.

§ IV. — *De l'autorisation de faire des études et des dommages qui peuvent en résulter.*

Nous nous sommes, jusqu'à présent, bornés à examiner le cas où les dommages résultaient de l'exécution de travaux publics légalement ordonnés. Mais aux termes des lois et réglemens sur l'expropriation pour cause d'utilité publique, et notamment du réglement annexé à l'art. 3 de la loi de 1833, des travaux publics ne peuvent être ordonnés qu'après que des études préalables ont été faites. De là résulte une double question :

Qui peut autoriser les études ?

Qui doit évaluer les dommages qui en résultent ?

A la première question, nous répondrons que l'autorisation doit être donnée par l'administration ; car puisqu'elle est chargée par la loi de préparer ou de recevoir les avant-projets et d'ouvrir les enquêtes, l'intention du législateur a été certainement de l'armer de tous les pouvoirs nécessaires pour faire rédiger ces avant-projets.

Nous pensons donc que toutes les études peuvent être légalement autorisées par le préfet qui, après avoir consulté l'administration supérieure, s'il le juge nécessaire, prendra un arrêté qui ne pourra être attaqué au fond que devant le ministre compétent.

L'autorisation pourrait, à plus forte raison, être donnée directement par le ministre lui-même.

Les principes de l'administration sur ce sujet ont, du reste, beaucoup varié. Des autorisations ont souvent été données dans les deux formes que nous avons indiquées ; quelquefois aussi on a eu recours à une ordonnance du roi rendue en conseil d'Etat. Telle est celle du 20 février 1821 qui autorise les études du canal de navigation de Saint-Denis à Pontoise.

On comprendra cette hésitation lorsqu'on saura que pour faire certaines études, celles d'un canal par exemple, on peut être obligé d'arrêter des usines pour jauger les cours d'eau qui les alimentent, et de troubler d'une manière très-grave les propriétaires dans leur jouissance ; on conçoit qu'alors l'administration, pour rendre toute réclamation de la part des propriétaires impossible, ait jugé convenable de faire autoriser les études avec plus de solennité qu'il n'était nécessaire. Il n'y avait d'ailleurs rien là d'illégal, car une ordonnance du roi, rendue en conseil d'Etat, dispense nécessairement d'un arrêté du préfet et d'une décision ministérielle.

Reste à savoir qui doit évaluer les dommages et régler l'indemnité. L'ordonnance déjà citée du 20 février 1821, tout en reconnaissant que l'indemnité ne peut pas être préalable, veut qu'elle soit réglée par les tribunaux, conformément aux règles établies par la loi de 1810. Mais, outre que la jurisprudence du conseil sur ce point a varié, il nous paraît évident que les dispositions de la loi de 1810 (aujourd'hui abrogée par celle de 1833) sont tout-à-fait inapplicables au cas dont il s'agit. La seule loi qui puisse être invoquée ici est celle du 16 septembre 1807, et elle devrait être appliquée comme il a été dit au § II de ce chapitre. C'est aussi ce qu'on fait ordinairement.

Si la compétence des tribunaux ordinaires était une fois admise sans contestation, nous croyons qu'ils ne pourraient procéder que dans la forme indiquée au § III.

CHAPITRE II.

DES ENTREPRISES, DES CONCESSIONS ET DU MODE D'ADJUDICATION.

§ 1er. — *Des Entreprises.*

Les travaux publics au compte de l'Etat sont ordinairement exécutés par des entrepreneurs sous la direction immédiate des ingénieurs des ponts-et-chaussées.

Ces travaux doivent être adjugés au concours, dans les formes prescrites par le titre III de l'ordonnance du 10 mai 1829 ainsi conçu :

« ART. 9. Les adjudications relatives aux travaux dépendant de l'administration des ponts-et-chaussées, auront lieu à l'avenir sur un seul concours et par voie de soumissions cachetées.

» Le délai du concours sera au moins d'un mois ; toutefois, il pourra être réduit dans les cas d'urgence et avec l'autorisation du directeur-général des ponts-et-chaussées.

» ART. 10. Nul ne sera admis à concourir, s'il n'a les

qualités requises pour entreprendre les travaux et en garantir le succès. A cet effet, chaque concurrent sera tenu de fournir un certificat constatant sa capacité, et de présenter un acte régulier, ou au moins une promesse valable de cautionnement. Ce certificat et cet acte ou cette promesse seront joints à la soumission ; mais celle-ci sera placée sous un second cachet.

» Il ne sera pas exigé de certificat de capacité pour la fourniture des matériaux destinés à l'entretien des routes, ni pour les travaux de terrassemens, dont l'estimation ne s'élèvera pas à plus de quinze mille francs.

» Art. 11. Les paquets seront reçus cachetés par le préfet, le conseil de préfecture assemblé, en présence de l'ingénieur en chef. Ils seront immédiatement rangés sur le bureau, et recevront un numéro dans l'ordre de leur présentation.

» Art. 12. A l'instant fixé pour l'ouverture des paquets, le premier cachet sera rompu publiquement, et il sera dressé un état des pièces contenues sous ce premier cachet. L'état dressé, les concurrens se retireront de la salle de l'adjudication, et le préfet, après avoir consulté les membres du conseil de préfecture et l'ingénieur en chef, arrêtera la liste des concurrens agréés.

» Art. 13. Immédiatement après, la séance redeviendra publique. Le préfet annoncera sa décision. Les soumissions seront alors ouvertes publiquement, et le soumissionnaire qui aura fait l'offre d'exécuter les travaux aux conditions les plus avantageuses, sera déclaré adjudicataire.

» Art. 14. Néanmoins, si les prix de la soumission excédaient ceux du projet approuvé, le préfet surseoirait à l'adjudication. Il en rendrait compte au directeur-général des ponts-et-chaussées, qui lui transmettrait des instructions conformes aux circonstances.

» Art. 15. Lorsqu'un certificat de capacité n'aura pas été admis, la soumission qui l'accompagnera ne sera pas ouverte.

» Art. 16. Toute soumission qui ne sera pas exactement conforme au modèle adopté, sera réputée nulle et non avenue.

» Art. 17. Il sera dressé, pour chaque adjudication, un procès-verbal de toutes les opérations ci-dessus indiquées.

» Une copie de ce procès-verbal sera transmise immédiatement, avec les pièces qui devront l'accompagner, au directeur-général des ponts-et-chaussées dont l'approbation sera nécessaire pour rendre l'adjudication valable et définitive.

» Toutefois, ainsi qu'il a été dit ci-dessus, les adjudications relatives aux travaux d'entretien et de réparations ordinaires deviendront valables et définitives par la seule approbation du préfet.

» Art. 18. Nonobstant les dispositions qui précèdent et lorsque la dépense des travaux n'excédera pas cinq mille francs, le préfet pourra, dans les cas urgens, recevoir des soumissions isolées et sans concours.

» Art. 19. Dans certaines circonstances, et lorsqu'il ne s'agira que de travaux d'entretien ou de réparations ordinaires, ou de travaux neufs dont la dépense n'excédera pas quinze mille francs, le préfet pourra délé-

guer au sous-préfet la faculté de passer l'adjudication au chef-lieu de la sous-préfecture. Le sous-préfet suivra les formes et les dispositions ci-dessus indiquées ; il sera assisté du maire du chef-lieu de la sous-préfecture, de deux membres du conseil d'arrondissment et d'un ingénieur ordinaire.

» Art. 20. Le montant du cautionnement n'excédera pas le trentième de l'estimation des travaux, déduction faite de toutes les sommes portées à valoir pour cas imprévus, indemnités de terrains, ouvrages en régie.

» Ce cautionnement sera mobilier ou immobilier, à la volonté des soumissionnaires. Les valeurs mobilières ne pourront être que des effets publics ayant cours sur la place. »

L'ordonnance dont nous venons de citer le texte ne parle que du mode d'adjudication des travaux publics. Les clauses et conditions générales imposées aux entrepreneurs ont été fixées par une décision du directeur-général des ponts-et-chaussées, en date du 25 août 1833, et insérées dans les *Annales des ponts-et-chaussées*, année 1833, page 287.

Toutes les difficultés qui peuvent s'élever entre les entrepreneurs de travaux publics et l'administration concernant le sens ou l'exécution des clauses de leurs marchés sont jugées par le conseil de préfecture, en vertu du deuxième paragraphe de l'art. 4 de la loi du 28 pluviôse an VIII. Mais lorsque les entrepreneurs réclament des indemnités qui ne résultent pas des termes de leurs marchés et qui ne pourraient être accordées que par une mesure d'équité, ils ne sont pas recevables à les réclamer par voie contentieuse. Telle est la jurisprudence du Conseil-d'État. (*Voyez* notamment l'ordonnance du 24 mars 1824.)

Le Conseil-d'État admet aussi qu'un entrepreneur peut être contraint, moyennant indemnité, à se départir de l'effet de son adjudication, si l'utilité publique exige qu'une portion de ses travaux soit réunie à d'autres ouvrages postérieurement ordonnés pour ne former qu'une seule et même entreprise. En ce cas, l'indemnité ne peut pas être réglée sur le dixième réservé par le devis à l'entrepreneur pour bénéfice, emploi de temps et avances ; mais elle doit représenter uniquement le dommage souffert par suite de la résiliation. Ce principe est formellement exprimé dans une ordonnance rendue le 16 janvier 1828.

Nous rappellerons ici ce que nous avons déjà dit au chapitre précédent, qu'en vertu de la loi de pluviôse an VIII, c'est au conseil de préfecture à prononcer sur les réclamations des particuliers qui se plaignent de torts et dommages procédant du *fait personnel* des entrepreneurs, et non du fait de l'administration.

§ II. — *Des Concessions.*

Les travaux d'utilité publique que l'État ne fait pas exécuter à son compte, peuvent être concédés à des particuliers : c'est ainsi qu'on accorde l'autorisation de construire des ponts, des portions de route, etc. Le plus souvent on indemnise les concessionnaires en leur permettant d'établir un péage pendant un certain nombre d'années. Si l'administration pense que cette ressource est insuffisante, elle peut, après avoir obtenu une loi, subventionner les concessionnaires sur les fonds du trésor.

Nous verrons plus tard que les concessions peuvent être accordées directement ou par voie d'adjudication; qu'elles peuvent l'être par une loi ou par une ordonnance. Mais, dans tous les cas, on annexe à la loi ou à l'ordonnance les trois pièces suivantes :

1°. Le cahier des charges, c'est-à-dire l'énumération de toutes les clauses et conditions à la charge du concessionnaire ou à celle de l'administration.

2°. Le tarif des droits de péage qu'il y aura lieu à établir.

3°. La soumission des concessionnaires, c'est-à-dire l'engagement formel pris par eux de se conformer aux stipulations du cahier des charges.

Le plus souvent on exprime dans l'acte de concession que toutes les difficultés qui pourront s'élever entre les particuliers et les concessionnaires relativement à l'exécution des clauses du cahier des charges seront portées devant les tribunaux ordinaires; et que lorsque ces difficultés s'élèveront entre les concessionnaires et l'administration, elles seront jugées par les tribunaux administratifs.

Parlons maintenant des formes à suivre pour accorder des concessions :

De la concession directe. — Il y a concession directe lorsque l'administration traite avec un concessionnaire de son choix, sans lui faire subir les chances de la libre concurrence.

Quelquefois la loi qui déclare l'utilité publique d'un travail, l'adjuge à un concessionnaire déterminé. D'autres fois, elle en laisse le choix au ministre compétent. Il est alors nommé par une ordonnance délibérée en Conseil-d'État. La première de ces deux formes tend à prévaloir.

Pour tous les travaux qui peuvent, aux termes de la loi de 1833 sur l'expropriation pour cause d'utilité publique, être autorisés par une ordonnance royale, il n'y a pas lieu à faire la distinction ci-dessus.

De la concession par voie d'adjudication. — Lorsque la concession a lieu après adjudication, le projet dont l'exécution est autorisée par une loi ou une ordonnance, est déposé dans un lieu public où tout le monde peut en prendre connaissance jusqu'au jour de la mise en adjudication.

L'adjudication a généralement lieu dans les formes prescrites par l'ordonnance du 10 mai 1829, citée au § 1er de ce chapitre. Mais si le projet intéresse plusieurs départemens, elle est passée par le ministre des travaux publics.

Le procès-verbal d'adjudication doit être soumis à l'approbation du roi en conseil d'État.

Si le projet sur lequel a lieu la mise en adjudication a été rédigé par une compagnie particulière, les adjudicataires sont ordinairement tenus de lui payer une indemnité à raison des études préalablement faites par elle.

CHAPITRE III.

DES ROUTES ET CHEMINS.

Les chemins se divisent en publics et en privés.

Les chemins privés peuvent être réclamés par les particuliers à titre de propriété ou de servitudes. Toutes les difficultés qui peuvent s'élever à cet égard doivent être jugées par les tribunaux ordinaires, conformément aux principes posés par le Code civil et suivant les règles de la procédure ordinaire. C'est pourquoi nous ne nous en occuperons pas ici.

Quant aux chemins publics, nous prouverons bientôt qu'ils doivent tous être considérés comme des dépendances du domaine de l'État. L'usage en est commun à tous; des lois de police règlent la manière d'en jouir.

Mais rappelons d'abord quel est l'état de la législation sur cette importante question.

Il nous faut pour cela remonter jusqu'en 1776. Avant cette époque, la différence des coutumes avait introduit la plus grande confusion dans cette partie de notre droit public. L'arrêt du conseil du 6 février 1776 eut pour objet de la faire cesser.

Les routes y furent divisées en quatre classes

La première comprenait les grandes routes qui traversaient la totalité du royaume ou conduisaient de la capitale dans les principales villes, ports et entrepôts de commerce.

La deuxième, les routes par lesquelles les provinces et les principales villes du royaume communiquaient entre elles ou qui conduisaient de Paris à des villes considérables, mais moins importantes que celles dont on vient de parler.

La troisième, les routes qui servaient de communication entre les villes principales d'une même province ou de provinces voisines.

Et la quatrième, les chemins particuliers destinés à la communication des petites villes ou bourgs. Nous les appelons aujourd'hui chemins vicinaux, de traverse et de desserte.

Cet arrêt a régi la matière jusqu'au 16 décembre 1811. Alors parut un décret impérial, dont les deux premiers articles sont encore en vigueur. Les routes y sont divisées en deux catégories.

Les unes sont appelées routes royales. Elles comprennent toutes celles qui forment les deux premières classes dans l'arrêt de 1776.

Les autres sont appelées routes départementales. Elles contiennent toutes celles qui, avant le décret, étaient connues sous la dénomination de routes de troisième classe.

Ce décret ne fait pas mention des chemins vicinaux. Ceux-ci se trouvent rejetés de fait dans une classe à part. Le décret de 1811 doit donc être considéré seulement comme exprimant d'une manière formelle à leur égard qu'ils ne seraient pas entretenus aux frais de l'Etat.

Diverses lois avaient, avant et après cette époque, réglé l'état des chemins vicinaux. Telles étaient la loi du 6 octobre 1791, celle du 9 ventôse an XIII. Elles ont toutes été abrogées par celle du 28 juillet 1824. Cette loi, que nous rapporterons plus tard en l'expliquant, ne définit pas les chemins vicinaux; elle laisse seulement au préfet le droit de reconnaître leur vicinalité, de fixer leur largeur, et elle met leur entretien à la charge des communes.

Cet article reconnaît donc tacitement qu'il peut exister des chemins publics non reconnus vicinaux; la loi ne prescrit rien sur leur ouverture et leur entretien.

Il existe, par conséquent, aujourd'hui quatre espèces de voies ouvertes au public; ce sont :

Les routes royales, entretenues aux frais de l'Etat;

Les routes départementales, entretenues aux frais du département;

Les chemins vicinaux, entretenus aux frais des communes;

Et les autres chemins, appelés communément chemins de desserte et de traverse, dont l'entretien n'est imposé à personne, et que les propriétaires riverains peuvent faire entretenir comme ils le jugent convenable.

Avant de parler de chacun d'eux en particulier, nous allons traiter une question générale qui a été très-vivement débattue, et sur laquelle les jurisconsultes ne sont pas d'accord.

Nous demandons à qui appartient la propriété de ces chemins et à quel titre ils sont possédés?

La seule solution qui nous paraisse en harmonie avec la législation actuelle sur la voirie est la suivante :

Tous ces chemins, sans exception, sont publics, en ce sens que leur usage est commun à tous; ils doivent être considérés comme des dépendances du domaine de l'Etat; de plus, ils ne sont pas dans le commerce; ils ne peuvent en conséquence ni être vendus, ni devenir l'objet d'une convention quelconque. (Art. 1,128 du Code civil). Enfin on ne peut pas en prescrire le domaine.

1°. Leur usage est commun à tous. En effet, tous sont publiques de temps immémorial, ou bien leur ouverture n'a été autorisée qu'à condition qu'ils seraient publics.

2°. Ils sont des dépendances du domaine public.

Pour les routes royales qui sont à la charge de l'Etat, il ne peut y avoir doute, car cela a été formellement déclaré par l'art. 538 du Code civil.

Pour les routes départementales, il ne peut pas y avoir doute non plus. En effet, il est clair que si ces routes n'appartenaient pas à l'Etat, elles appartiendraient aux départemens. Mais la division du territoire en départemens (loi du 26 février 1790) a pour but unique de faciliter l'administration du royaume, et non d'attribuer des biens. D'ailleurs, le Code civil ne reconnaît que des propriétés publiques, privées ou communales, et le mot de propriétés départementales ne peut avoir qu'un seul sens, celui de propriétés de l'Etat administrées par les autorités départementales.

On ne peut donc pas dire qu'il est injuste de priver les départemens de la propriété des routes qui ont été construites à leurs frais; car les dépenses qu'a exigées leur construction sont un impôt qui frappe d'une manière plus particulière sur les départemens, parce qu'ils ont un intérêt direct et souvent presque exclusif à l'existence de ces routes. C'est là une servitude dont les habitans des départemens sont dédommagés par les grands avantages qu'ils retirent de ces nouvelles communications.

Enfin, une dernière raison qui nous paraît concluante, c'est que la loi donne à l'administration supérieure le droit de déclasser les chemins royaux et départementaux, comme elle le juge convenable. Or, si les chemins départementaux étaient une propriété particulière des départemens, ils ne pourraient devenir royaux sans une expropriation qui n'a pas lieu. Il faudrait donc qu'ils demeurassent départementaux même après que leur entretien a été mis à la charge de l'Etat, ce qui est contraire aux dispositions du Code civil déjà cité.

La question est plus difficile à résoudre pour les chemins vicinaux et de traverse. Mais nous croyons que la solution est la même. Pour nous en convaincre, examinons quel était l'état de ces chemins avant 1789. Le décret de 1776 rangeait la plupart d'entre eux dans une quatrième classe de chemins publics. Or, il nous semble résulter de cet arrêt, qui a eu force de loi, que l'administration publique avait le droit de régir même les chemins vicinaux comme elle l'entendrait; que par conséquent ils étaient dépendans du domaine de l'Etat. D'ailleurs, pour qu'une propriété soit communale, il faut, dit l'art. 542 du Code civil, que les habitans d'une ou plusieurs communes y aient un droit acquis. Or, où est ici le droit acquis? Est-il dans la jouissance? Mais ce ne sont pas ici les communes seulement qui ont le droit de jouir et qui jouissent réellement : c'est le public tout entier. Est-ce dans un titre? Mais où est le titre?

Avant la révolution française, les seigneurs avaient des prétentions sur la propriété des chemins vicinaux. Elles furent anéanties par la loi du 15 août 1790. Mais cette loi n'est pas un titre dont les communes puissent se prévaloir, car elle ne dit rien sur la question de propriété.

La loi du 6 octobre 1791 mit l'entretien des chemins vicinaux à la charge des communes; mais c'était là une des charges de la jouissance qu'elles avaient, de fait, sinon de droit, presque exclusivement.

La loi du 1er décembre 1790 dit formellement que tous les chemins publics sont des dépendances du domaine de l'État.

Enfin, et c'est là notre dernier argument, personne ne conteste, pas même les partisans de l'opinion contraire à la nôtre, que l'administration supérieure a le droit de transformer les routes en chemins vicinaux, et réciproquement. Donc, cette circonstance que le chemin est ou n'est pas à la charge de l'État est tout-à-fait accidentelle, et la propriété appartient à l'État, à quelque réglement d'entretien qu'il soit soumis.

Tout cela nous paraît évident dans le cas de chemins qui existent de temps immémorial et sur lesquels la commune n'a, disons-nous, ni titre, ni droit acquis d'une autre manière.

Mais si une commune était autorisée à construire un chemin vicinal avec ses propres deniers, qu'il y eût eu, suivant l'usage, déclaration d'utilité publique, la propriété appartiendrait-elle encore à l'État?

Nous le pensons.

En effet, la déclaration d'utilité publique qui leur permet d'exproprier les propriétaires du sol, nous paraît être une faveur en échange de laquelle la propriété de la route est et demeure acquise au domaine public.

Il arrive quelquefois qu'on accorde à des particuliers qui ont intérêt à la construction d'une route, une déclaration d'utilité publique à l'aide de laquelle ils surmontent toutes les difficultés que les propriétaires peuvent leur opposer. Mais, en échange de cette faculté, on stipule que la voie deviendra publique. Si, dans quelques cas particuliers, on les autorise à établir un péage pendant quelques années, au moins conviendra-t-on que la route rentre dans le domaine public aussitôt que le péage cesse.

Nous croyons que ce principe s'applique rigoureusement aux communes, et que de plus, comme la faculté d'établir un péage ne leur est ordinairement pas accordée, les chemins construits à leurs frais sont publics, comme propriété et comme jouissance.

3°. Reste à traiter la question de l'inaliénabilité et de l'imprescriptibilité.

Les chemins sont affectés à un usage public par l'usage immémorial ou par destination spéciale. Il nous semble, par conséquent, qu'ils ne doivent pas être mis au nombre des objets qui sont dans le commerce, et que leur domaine n'est, conformément aux dispositions du Code civil, ni vendable, ni prescriptible.

Ainsi, par exemple, on ne pourrait pas justifier des empiétemens commis sur la voie publique en alléguant la prescription. Quelle que soit la date à laquelle remonte l'usurpation, elle peut être réprimée.

Nous pensons cependant que si un chemin cessait d'être public par la force des choses; si on parvenait à prouver que sa destination a changé en fait, que de plus ce changement de destination a été constant et réel; il devrait être considéré non plus comme un chemin, mais comme un terrain vague, et que les principes posés ci-dessus ne seraient plus applicables.

CHAPITRE IV.

DES ROUTES ROYALES ET DÉPARTEMENTALES.

Le décret du 16 décembre 1811 forme la base de la législation actuelle sur les routes royales et départementales. Nous allons en examiner les principales dispositions, en indiquant celles qui ont été abrogées par des lois, décrets ou ordonnances postérieures.

§ Ier. — *Définition et classement des routes.*

Le titre premier du décret déjà cité établit les distinctions suivantes :

Les routes de l'empire sont divisées en routes impériales (royales) et routes départementales.

Les routes impériales sont subdivisées en trois classes, conformément à trois tableaux annexés au décret.

On réserve le nom de routes départementales à celles qui ne sont pas comprises dans les tableaux, et qui avaient été jusqu'alors connues sous la dénomination de *routes de troisième classe.*

Elles avaient été ainsi nommées, quoique le décret n'en fasse pas mention, par l'arrêt du Conseil-d'État du 6 février 1776, dont nous avons parlé au chapitre précédent.

Il est également certain qu'on a appelé routes impériales, et, plus tard, routes royales, celles que l'arrêt du conseil rangeait dans la première et la seconde classe.

Relativement au mode de classement des routes, l'art. 4 du décret de 1811 contient une disposition unique. La voici :

« Toutes les fois qu'une route nouvelle sera ouverte, le décret qui en ordonnera la construction indiquera la classe à laquelle elle appartiendra. »

Mais il suffit de jeter les yeux sur la table du *Bulletin des Lois* pour reconnaître que l'administration exerce une autorité bien plus grande que celle qui lui est conférée par le décret, car chaque année une foule de routes royales et départementales sont classées et déclassées par des ordonnances rendues en Conseil-d'État sur les avis non obligatoires des conseils généraux des départemens, des préfets et du conseil-général des ponts-et-chaussées.

Ainsi il est très-commun de voir des chemins vicinaux devenir routes départementales, des routes départementales devenir routes royales, et réciproquement, toutes les fois que l'utilité publique l'exige.

Cependant il a été récemment exposé à la Chambre des députés que le classement des routes départementales entraînait toujours des expropriations; et qu'il était, par conséquent, nécessaire d'en soumettre les projets à une enquête préalable. La loi suivante, qui est l'application de ces principes, a été rendue le 20 mars 1835.

« Art. 1er. A l'avenir, aucune route ne pourra être classée au nombre des routes départementales sans que le vote du conseil-général ait été précédé de l'enquête prescrite par l'art. 3 de la loi du 7 juillet 1833.

» Cette enquête sera faite par l'administration, ou d'office, ou sur la demande du conseil-général.

» Art. 2. Les votes émis jusqu'à la promulgation de la présente loi, quoiqu'ils n'aient pas été précédés de la susdite enquête, pourront être approuvés par ordonnance du roi, suivant les formes prescrites par le décret du 16 décembre 1811.

» Art. 3. Les dispositions qui précèdent auront lieu sans préjudice des mesures d'administration prescrites par le titre II de la loi du 7 juillet 1833, et relatives à l'expropriation. »

Il résulte aussi de l'art. 3 de la loi du 8 juillet 1833, que l'administration peut, chaque année, appliquer une partie des fonds consacrés au service des ponts-et-chaussées, à l'ouverture de nouvelles routes, lorsque la longueur de la partie à ouvrir n'excède pas 20,000 mètres. L'utilité publique est, en ce cas, déclarée par une ordonnance du roi.

§ II. — De la largeur des routes.

Le décret de 1811 ne parlant pas de la largeur des routes, la matière est régie encore aujourd'hui par l'arrêt du conseil de 1776. Nous allons en rappeler les principales dispositions. Elles sont toutes fort sages, et il est à désirer qu'elles soient généralement suivies.

Toutes les dimensions sont exprimées en pieds dans le texte de l'arrêt. Nous les avons converties en mètres à raison d'un mètre pour trois pieds.

« Art. 2. Les grandes routes de premier ordre (routes royales de première et de deuxième classe. Voy. le paragraphe précédent) seront désormais ouvertes sur la largeur de quatorze mètres. Celles du second ordre (routes royales de deuxième et de troisième classe) seront fixées à la largeur de douze mètres. Celles du troisième ordre (routes départementales) à dix mètres. . . . .

. . . .

« Art. 3. Ne seront pas compris dans les largeurs ci-dessus spécifiées les fossés, ni les empâtemens des talus. . . . .

. . . .

» Art. 5. Néanmoins l'art. 3 du titre des chemins royaux de l'ordonnance des eaux-et-forêts qui, pour la sûreté des voyageurs, a prescrit une ouverture de vingt mètres pour les chemins dirigés à travers les bois, continuera d'être exécuté selon sa forme et teneur. »

Cet article 3 de l'ordonnance des eaux-et-forêts peut, suivant nous, être compris de deux manières.

On peut entendre, ou que le chemin lui-même aura vingt mètres de largeur, ou bien, qu'après lui avoir donné la largeur prescrite par les réglemens, on abattra tous les arbres et toutes les broussailles qui sont comprises entre le bord du chemin et la forêt, sur une largeur de vingt mètres. (Voy. Ordonnance du 13 août 1669).

La première interprétation a prévalu dans l'arrêt de 1776. La deuxième est celle qui nous parait la plus conforme à la lettre de l'ordonnance et la plus fondée en raison. En effet, le législateur, en prescrivant d'élargir les routes dans les forêts, avait eu pour but de mettre les voyageurs à l'abri des attaques soudaines auxquelles ils étaient fréquemment exposés. Or, ce but n'est nullement atteint par la disposition énoncée en l'art. 5 de l'arrêt de 1776, tandis qu'il l'est très-bien par l'art. 3 de l'ordonnance des eaux-et-forêts interprété comme nous venons de le faire.

« Art. 6. Entend pareillement Sa Majesté que, dans les pays de montagnes et dans les endroits où la construction des chemins présente des difficultés extraordinaires, et entraîne des dépenses très-fortes, la largeur des chemins puisse être moindre que celle ci-dessus prescrite, en prenant, d'ailleurs, les précautions nécessaires pour prévenir tous les accidens, et sera, dans ce cas, ladite largeur fixée d'après le compte-rendu au conseil par les sieurs intendans (les préfets) de ce que les circonstances locales pourront exiger.

» Art. 7. La grande affluence des voitures aux abords de la capitale et de quelques autres villes d'un grand commerce pouvant occasioner divers embarras ou accidens, qu'il serait difficile de prévenir si l'on ne donnait aux routes que la largeur ci-dessus fixée de quatorze mètres, Sa Majesté se réserve d'augmenter cette largeur aux abords desdites villes par des arrêts particuliers, après en avoir fait constater la nécessité, sans, néanmoins, que ladite largeur puisse être, en aucun cas, portée au-delà de vingt mètres.

» Art. 10. Il ne sera fait, quant à présent, aucuns changemens aux routes précédemment construites et terminées, encore que la largeur en excédât celle ci-dessus fixée; suspendant à cet égard, Sa Majesté, l'effet du présent arrêt, sauf à pourvoir par la suite, et d'après le compte qu'elle s'en fera rendre, aux réductions qu'elle pourra juger convenable d'ordonner. »

On remarquera que l'arrêt réglementaire dont nous venons de donner le texte se borne à fixer la largeur générale des routes, et qu'il ne statue rien sur les dimensions relatives de la chaussée et des accotemens. Tous les arrêts antérieurs ou postérieurs gardent le même silence. On a laissé, et avec raison, aux ingénieurs le soin de régler cette question de détail dans chaque cas particulier.

§ III. — Des Fossés.

On ne saurait trop recommander de border les routes de fossés toutes les fois qu'elles sont en déblai ou en terrain naturel. Les ingénieurs ont reconnu depuis long-temps la nécessité de cette mesure; le conseil-général des ponts-et-chaussées en fait presque toujours une condition d'adoption pour les projets qui lui sont soumis, et le directeur-général a, dans une circulaire en date du 17 juillet 1827, prescrit d'en ouvrir partout où il n'en existe point. Les réglemens actuels ne contiennent cependant pas de dispositions positives à ce sujet. Le décret de 1811 se tait. L'arrêt de 1776 dit seulement (art. 8) qu'on ouvrira des fossés dans les cas seulement où ils auront été jugés nécessaires pour garantir les chemins de l'empiétement des riverains ou pour écouler les eaux; il ajoute que les motifs qui doivent en déterminer l'ouverture seront énoncés dans les projets envoyés au conseil pour être approuvés. Un autre arrêt du 3 mai 1720 prescrivait, au contraire, l'ouverture des fossés d'une manière absolue; mais il est évident que cette disposition doit être considérée comme abrogée.

Quant à la largeur des fossés, le seul réglement qui en fasse mention est l'arrêt de 1720. Il porte que les fossés auront deux mètres (six pieds) dans le haut, un dans le bas, et un mètre de profondeur. On leur donne encore assez souvent cette dimension, bien qu'elle soit beaucoup trop considérable; mais on conçoit qu'elle ait pu être à peine suffisante sous l'empire d'une législation où l'entretien et le curage des fossés étaient à la charge des propriétaires riverains, et étaient, par conséquent, exécutés avec peu de régularité.

L'Etat a toujours été chargé de construire les fossés qui bordent les routes royales et départementales, à moins, dit l'arrêt de 1720, que des propriétaires n'aiment mieux les faire construire eux-mêmes. Mais, jusqu'en 1825, l'entretien et le curage avaient été imposés aux propriétaires riverains. L'art. 2 de la loi du 12 mai 1825 les a déchargés de cette servitude, et a décidé qu'à dater du 1er janvier 1827, le curage et l'entretien des fossés qui font partie de la propriété des routes royales et départementales seraient opérés par les soins de l'administration publique, et sur les fonds affectés au maintien de la viabilité des routes.

Il est essentiel de remarquer que cette loi ne résout pas la question de la propriété des fossés. Mais nous pensons qu'elle est entièrement résolue par les réglemens antérieurs.

L'art. 666 du Code civil porte que tous fossés entre deux héritages sont *présumés* mitoyens s'il n'y a titre ou marque du contraire. Mais cette marque du contraire existe pour les fossés des routes, dans les anciens réglemens qui statuent qu'ils seront ouverts aux frais de l'administration.

Les propriétaires riverains peuvent cependant être admis à prouver que le sol des fossés et même d'une partie de la route leur appartient. C'est là une question de propriété ordinaire, et qui peut être soumise aux tribunaux. Si elle est jugée en faveur des propriétaires, l'administration est tenue de leur payer la partie du sol qui a été déclarée leur appartenir, et elle le fait ordinairement sur les fonds alloués pour les frais extraordinaires d'entretien des routes.

§ IV. — *Des plantations d'arbres.*

ART. 1er. *Plantations sur le sol de la route.* — La loi du 9 ventôse an XIII donne à l'administration le droit de contraindre les propriétaires riverains à planter sur le sol des grandes routes. Mais elle n'en use ordinairement pas. Voici du reste le texte de la loi citée :

ART. 1er. « Les grandes routes de l'empire non plantées, et susceptibles d'être plantées, le seront en arbres forestiers ou fruitiers, suivant les localités, par les propriétaires riverains.

» ART. 2. Les plantations seront faites dans l'intérieur de la route et sur le terrain appartenant à l'État, avec un contre-fossé qui sera fait et entretenu par l'administration des ponts-et-chaussées.

» ART. 3. Les propriétaires riverains auront la propriété des arbres et de leur produit; ils ne pourront cependant les couper, abattre ou arracher, que sur une autorisation donnée par l'administration préposée à la conservation des routes et à la charge du remplacement.

» ART. 4. Dans les parties de routes où les propriétaires n'auront point usé, dans le délai de deux années, à compter de l'époque à laquelle l'administration aura désigné les routes qui doivent être plantées, de la faculté qui leur est donnée par l'article précédent, le gouvernement donnera des ordres pour faire exécuter la plantation aux frais de ces riverains, et la propriété des arbres plantés leur appartiendra aux mêmes conditions imposées par l'article précédent. »

Cette dernière disposition n'ayant jamais été exécutée à la rigueur, beaucoup de plantations furent faites sur les routes royales et départementales par l'administration des ponts-et-chaussées elle-même. La justice voulait qu'une loi assurât respectivement à l'Etat et aux particuliers la propriété des arbres plantés à leurs frais. Cette loi a été rendue le 25 mai 1825. Son article premier, le seul qui soit relatif à la matière que nous traitons, porte :

« Seront reconnus appartenir aux particuliers les arbres naturellement existans sur le sol des routes royales et départementales, et que ces particuliers justifieraient avoir acquis à titre onéreux ou avoir plantés à leurs frais, en exécution des anciens réglemens.

» Toutefois les arbres ne pourront être abattus que lorsqu'ils donneront des signes de dépérissement, et sur une permission de l'administration.

» La permission de l'administration sera également nécessaire pour en obtenir l'élagage.

» Les contestations qui pourront s'élever entre l'administration et les particuliers, relativement à la propriété des arbres plantés sur le sol des routes, seront portées devant les tribunaux ordinaires.

» Les droits de l'État y seront défendus à la diligence de l'administration des domaines. »

Les dispositions de l'art. 3 de la loi de l'an XIII sur l'abattage et l'élagage des arbres, ont été expliquées et quelquefois modifiées par des décrets et ordonnances postérieures. Le décret de 1811 qui ne contient point de dispositions sur les plantations à faire *sur le sol des*

grandes routes, contient les suivantes sur les plantations déjà faites :

« Art. 99. Les arbres plantés sur le terrain de la
route et appartenant à l'Etat, ceux plantés sur les
terres riveraines, soit par les communes, soit par les
particuliers, en exécution du présent décret ou antérieurement, ne pourront être coupés et arrachés qu'a-
vec l'autorisation du directeur-général des ponts-et-
chaussées, accordée sur la demande du préfet, laquelle
sera formée seulement lorsque le dépérissement des
arbres aura été constaté par les ingénieurs, et toujours
à la charge du remplacement immédiat. »

Cette disposition a été modifiée en ce qui touche les
routes départementales par l'art. 4 de l'ordonnance du
8 août 1821 qui porte textuellement :

« Les arbres plantés sur les routes départementales
et sur les terres riveraines desdites routes, pourront
être abattus dans les cas prévus par l'art. 99 du décret
du 16 décembre 1811, sur la seule autorisation des
préfets. »

Continuons la citation du décret de 1811.

« Art. 100. La vente des arbres appartenant à
l'Etat, et de ceux appartenant aux communes, sera
faite par voie d'adjudication publique. Le prix de ceux
appartenant à l'Etat sera versé, comme fonds spécial,
à notre trésor impérial, et affecté au service des ponts-
et-chaussées. Le prix des arbres appartenant aux communes sera versé dans leurs caisses respectives.

« Art. 101. Tout propriétaire qui sera reconnu
avoir coupé, sans autorisation, arraché ou fait périr
les arbres plantés sur son terrain, sera condamné à une
amende égale à la triple valeur de l'arbre détruit.

» Art. 102. L'élagage de tous les arbres plantés sur
les routes, conformément aux dispositions du présent
titre, sera exécuté toutes les fois qu'il en sera besoin,
sous la direction des ingénieurs des ponts-et-chaussées,
en vertu d'un arrêté du préfet, qui sera pris sur le rapport des ingénieurs en chef, et qui contiendra les instructions nécessaires sur la manière dont l'élagage devra être fait.

» Les ingénieurs et les conducteurs des ponts-et-
chaussées sont chargés de surveiller et d'assurer l'exécution desdites instructions.

» Art. 103. Les travaux de l'élagage des arbres appartenant à l'Etat ou aux communes seront exécutés
au rabais et par adjudication publique.

» Art. 104. La vente des branches élaguées, des arbres chablis et de ceux qui seraient en partie déracinés,
sera faite par voie d'adjudication publique. Le prix des
bois appartenant à l'Etat sera versé comme fonds spécial à notre trésor impérial, et affecté au service des
ponts-et-chaussées. Le prix des bois appartenant aux
communes sera versé dans leurs caisses respectives.

» Art. 105. Les particuliers ne pourront procéder à
l'élagage des arbres qui leur appartiendraient sur les
grandes routes, qu'aux époques et suivant les indications contenues dans l'arrêté du préfet, et toujours
sous la surveillance des agens des ponts-et-chaussées,
sous peine de poursuites comme coupables de dommages
causés aux plantations des routes.

« Art. 106. La conservation des plantations des routes
est confiée à la surveillance et à la garde spéciale des
cantonniers, gardes champêtres, gendarmes, agens et
commissaires de police, et des maires chargés par les
lois de veiller à l'exécution des réglemens de grande
voirie.

» Art. 107. Un tiers des amendes qui seront prononcées pour peine de dégâts et dommages causés aux
plantations des grandes routes, appartiendra aux agens
qui auront constaté le dommage. Un deuxième tiers
appartiendra à la commune du lieu des plantations, et
l'autre tiers sera versé, comme fonds spécial, à notre
trésor impérial et affecté au service des ponts-et-
chaussées.

» Art. 108. Toutes condamnations, aux termes des
articles 97, 101 et 105 du présent, seront poursuivies
et prononcées, et les amendes recouvrées comme en matière de grande voirie. »

Les décrets et ordonnances que nous venons de citer
ne contiennent aucune disposition sur la distance qu'on
doit laisser entre les arbres plantés. Mais un arrêt du
conseil du 3 mai 1720 fixe cette distance à 30 pieds
(art. 6), et le Conseil-d'Etat a plusieurs fois décidé,
notamment par son arrêt du 1er août 1834, que cette
disposition était obligatoire, parce qu'elle n'a été abrogée par aucune loi ou réglement postérieur.

L'intention de l'administration en prescrivant de laisser, entre les arbres plantés, une distance de 30 pieds,
a été évidemment d'empêcher qu'on ne les plantât assez
près pour qu'ils pussent former rideau, et nuire à l'assainissement de la route. Peut-être eût-il été plus convenable de fixer un espacement différent pour chaque
espèce d'arbre. Mais cette disposition n'existant pas, le
Conseil-d'Etat a admis que lorsque les propriétaires riverains faisaient des plantations, ils devaient laisser
entre les arbres une distance d'*au moins* 10 mètres. En
cas de contravention, les délinquans doivent être condamnés à arracher les arbres qui se trouvent en plus,
sans préjudice de l'amende.

Art. 2. *Plantations sur le sol des propriétés riveraines.*—L'administration s'est, de temps immémorial,
réservé le droit d'obliger les propriétaires riverains à
faire des plantations en dehors du sol des routes. Les
édits et réglemens antérieurs à la révolution française
sont pleins de dispositions à ce sujet. Elles ont toutes
été renouvelées, avec quelques modifications, par le
décret de 1811, dont voici la teneur :

« Art 87. *Plantations anciennes.* —Tous les arbres
plantés jusqu'à la publication du décret, le long des routes
impériales et sur le terrain des propriétés communales ou
particulières, sont reconnus appartenir aux communes
ou particuliers propriétaires du terrain.

» Art. 88. *Plantations nouvelles.*— Toutes les routes
impériales non plantées et qui sont susceptibles de
l'être sans inconvénient, seront plantées par les particuliers ou communes propriétaires, riverains de ces
routes, dans la traversée de leurs propriétés respectives.

» Art. 89. Ces propriétaires ou ces communes demeu-
reront propriétaires des arbres qu'ils auront plantés.

» Art. 90. Les plantations seront faites au moins à la

14

distance d'un mètre du bord extérieur des fossés, et suivant l'essence des arbres.

»Art. 91. Dans chaque département, l'ingénieur en chef remettra au préfet, avant le 1er juillet 1812, un rapport tendant à fixer celles des routes impériales du département non plantées, et susceptibles de l'être sans inconvénient, l'alignement des plantations à faire, route par route et commune par commune, et le délai nécessaire pour l'effectuer. Il y joindra son avis sur l'essence des arbres qu'il conviendrait de choisir pour chaque localité : pour le tout devenir l'objet d'un arrêté du préfet, qui sera soumis à l'approbation de notre ministre de l'intérieur, par l'intermédiaire de notre directeur-général.

» Art. 92. Les arbres seront reçus par les ingénieurs des ponts-et-chaussées qui surveilleront toutes les opérations et s'assureront que les propriétaires se sont conformés en tout aux dispositions de l'arrêté du préfet.

» Art. 93. Tous les arbres morts ou manquans seront remplacés, dans les trois derniers mois de chaque année, par le planteur, sur la simple réquisition de l'ingénieur en chef.

» Art. 94. Lorsque les plantations s'effectueront au compte et par les soins des communes propriétaires, les maires surveilleront, de concert avec les ingénieurs, toutes les opérations.

» L'entreprise en sera donnée au rabais, et à la chaleur des enchères, par voie d'adjudication publique, à moins d'une autorisation formelle du préfet de déroger à cette disposition.

» L'adjudicataire garantira, pendant trois ans, la plantation, et restera chargé tant de son entretien que du remplacement des arbres morts ou manquans pendant ce temps. La garantie de trois années sera prolongée d'autant pour les arbres remplacés.

» Art. 95. A l'expiration du délai fixé en exécution de l'art. 91 pour l'achèvement de la plantation dans chaque département, les préfets feront constater, par les ingénieurs, si des particuliers ou communes propriétaires n'ont pas effectué les plantations auxquelles le présent décret les oblige, ou ne se sont pas conformés aux dispositions prescrites pour les alignemens et pour l'essence, la qualité, l'âge des arbres à fournir.

» Le préfet ordonnera, au vu du rapport de l'ingénieur en chef, l'adjudication des plantations non effectuées ou mal exécutées par les particuliers ou les communes propriétaires. Le prix de l'adjudication sera avancé sur les fonds des travaux des routes.

» Art. 96. Les dispositions de l'article précédent sont applicables à tous particuliers ou communes propriétaires qui n'auraient pas remplacé leurs arbres morts ou manquans, aux termes de l'article 93 du présent décret.

» Art. 97. Tous particuliers ou communes, au lieu et place desquels il aura été effectué des plantations, en vertu des deux articles précédens, seront condamnés à l'amende d'un franc par pied d'arbre que l'administration aura planté à leur défaut, et ce, indépendamment du remboursement de tous les frais de plantation.

Art. 98. Le produit desdits frais et amendes sera versé, comme fonds spécial, à notre trésor impérial, et affecté au service des ponts-et-chaussées. »

Bien que ces dispositions soient formelles, l'administration éprouve quelquefois beaucoup de difficultés pour les faire exécuter par les propriétaires riverains. Ceux-ci opposent presque toujours une résistance très-vive, fondée, disent-ils, sur ce qu'un décret ne peut pas leur ôter le droit de disposer de leur terrain comme ils le jugent convenable.

Cette opposition qui s'est manifestée toutes les fois qu'on a voulu appliquer les réglemens à la rigueur, n'a pas empêché l'administration d'en prescrire l'exécution par diverses circulaires, et notamment par celles du 16 novembre 1826 et du 1er mai 1827.

Toutes les dispositions relatives aux plantations d'arbres en dehors du sol de la route, qui viennent d'être citées, ne s'appliquent textuellement qu'aux routes royales; mais l'art. 13 du décret de 1811 donne aux conseils généraux la faculté d'en requérir l'application aux routes départementales.

Toutes les dispositions relatives aux arbres plantés sur le sol de la route, contenues dans les articles 99 à 108 du décret de 1811 et que nous avons précédemment rapportées, s'appliquent également aux arbres plantés sur les propriétés riveraines.

§ V. — *Haies.*

Il est souvent parlé, dans les anciens réglemens, de haies plantées le long des routes. Il faut en conclure que les dispositions qui prescrivent de planter les arbres à 10 mètres de distance ne s'appliquent pas aux arbustes qui forment ordinairement les haies.

Les réglemens ne disent, du reste, rien sur la propriété des haies, leur plantation, leur arrachage, leur élagage, etc. Les questions doivent donc être résolues d'après les principes du droit commun; ainsi l'Etat doit être présumé propriétaire toutes les fois que la haie se trouve entièrement sur le sol de la route. C'est ce qui arriverait, par exemple, si la route était tantôt en remblai, tantôt en déblai, et que la haie bordât constamment l'arête supérieure, en laissant en dehors les empatemens des talus.

Il y au contraire présomption en faveur des riverains lorsque la haie est constamment en dehors de ce qu'on regarde comme le sol de la route. Ainsi, par exemple, si la route était en terrain naturel, qu'elle fût bordée de deux fossés, et que la haie fût en dehors des fossés, il y aurait présomption en faveur des riverains.

Enfin si la haie sépare le sol de la route de celui des héritages voisins, on résout la question de propriété d'après les règles établies par l'art. 670 du Code civil, ainsi conçu :

« Toute haie qui sépare des héritages est réputée mitoyenne, à moins qu'il n'y ait qu'un seul des héritages en état de clôture, ou s'il n'y a titre ou possession au contraire. »

Cet article ne s'applique cependant aux routes que par analogie, car on ne peut pas donner à celles-ci la qualification d'héritages.

Voici les conséquences qui résultent du texte cité :

Si la route était bordée d'une haie sur toute sa longueur, et que les héritages voisins ne fussent pas en état de clôture, la haie serait réputée appartenant à l'État. La même chose aurait lieu, s'il était prouvé que la route a été en état de clôture avant les héritages voisins.

Si, au contraire, la haie n'existait qu'aux points où la route traverse des héritages clos, elle serait réputée appartenir aux propriétaires de ces héritages.

Sauf ces deux cas, la propriété doit être prouvée par titre ou par la possession.

L'État doit être déclaré propriétaire, lorsqu'il est, depuis trente ans, en possession de tailler et de couper la haie des deux côtés.

Quant aux riverains, il faut la possession immémoriale et l'absence de titres favorables à l'État, parce que les chemins sont imprescriptibles, et qu'il en est par conséquent de même des haies qui s'y unissent accessoirement.

La possession immémoriale pourrait même n'être pas suffisante, s'il était prouvé, comme il paraît que cela avait lieu dans quelques provinces, que les coutumes et réglemens locaux eussent mis anciennement le taillage des haies plantées sur les chemins à la charge des riverains. En ce cas, la propriété ne pourrait se prouver que par titre. A défaut de titre, la haie serait mitoyenne.

Nous ne connaissons aucuns réglemens qui obligent les riverains à tailler à une hauteur déterminée les haies qui bordent la voie publique. Mais il est certain que l'administration peut les contraindre à le faire, moyennant indemnité, lorsque le bon état de la route l'exige. Elle peut même, à cette condition, les en exproprier, les forcer à les abattre ou à les reculer. Tout cela résulte des lois sur l'expropriation et la dépossession que nous avons fait connaître au chapitre premier.

Nous regardons aussi comme certain que les propriétaires ne peuvent pas planter de haies nouvelles sur le bord de la route sans avoir demandé son alignement.

§ VI. — *Murs, constructions, édifices.*

Un arrêt du conseil du 27 février 1765, qui est encore en vigueur, contient les dispositions suivantes :

« Les alignemens pour constructions ou reconstructions de maisons, édifices ou bâtimens généralement quelconques, en tout ou en partie, étant le long et joignant les routes construites par les ordres de S. M., soit dans les traverses des villes, bourgs et villages, soit en pleine campagne, ainsi que les permissions pour toute espèce d'ouvrages aux faces desdites maisons, édifices et bâtimens ; et pour établissement d'échoppes ou choses saillantes le long desdites routes, ne pourront être données en aucuns cas par autres que par les trésoriers de France, commissaires de S. M. pour les ponts-et-chaussées en chaque généralité..... ; le tout sans frais et en se conformant par eux aux plans levés et arrêtés par les ordres de S. M., qui sont et seront déposés par la suite au greffe du bureau des finances de leur généralité. Et dans le cas où les plans ne seraient pas encore déposés audit greffe, veut S. M. qu'avant de donner lesdits alignemens ou permissions, lesdits trésoriers de France, commissaires de S. M., se fassent remettre un rapport circonstancié de l'état des lieux par l'ingénieur ou l'un des sous-ingénieurs des ponts-et-chaussées de ladite généralité. Fait S. M. défense à tous particuliers, propriétaires ou autres, de construire, reconstruire ou réparer aucuns édifices, poser échoppes ou choses saillantes le long desdites routes, sans en avoir obtenu les alignemens ou permissions desdits trésoriers de France, à peine de démolition desdits ouvrages, confiscation des matériaux, et de trois cents livres d'amende, et contre les maçons, charpentiers et ouvriers, de pareille amende et même de plus grande peine en cas de récidive. »

La dernière partie de ces dispositions, celle qui est relative aux ouvriers employés à faire des constructions non autorisées, est tombée en désuétude.

Nous rappelons ici qu'à l'époque de la nouvelle organisation administrative, les attributions des trésoriers de France ont été conférées aux préfets, de sorte que c'est aujourd'hui à ceux-ci qu'il faut s'adresser pour obtenir les alignemens. Ils les accordent par un arrêté rendu sur le rapport de l'ingénieur en chef des ponts-et-chaussées du département.

La loi du 16 septembre 1807 a de nouveau conféré à l'administration le droit de donner l'alignement, et le Conseil-d'État a plusieurs fois décidé que cet alignement réunit de plein droit à la voie publique le terrain qui en fait partie, et résout les droits de propriété en un droit à une indemnité. Mais c'est aux tribunaux, en cas de contestation, de fixer, dans les formes établies par la loi sur l'expropriation, le montant de l'indemnité due au propriétaire. (*Voyez* notamment l'arrêt du conseil du 31 août 1828.)

Il faut remarquer que l'arrêt de 1765 défend non-seulement de construire le long de la voie publique sans permission, mais encore de reconstruire ou réparer. Il en résulte que, dans le cas où un édifice doit être reculé, le préfet peut refuser au propriétaire la permission de le réparer, et s'il le fait, les réparations doivent être démolies et le contrevenant condamné à l'amende. Mais cette disposition n'est applicable qu'aux réparations faites au mur de façade, et nullement à celles qui n'auraient pour objet que de changer la disposition des pièces, sans augmenter la solidité du mur joignant la route.

§ VII. — *Ouverture des carrières sur les bords de la voie publique.*

La matière est encore régie par l'arrêt du conseil du 5 février 1772. En voici le texte :

« Art. 1ᵉʳ. Aucune carrière de pierre de taille, moëllon, grès et autres fouilles pour tirer de la marne, glaise ou sable, ne pourra être ouverte qu'à trente toises (soixante mètres) de distance du pied des arbres plantés au long des grandes routes, et ne pourront les entrepreneurs desdites carrières pousser aucune fouille ou galerie souterraine du côté desdites routes, à moins de trente toises de distance desdites plantations ou des bords extérieurs desdites routes, conformément aux dispositions de l'arrêt du conseil du 14 mars 1741 et de l'ordonnance du bureau des finances du 29 mars 1754, concernant la police générale des chemins.

» Art. 2. Les propriétaires ou entrepreneurs desdites carrières ne pourront ouvrir aucun passage entre les arbres et sur les fossés desdites routes royales , sans en avoir obtenu une permission expresse et par écrit du sieur commissaire du conseil, chargé de veiller à l'entretien desdites routes ; et ladite permission ne pourra leur être accordée que sur la soumission qu'ils donneront de se conformer aux articles suivans.

» Art. 3. Aux endroits qui auront été indiqués par lesdits sieurs commissaires pour former lesdits passages, le fossé sera comblé jusqu'à la hauteur des berges dans la largeur de douze pieds seulement, et par-dessus il sera fait un bout de pavé partant de la bordure du pavé du grand chemin , et avançant dans la campagne jusqu'à six pieds au-delà des arbres ; à l'extrémité dudit bout de pavé, il sera planté deux bornes de pierre, et sur le pavé, au milieu du fossé, il sera fait un cassis ou une pierrée ou aqueduc au-dessous, suivant l'exigence des cas, pour l'écoulement des eaux.

» Art. 4. Lesdits ouvrages seront construits et entretenus par les entrepreneurs des routes royales aux dépens des propriétaires et entrepreneurs des carrières voisines ; et ce, tant que lesdites carrières continueront d'être exploitées.

» Art. 5. Lesdits ouvrages seront payés aux entrepreneurs des routes par les propriétaires ou entrepreneurs desdites carrières, conformément aux devis et états de répartition qui auront été dressés pour lesdites constructions par les ingénieurs de S. M. et visés par lesdits sieurs commissaires ; et lesdits paiemens seront faits dans le délai d'un mois après que la réception desdits ouvrages aura été donnée par lesdits sieurs commissaires et ingénieurs.

» Art. 6. Défend S. M. à tous voituriers de pierres, moëllons, grès et autres matériaux provenant des carrières, de se frayer d'autres passages, pour aborder des grands chemins, que ceux qui auront été ainsi disposés pour leur usage, à peine de cinq cents livres d'amende et de confiscation desdits matériaux, desquelles amendes ils seront tenus solidairement avec les propriétaires et entrepreneurs desdites carrières ; comme aussi de toute dégradation arrivée par leur fait aux berges , fossés , plantations et accotement desdites routes..... »

Du reste, bien que les dispositions de cet arrêt soient fort sages, qu'elles n'aient été abrogées par aucun réglement postérieur, et qu'elles ne soient pas plus anciennes que d'autres qu'on invoque journellement, nous croyons qu'elles sont assez rarement appliquées.

§ VIII. — *Bornage , plantations de croix dans les carrefours, etc.*

Diverses circulaires prescrivent aux préfets de faire borner les routes de leurs départemens, c'est-à-dire de faire planter de deux mille en deux mille mètres des bornes numérotées indiquant la distance à un repère fixe. Pour les routes royales, le point de repère est Paris. Il serait bon d'étendre cette mesure aux routes départementales. En ce cas, le point de repère naturel serait un édifice remarquable du chef-lieu.

Outre les bornes dont nous venons de parler, il est prescrit d'en placer d'autres à la limite des départemens que les routes royales traversent et à celle de chaque canton de route. Elles sont là pour servir de guides aux voyageurs et faciliter le service des agens appelés à l'entretien et à la surveillance des routes.. Elles doivent être placées sur le côté de la route opposé à celui sur lequel sont établies les bornes kilométriques.

Cette mesure , qui a été prescrite en 1813, est aujourd'hui universelle.

L'ordonnance des eaux-et-forêts du 12 août 1669 prescrit de planter des poteaux indicateurs dans les carrefours des forêts, lorsque plusieurs grandes routes viennent s'y croiser. Cette mesure a , plus tard , été étendue à toutes les routes royales et départementales même hors des forêts. Voici le texte de l'ordonnance :

« Art. 6. Ordonnons que, dans les angles ou coins des places croisées triviaires et biviaires qui se rencontrent ès-grandes routes et chemins royaux des forêts, nos officiers des maîtrises feront incessamment planter des croix, poteaux ou pyramides à nos frais ès-bois qui nous appartiennent ; et, pour les autres, aux frais des villes plus voisines et intéressées, avec inscriptions et marques apparentes du lieu où chacun conduit, sans qu'il soit permis à aucunes personnes de rompre, emporter, lacérer ou biffer telles croix, poteaux, inscriptions et marques, à peine de trois cents livres d'amende et de punition exemplaire. »

§ IX. — *De l'entretien des routes.*

Notre but n'est pas d'examiner ici en détail les dispositions qui ont été prises par l'administration supérieure pour assurer l'entretien des routes. Nous nous bornerons à indiquer l'état de la législation sur cette importante question ; nous ferons connaître les réglemens qui ont été abrogés et ceux qui sont encore en vigueur, et ceux qui, sans avoir été formellement abrogés, sont tombés en désuétude.

Notre point de départ sera le décret de 1811 ; il contient neuf titres distincts ; mais le premier et les deux derniers n'ayant pas rapport à l'entretien des routes, nous n'en parlerons pas ici.

Le titre II est intitulé : *Des dépenses des routes;* il porte :

« Art. 5. Les routes impériales de première et de deuxième classe seront entièrement construites , reconstruites et entretenues aux frais de notre trésor impérial.

» Art. 6. Les frais de construction , de reconstruction et d'entretien des routes impériales de troisième classe seront supportés concurremment par notre trésor et par les départemens qu'elles traverseront.

» Art. 7. La construction , la reconstruction et l'entretien des routes départementales, demeurent à la charge des départemens, arrondissemens et communes, qui seront reconnues participer plus particulièrement à leur usage. »

Le titre III, intitulé : *De la manière de pourvoir à l'entretien des routes impériales ,* applique des sommes déterminées à l'entretien ; on doit le considérer comme abrogé. Depuis long-temps, cette somme est déterminée chaque année dans le budget. Quant à la distribution des fonds, elle se fait conformément au titre 1er de l'ordonnance du 10 mai 1829, que nous citons textuellement plus bas.

Le titre IV : *Des moyens de pourvoir aux réparations extraordinaires et à la confection des lacunes ou par les de route impériale à ouvrir ou à terminer*, doit aussi être considéré comme abrogé. Le budget statue chaque année sur cette question.

Le titre V : *Des routes départementales*, se subdivise en trois sections.

La première, qui ordonne la formation d'un état général des routes départementales, dans la session de 1812, est essentiellement transitoire.

La deuxième, *de la répartition des dépenses*, a été maintenue dans ses dispositions essentielles; elle porte :

« Qu'il sera statué sur la construction, la reconstruction, la plantation et l'entretien des routes départementales, par des réglemens d'administration publique, rendus pour chacune des dites routes;

» Que les conseils-généraux voteront les fonds nécessaires pour l'entretien et la construction des routes départementales, et qu'ils pourront demander à en ouvrir de nouvelles, lorsqu'ils en auront reconnu la nécessité. »

La troisième, *de l'exécution et de la surveillance des travaux*, porte en substance que les travaux de construction, de reconstruction et d'entretien des routes départementales, seront projetés, les devis faits, discutés et approuvés dans les formes et règles suivies pour les routes impériales, et que les travaux seront exécutés par les ingénieurs des ponts et chaussées.

Postérieurement à ce décret, le service des routes départementales fut séparé de la direction-générale des ponts-et-chaussées; mais il y a été réuni de nouveau par un arrêté du ministre de l'Intérieur, du 30 mai 1822.

Néanmoins, il a alloué aux ingénieurs des ponts et chaussées une indemnité, pour les frais auxquels peuvent les entraîner la surveillance des routes départementales. Cette indemnité a été fixée, par une circulaire du 12 juillet 1817, à 4 p. 100 sur le montant des dépenses faites jusqu'à 40,000 fr., 1 p. 100 sur ce qui excède cette somme.

Passons au titre VI; il est intitulé : *Du mode d'entretien des routes;* il est divisé en deux sections :

La première, *des adjudications*, est subdivisée en trois paragraphes :

Le premier, *règles générales des adjudications*, a été entièrement abrogé par l'ordonnance du 10 mai 1829, que nous rapportons plus bas.

Le second, *des adjudications des matériaux*, est encore assez souvent appliqué; on y déroge cependant quelquefois; il est ainsi conçu :

« Art. 33. Les baux, pour la fourniture des pavés, seront de six ans au moins; ceux pour l'entretien, le transport et le cassage des matériaux destinés à la réparation des routes non pavées, ne pourront être moindres d'une année, ni excéder trois années.

» Art. 34. Ces baux stipuleront une amende, payable au profit de l'État, du tiers de la valeur des pavés ou autres matériaux qui auraient dû être approvisionnés, et qui ne seraient point déposés, à l'époque fixée, sur la route; et ce, indépendamment du remplacement, aux frais de l'entrepreneur, de tous les matériaux non fournis.

» Art. 35. Avant de délivrer aucun mandat de paiement aux adjudicataires des matériaux, le préfet pourra faire vérifier, par tous les moyens qu'il jugera convenables, la réalité des quantités de matériaux annoncés comme fournis, d'après le certificat délivré à l'entrepreneur par l'ingénieur en chef. »

Le § 3e, *Des adjudications de l'emploi des matériaux et autres travaux d'entretien*, est en quelque sorte abrogé, car plusieurs décisions du ministre compétent et du directeur-général des ponts-et-chaussées portent que les travaux d'entretien seront à l'avenir exécutés par des cantonniers employés à poste fixe, et payés à l'année, et non plus par des adjudicataires.

Le mot abrogé, dont nous nous sommes servis, est peut-être inexact, parce qu'une décision ministérielle ne peut pas abroger un décret; mais, au moins, on ne peut pas nier que le paragraphe dont nous venons de donner le titre ne soit tombé en désuétude.

Nous ne rapportons pas ici le texte des diverses instructions du directeur-général des ponts et chaussées, sur l'entretien des routes, parce qu'elles ne sont pas encore suivies dans tous les départemens, et qu'il est d'ailleurs probable qu'elles ne tarderont pas à être refondues dans un règlement général, officiellement promulgué.

La seconde section du titre VI est intitulée *Des Cantonniers*.

Nous avons précédemment observé que le décret de 1811 applique cette dénomination à des adjudicataires payés à la tâche, tandis qu'elle désigne aujourd'hui des ouvriers salariés à l'année; mais, à part cette distinction, leurs fonctions sont les mêmes; le décret les désigne ainsi :

« Les cantonniers exécuteront leurs travaux sous la direction des ingénieurs des ponts et conducteurs des ponts-et-chaussées; ils seront chargés :

» *Pour les chaussées pavées :* 1° de relever et de remplacer chaque pavé enfoncé ou cassé; 2° de maintenir et reposer les pierres ou pavés de bordure; 3° de déblayer les boues amoncelées dans les flaques et bas-fonds; 4° de combler les ornières qui peuvent se faire entre les chaussées et les accotemens; 5° d'entretenir les accotemens unis et praticables en toutes saisons.

» *Pour les chaussées d'empierrement :* 1° d'employer les matériaux approvisionnés sur les routes; 2° de donner l'écoulement aux eaux pluviales ou autres; 3° de combler les ornières à mesure qu'elles se forment; 4° de rabattre les bourrelets des chaussées, régaler toutes les aspérités qu'elles présentent, et recouvrir en gravier ou pierrailles les flaques, creux ou sentiers qui s'y formeraient; 5° d'entretenir les accotemens, de manière qu'ils soient unis et praticables en toute saison; 6° de conserver les alignemens et la forme

tion des tas d'approvisionnemens, de telle manière que la vérification des ingénieurs puisse toujours en être sûre et facile. »

A ces obligations, les circulaires des 30 septembre 1826 et 17 juillet 1827, écrites à l'occasion de la loi du 12 mai 1825, que nous avons citée au § 5 de ce chapitre, ont ajouté celle de curer les fossés dés routes.

Il ne nous reste plus à parler que du titre VII du décret de 1811 ; il est relatif à la surveillance de l'entretien des routes ; il est divisé en deux sections :

La première, *De la surveillance de l'administration*, établit que les préfets, sous-préfets et maires sont chargés d'opérer une surveillance spéciale sur le bon état des routes de leurs départemens, arrondissemens et communes, sans pouvoir diriger eux-mêmes l'entretien.

La seconde, *Du service des ingénieurs*, charge spécialement les ingénieurs en chef et ordinaires de diriger par eux-mêmes, et par les conducteurs sous leurs ordres, l'exécution de l'emploi des matériaux, et autres travaux d'entretien des routes par les cantonniers.

Ces deux dispositions sont encore rigoureusement suivies.

Nous avons, en examinant le décret de 1811, indiqué celles de ses dispositions qui ont été abrogées par l'ordonnance du 10 mai 1829. Cette ordonnance étant fort importante, nous en donnons le texte :

TITRE Ier.

DISTRIBUTION DES FONDS.

« Art. 1er. Les fonds portés sur le budget du ministère de l'intérieur, section des ponts-et-chaussées, pour les travaux,

» 1°. Des routes royales et ponts,

» 2°. De navigation, bacs, canaux, quais,

» 3°. De ports maritimes de commerce,

» Seront divisés, dans chacun de ces trois chapitres, en deux catégories spéciales : l'une, concernant les travaux d'entretiens et de réparations ordinaires ; l'autre, les travaux neufs et de grosses réparations.

» Art. 2. La répartition par département et la sous-répartition dans chaque département, des fonds affectés aux travaux neufs et aux grosses réparations, continueront, comme par le passé, d'être réglées par le directeur-général des ponts-et-chaussées.

» Art. 3. Quant aux fonds affectés aux travaux d'entretiens et de réparations ordinaires, la répartition par département sera seule arrêtée par le directeur-général des ponts-et-chaussées ; et dans chaque département, la sous-répartition, suivant les besoins particuliers, sera faite dans un conseil local présidé par le préfet, et composé de l'inspecteur divisionnaire, de l'ingénieur en chef, et de deux membres du conseil-général du département que désignera, chaque année, notre ministre secrétaire-d'état de l'intérieur.

» Les ingénieurs ordinaires seront admis dans ce conseil, mais seulement avec voix consultative.

» La sous-répartition ainsi arrêtée sera définitive. Une copie en sera transmise au directeur-général des ponts-et-chaussées.

TITRE II.

APPROBATION DES PROJETS, EXÉCUTION DES TRAVAUX.

» Art. 4. Les travaux d'entretien et de réparation ordinaires dépendant de l'administration des ponts-et-chaussées seront exécutés dans chaque département sous la direction des ingénieurs et sous l'autorité du préfet.

» En conséquence, pour cette partie du service, le préfet approuvera les projets, passera les adjudications, et l'administration centrale n'aura plus à exercer qu'une haute surveillance.

» Ces travaux resteront soumis néanmoins à toutes les formes établies pour la comptabilité de l'administration des ponts-et-chaussées.

» Le compte en sera présenté chaque année par le préfet au conseil local, et une copie de ce compte avec le procès-verbal de la délibération dont il aura été l'objet, sera transmise au directeur-général des ponts-et-chaussées.

» Art. 5. Le préfet pourra désigner un certain nombre de commissaires-voyers qui seront chargés de concourir avec les ingénieurs et les autres agens des ponts-et-chaussées à la surveillance des travaux d'entretien de route.

» Art. 6. Les fonctions des commissaires-voyers seront gratuites.

» Des instructions particulières de la direction générale régleront les attributions de ces commissaires et leurs rapports avec les ingénieurs, conducteurs et autres agens des ponts-et-chaussées.

» Art. 7. Les projets de travaux neufs et de grosses réparations seront, comme par le passé, soumis à l'approbation du directeur-général des ponts-et-chaussées ; mais, lorsque l'estimation n'excédera pas 5,000 fr., ils pourront être adjugés immédiatement par le préfet, sur la proposition de l'ingénieur en chef. Toutefois, l'exécution n'en pourra avoir lieu qu'autant que les fonds auront été crédités.

» Art. 8. A l'avenir, aucune route nouvelle au compte de l'État, aucun pont d'un grand débouché, aucun ouvrage neuf d'une grande dimension sur le bord d'un torrent ou d'une rivière, ou dans un port maritime de commerce, ne sera entrepris, sans que la proposition en ait été préalablement soumise à des enquêtes dont les formes seront déterminées, dans chaque cas particulier, suivant l'importance des travaux et leur influence probable.

» Il sera statué par une ordonnance spéciale sur la forme des enquêtes qui devront précéder toutes entreprises de canal ou de navigation.

TITRE III.

FORMES A SUIVRE DANS L'ADJUDICATION DES TRAVAUX.

» Art. 9. Les adjudications relatives aux travaux dépendans de l'administration des ponts-et-chaussées auront lieu à l'avenir sur un seul concours et par voie de soumissions cachetées.

» Le délai du concours sera au moins d'un mois. Toutefois il pourra être réduit dans le cas d'urgence et avec l'autorisation du directeur-général des ponts-et-chaussées.

» Art. 10. Nul ne sera admis à concourir, s'il n'a les qualités requises pour entreprendre les travaux et en garantir le succès : à cet effet, chaque concurrent sera tenu de fournir un certificat constatant sa capacité, et de présenter un acte régulier ou au moins une promesse valable de cautionnement. Ce certificat et cet acte ou cette promesse seront joints à la soumission ; mais celle-ci sera placée sous un second cachet.

» Il ne sera pas exigé de certificat de capacité pour la fourniture des matériaux destinés à l'entretien des routes, ni pour les travaux de terrassement dont l'estimation ne s'élèvera pas à plus de quinze mille francs.

» Art. 11. Les paquets seront reçus cachetés par le préfet, le conseil de préfecture assemblé, en présence de l'ingénieur en chef.

» Ils seront immédiatement rangés sur le bureau, et recevront un numéro dans l'ordre de leur présentation.

» Art. 12. A l'instant fixé pour l'ouverture des paquets, le premier cachet sera rompu publiquement, et il sera dressé un état des pièces contenues sous ce premier cachet. L'état dressé, les concurrens se retireront dans la salle de l'adjudication, et le préfet, après avoir consulté les membres du conseil de préfecture et l'ingénieur en chef, arrêtera la liste de concurrens agréés.

» Art. 13. Immédiatement après, la séance redeviendra publique ; le préfet annoncera sa décision ; les soumissions seront alors ouvertes publiquement, et le soumissionnaire qui aura fait l'offre d'exécuter les travaux aux conditions les plus avantageuses, sera déclaré adjudicataire.

» Art. 14. Néanmoins, si les prix de la soumission excédaient ceux du projet approuvé, le préfet surseoirait à l'adjudication ; il en rendrait compte au directeur-général des ponts-et-chaussées, qui lui transmettrait des instructions conformes aux circonstances.

» Art. 15 Lorsqu'un certificat de capacité n'aura pas été admis, la soumission qui l'accompagnera ne sera pas ouverte.

» Art. 16. Toute soumission qui ne sera pas exactement conforme au modèle adopté, sera réputée nulle et non-avenue.

» Art. 17. Il sera dressé pour chaque adjudication un procès-verbal de toutes les opérations ci-dessus indiquées.

» Une copie de ce procès-verbal sera transmise immédiatement, avec les pièces qui devront l'accompagner, au directeur-général des ponts-et-chaussées, dont l'approbation sera nécessaire pour rendre l'adjudication valable et définitive.

» Toutefois, ainsi qu'il a été dit ci-dessus, les adjudications relatives aux travaux d'entretien et de réparation ordinaires deviendront valables et définitives par la seule approbation du préfet.

» Art. 18. Nonobstant les dispositions qui précèdent et lorsque la dépense des travaux n'excédera pas cinq mille francs, le préfet pourra, dans les cas urgens, recevoir des soumissions isolées et sans concours.

» Art. 19. Dans certaines circonstances, et lorsqu'il ne s'agira que des travaux d'entretien ou des réparations ordinaires, ou des travaux neufs dont la dépense n'excédera pas quinze mille francs, le préfet pourra déléguer au sous-préfet la faculté de passer l'adjudication au chef-lieu de la sous-préfecture. Le sous-préfet suivra les formes et les dispositions ci-dessus indiquées : il sera assisté du maire de la sous-préfecture, de deux membres du conseil d'arrondissement et d'un ingénieur ordinaire.

» Art. 20. Le montant du cautionnement n'excédera pas le trentième de l'estimation des travaux, déduction faite de toutes les sommes portées à valoir pour cas imprévus, indemnités de terrains, ouvrages en régie.

» Ce cautionnement sera mobilier ou immobilier, à la volonté des soumissionnaires. Les valeurs mobilières ne pourront être que des effets ayant cours sur la place. »

§ X. — *De la voirie. Du contentieux en matière de grandes routes.*

La loi du 7 septembre 1790 avait attribué la police des routes aux juges ordinaires ; mais bientôt les contraventions aux réglemens se multiplièrent avec excès, et les formes lentes de notre procédure rendirent les poursuites contre les délinquans, rares et peu actives.

C'est alors que le gouvernement sentit la nécessité d'attribuer la connaissance du contentieux, en matière de grandes routes, à des tribunaux d'exception, et il choisit *les conseils de préfecture*, qui, placés près du chef de l'administration, sont facilement éclairés par lui, et peuvent, en outre, rendre une justice rapide, efficace et peu coûteuse.

La loi du 28 pluviôse an VIII porte :

« Art. 3. Le préfet sera seul chargé de l'administration.

» Art. 4, § V. Le conseil de préfecture prononcera sur les difficultés qui pourront s'élever en matière de grande voirie. »

Ces deux dispositions, considérées dans leurs rapports avec la police des routes, étaient très-vagues ; la loi rendue le 29 floréal an X, sur les contraventions en matière de grande voirie, dissipa tous les doutes qui pouvaient rester sur l'application de la loi de l'an VIII ; en voici le texte :

« Art. 1er. Les contraventions, en matière de grande voirie, telles qu'anticipations, dépôts de fumiers ou d'autres objets, et toutes espèces de détériorations commises sur des grandes routes, sur les arbres qui les bordent, sur les fossés, ouvrages d'art, et matériaux destinés à leur entretien, sur des canaux, fleuves et rivières navigables, leurs chemins de hâlage, francs-bords, fossés et ouvrages d'art, seront constatés, réprimés et poursuivis par voie admininistrative.

» Art. 2. Les contraventions seront constatées concurremment par les maires ou adjoints, les ingénieurs des ponts-et-chaussées, leurs conducteurs, les agens de la navigation, les commissaires de police, et par la gendarmerie ; à cet effet, ceux des fonctionnaires publics ci-dessus désignés, qui n'ont pas prêté serment en justice, le prêteront devant le préfet.

» Art. 3. Les procès-verbaux, sur les contraventions, seront adressés au sous-préfet, qui ordonnera par provision, et sans le recours au préfet, ce que de droit, pour faire cesser les dommages.

» Art. 4. Il sera statué définitivement en conseil de préfecture; les arrêtés seront exécutés sans *visa* ni mandement des tribunaux, nonobstant et sauf tout recours, et les individus condamnés seront contraints, par l'envoi de garnisaires et saisie de meubles, en vertu desdits arrêtés, qui seront exécutoires et emporteront hypothèque. »

Ces dispositions ont été étendues, expliquées et modifiées par le titre IX du décret de 1811; en voici le texte :

« Art. 112. A dater de la publication du présent décret, les cantonniers, gendarmes, gardes-champêtres, conducteurs des ponts-et-chaussées, et autres agens appelés à la surveillance de la police des routes, pourront affirmer leurs procès-verbaux de contraventions ou de délits devant le maire ou l'adjoint du lieu.

» Art. 113. Ces procès-verbaux seront adjugés au sous-préfet, qui ordonnera sur-le-champ, aux termes des art. 3 et 4 de la loi du 29 floréal an X, la réparation des délits par les délinquans, ou à leur charge s'il s'agit de dégradations, dépôts de fumiers, immondices ou autres substances, et en rendra compte au préfet, en lui adressant les procès-verbaux.

» Art. 114. Il sera statué sans délai, par les conseils de préfecture, tant sur les oppositions qui auraient été formées par les délinquans, que sur les amendes encourues par eux, nonobstant la réparation du dommage.

» Seront en outre renvoyés à la connaissance des tribunaux, les violences, vols de matériaux, voies de fait ou réparation de dommages réclamés par des particuliers.

» Art. 115. Un tiers des amendes de grande voirie appartiendra à l'agent qui aura constaté le délit, le deuxième tiers à la commune du lieu du délit, et le troisième tiers sera versé, comme fonds spécial, à notre trésor impérial, et affecté au secours des ponts et chaussées. »

L'art. 116 était relatif au recouvrement des amendes en matière de grande voirie; il a été abrogé par le décret du 29 août 1813, ainsi conçu :

« Art. 1er. Le recouvrement des amendes, en matière de grande voirie, sera fait par les préposés de l'enregistrement et des domaines.

» Art. 2. Le montant du recouvrement de ces amendes, sous la déduction de la remise des receveurs, et des frais tombés en non valeur, sera versé, d'une manière distincte, dans la caisse du receveur-général, qui en comptera ainsi, et de la manière prescrite par le décret du 16 décembre 1813. »

Tel est l'état de la législation sur la police des routes. Nous allons l'examiner sous tous ses aspects.

Art. Ier. *De la compétence.*

Les questions de voirie dont nous nous occupons peuvent être portées devant trois autorités différentes :

L'autorité administrative proprement dite;

Les tribunaux administratifs;

Les tribunaux judiciaires.

On se trompe souvent sur les limites de la compétence de chacune d'elles; nous allons essayer de les établir :

No 1er. *Compétence de l'autorité administrative.*

L'administration des routes est remise, par des délégations successives, entre les mains du ministre, du directeur-général des ponts-et-chaussées, du préfet et du sous-préfet. — Les décisions de chacun d'eux ne peuvent être attaquées que devant l'autorité immédiatement supérieure.—Pour les décisions du ministre, il y a recours au conseil d'État.

Tous les agens, quel que soit le rang qu'ils occupent, sont exclusivement chargés d'administrer; ils ne peuvent pas *juger*. Toutes les fois qu'une affaire devient contentieuse, ils doivent la renvoyer devant les tribunaux administratifs ou judiciaires, suivant le cas.

Si une contravention, en matière de grande voirie, est commise, et que cette contravention nécessite une mesure d'administration et une procédure, ils doivent ordonner la mesure d'administration, et saisir les juges compétens de la procédure.

Nous allons en citer plusieurs exemples :

Une anticipation a été commise sur la grande route; un procès-verbal constate le fait, et l'attribue à un individu désigné.

Aussitôt que le sous-préfet a pris connaissance du procès-verbal, il doit ordonner que les lieux soient remis en état. En effet, une anticipation est nuisible au bon état des routes, que le sous-préfet doit surveiller, à l'intérêt public, qu'il doit protéger. En ordonnant que les effets de l'anticipation cessent, il fait acte d'administrateur, et rien de plus.

Mais il ne peut pas *condamner* le délinquant à réparer le dommage; il ne peut que l'y *inviter*, le prévenant que s'il n'obtempère pas à l'invitation qui lui est faite, le dommage sera réparé par des ouvriers du choix de l'administration, sauf plus tard au conseil de préfecture à mettre les frais à la charge de qui de droit, à plus forte raison le sous-préfet ne peut pas frapper le délinquant d'une amende.

Prenons un autre exemple : supposons qu'un propriétaire ait fait abattre, sans permission, des arbres plantés sur son terrain, le long de la route. Le préfet *ordonnera* que les arbres soient immédiatement remplacés par le propriétaire, ou à ses frais, parce que le décret de 1811 met la plantation des bords de la route au nombre des servitudes imposées aux riverains, et statue que l'administration la fera exécuter. Mais le préfet ne pourra pas frapper le contrevenant d'une amende, pour avoir fait abattre les arbres sans permission; l'affaire étant contentieuse, est du ressort des conseils de préfecture.

Si, au contraire, le propriétaire avait fait planter, sans permission, des arbres trop voisins l'un de l'autre, qu'ils formassent rideau, et nuisissent ainsi au bon état de la route, le préfet devrait faire arracher les arbres, et le conseil de préfecture prononcer l'amende.

Jamais les conseils de préfecture ne peuvent réformer l'arrêté d'un préfet; cette faculté n'est accordée qu'à l'autorité supérieure, et, en dernier ressort, au conseil d'Etat.

Supposons, par exemple, que des arbres nuisent au bon état de la route, que le préfet les fasse arracher, sur le rapport de l'ingénieur, et fasse traduire le propriétaire devant le conseil de préfecture, alléguant que les arbres ont été plantés sans permission; que le propriétaire prouve, au contraire, que la permission a été accordée.

Le conseil de préfecture ne pourra pas ordonner que les arbres soient remplacés ou maintenus, s'ils n'ont pas encore été arrachés, car en décidant ainsi, il prendrait une mesure d'administration que le préfet a jugé être nuisible à l'intérêt public; mais il peut adjuger des dommages-intérêts au propriétaire.

Ce qui précède suffit pour faire comprendre où finit la compétence de l'administration et où commence celle des tribunaux; nous allons maintenant dire un mot sur les attributions de chacun des agens de l'administration.

Les maires, les ingénieurs, et tous les agens placés sous leurs ordres, ne peuvent que constater les contraventions; ils ne sont pas chargés de les réprimer.

Les sous-préfets doivent faire réparer les délits, aux termes de l'art. 118 du décret de 1811, lorsqu'il s'agit de *dégradations, dépôts de fumiers, immondices ou autres substances.*

Enfin les préfets peuvent, lorsqu'il y a urgence, faire remettre les lieux en état, quelle que soit la nature des travaux à effectuer.

Hors le cas d'urgence, et ceux prévus par le décret de 1811, ils doivent consulter le ministre. Nous n'avons pas besoin de dire que les réparations qui peuvent être ordonnées par le sous-préfet peuvent l'être à plus forte raison par le préfet.

N° 2. *Compétence des tribunaux administratifs.*

Ces tribunaux sont : en première instance, le conseil de préfecture; et, en dernier ressort, le Conseil-d'Etat.

Les conseils de préfecture doivent juger conformément aux lois et réglemens, sur le vu des procès-verbaux et des arrêtés pris dans l'espèce par le préfet.

Ces conseils étant des tribunaux d'exception ne peuvent connaître que des contraventions qu'une loi formelle met dans leur domaine.

Ainsi ils prononceront, conformément à la loi de l'an X et au décret de 1811, sur toutes les contraventions en matière de grande voirie. Ces contraventions ne sont punissables que de peines pécuniaires. De plus, les conseils de préfecture remplissent, dans l'espèce, la double fonction de tribunaux de police et de tribunaux civils; ils doivent condamner les contrevenans à l'amende et adjuger des dommages-intérêts à l'Etat.

Si la contravention a été accompagnée d'un délit ou d'un crime, le conseil de préfecture connaîtra de la contravention, et le délit ou le crime sera jugé par le tribunal correctionnel ou la cour d'assises. C'est ce qui aurait lieu, par exemple, si un riverain, après avoir commis une anticipation sur la route, avait volé les matériaux qui s'y trouvaient déposés, ou s'était, plus tard, opposé par des voies de fait à la réparation du dégât ordonnée par l'administration.

Si enfin il a été fait œuvre sur la voie publique, mais que l'acte ait le caractère d'un délit ou d'un crime, les conseils de préfecture seront incompétens, et l'affaire devra être portée devant les tribunaux ordinaires. C'est ce qui aurait lieu pour l'individu qui aurait détruit, renversé ou incendié des édifices, des ponts ou des chaussées appartenant à l'Etat. En pareil cas, les tribunaux judiciaires devraient prononcer à la fois sur la peine et sur les dommages-intérêts.

Enfin les conseils de préfecture ne peuvent jamais prononcer sur les questions de propriété ou de servitude incidemment soulevées à propos d'une contravention.

Ainsi supposons qu'un particulier voulût justifier une anticipation commise par lui sur la voie publique, en alléguant qu'il est propriétaire du terrain sur lequel l'anticipation a été commise, le conseil devrait le condamner :

1°. A l'amende pour avoir fait œuvre sur la voie publique sans s'y être fait autoriser.

2°. A des dommages-intérêts pour avoir troublé le public dans la jouissance de sa route et l'Etat dans sa possession.

3°. Le contrevenant devrait être renvoyé devant les tribunaux ordinaires pour revendiquer la propriété de la partie du sol de la route qu'il dit lui appartenir.

Supposons encore qu'il existe dans le champ d'un riverain un puisard reconnu nécessaire à l'assainissement de la voie publique, et que celui-ci l'ait fait combler, le préfet devra le faire rétablir; le conseil de préfecture pourra même, dans certains cas, condamner le contrevenant à l'amende et à des dommages-intérêts, sauf à celui-ci à réclamer une indemnité devant les tribunaux ordinaires, s'il pense que le maintien du puisard est une servitude nouvelle créée sur son champ.

N° 3. — *Compétence des tribunaux ordinaires.*

Nous n'avons rien à dire sur les tribunaux correctionnels et criminels. Ils doivent prononcer dans la forme ordinaire sur les délits et les crimes en matière de grande voirie.

Mais il y a une observation essentielle à faire sur la compétence des tribunaux civils. L'alignement déterminé par l'administration réunit de plein droit à la voie publique le terrain qui en fait partie, et résout le droit de propriété en un droit à une indemnité. Les tribunaux ne peuvent donc, dans aucun cas, ordonner la restitution du terrain, mais ils doivent évaluer l'indemnité à laquelle le propriétaire a droit, et condamner l'Etat à la lui payer.

La même observation s'applique au cas où une servitude aurait été établie sur un héritage voisin de la route, dans un but d'utilité pour la voie publique. Les tribunaux ne pourraient pas connaître du fait de l'établissement de la servitude, mais seulement de l'indemnité due au propriétaire à raison de ce fait.

Art. 2. — Des contraventions, des peines et des dommages-intérêts.

Des dommages-intérêts.

Lorsque des dégradations, ou d'autres actes contraires aux lois et aux réglemens, ont été commis sur la voie publique, les auteurs de ces dégradations doivent être condamnés à les réparer et à supporter toutes les dépenses qu'elles ont nécessitées.

Des peines. — *Anticipation, dégradation sur le sol de la route, les fossés et les marais.*

Art. 1er. Quiconque aura anticipé sur la voie publique, ou en aura dégradé le sol, sera puni d'une amende. (*Décret de* 1811, art. 114. La détermination de l'amende est abandonnée au conseil de préfecture.)

Art. 2. Quiconque aura, en tout ou en partie, comblé des fossés, détruit des clôtures, de quelques matériaux qu'elles soient faites, coupé ou arraché des haies vives ou sèches........, sera puni d'un emprisonnement qui ne pourra être au-dessous d'un mois, ni excéder une année, et d'une amende égale au quart des restitutions et des dommages-intérêts, qui, dans aucun cas, ne pourra être au-dessous de cinquante francs. (*Code pénal*, art. 456.)

Des dépôts et embarras sur la voie publique.

Art. 3. Seront punis d'amende, depuis 1 franc jusqu'à 5 francs inclusivement, ceux qui auront embarrassé la voie publique, en y déposant ou y laissant, sans nécessité, des matériaux ou des choses quelconques qui empêchent ou diminuent la liberté ou la sûreté du passage; ceux qui, en contravention aux lois et réglemens, auront négligé d'éclairer les matériaux par eux entreposés, ou les excavations par eux faites dans les rues et places. (*Code pénal*, art. 471, 4°.)

Dégradation commise sur les arbres qui bordent les grandes routes.

Art. 4. Tout propriétaire qui sera reconnu avoir coupé, sans autorisation, arraché ou fait périr les arbres plantés sur son terrain, sera condamné à une amende égale à la triple valeur de l'arbre détruit. (*Décret de* 1811, art. 101.)

Art. 5. Les particuliers ne pourront procéder à l'élagage des arbres qui leur appartiendraient sur les grandes routes qu'aux époques et suivant les indications contenues dans l'arrêté du préfet, et toujours sous la surveillance des agens des ponts-et-chaussées, sous peine de poursuites comme coupables de dommages causés aux plantations des routes. (*Décret de* 1811, art. 105.)

Art. 6. Il n'existe point de disposition spéciale contre les particuliers qui abattent ou dégradent des arbres appartenant à l'Etat, ou ceux qui sont plantés le long de la route sur le terrain d'un autre propriétaire; il faut alors se conformer au Code pénal; il contient les dispositions suivantes :

« Quiconque aura abattu un ou plusieurs arbres qu'il savait appartenir à autrui sera puni d'un emprisonnement qui ne sera pas au-dessous de six jours, ni au-dessus de six mois, à raison de chaque arbre, sans que la totalité puisse excéder cinq ans. (Art. 445.)

» Les peines seront les mêmes à raison de chaque arbre mutilé ou écorcé de manière à le faire périr. (Art. 448.) »

Des constructions faites sans avoir obtenu d'alignement.

Art. 7. Il est défendu à tous particuliers de construire, reconstruire ou réparer aucun édifice, poser échoppes ou choses saillantes le long des routes, sans avoir obtenu un alignement et une permission, à peine de démolition des ouvrages, confiscation des matériaux et de trois cents francs d'amende; et contre les maçons, charpentiers et ouvriers, de pareille amende, et même de plus grande peine en cas de récidive. (*Arrêt du Conseil de* 1765, encore en vigueur.)

Il résulte, de divers arrêts du Conseil-d'Etat, que, lorsqu'un particulier a ajouté à un bâtiment existant des constructions, ou qu'il lui a fait des réparations contraires aux réglemens, on ne doit ordonner que la démolition des ouvrages construits en contravention à ce réglement.

Lorsqu'un particulier a fait, sans permission, des constructions qui auraient pu être autorisées, l'administration n'exige ordinairement pas la démolition des ouvrages, mais le contrevenant doit être puni de l'amende.

Des dégradations commises sur les poteaux placés aux carrefours des grandes routes.

Art. 8. L'amende doit être de trois cents francs, aux termes de l'art. 6 de l'ordonnance des eaux-et-forêts de 1669, pour les routes qui traversent les forêts. Les réglemens se taisent pour les autres cas.

Le nouveau Code forestier ne contenant aucune disposition relative à cette question, nous pensons que l'ordonnance de 1669 doit toujours être appliquée.

CHAPITRE V.

DES CHEMINS VICINAUX ET DES CHEMINS DE TRAVERSE.

§ Ier. — *Définition, classement, déclaration de vicinalité.*

Nous avons emprunté la dénomination de *chemins vicinaux* au droit romain ; mais les Romains confondaient sous ce nom commun les chemins que nous appelons vicinaux et ceux de traverse ; ils les définissaient ainsi : *Vicinales sunt viæ, quæ in vicis sunt, vel quæ in vicos ducunt.*

En France, on appelle *chemins vicinaux* ceux qui sont habituellement fréquentés par les habitans d'une ou de plusieurs communes, et *chemins de traverse* ceux qui ne servent guère qu'à un petit nombre de propriétaires voisins.

Cette différence repose, non pas sur la destination primitive des chemins, car les uns comme les autres sont destinés à un usage public, mais sur un fait accidentel. Si, par suite de circonstances locales, le fait vient à changer, les chemins doivent être déclassés.

La loi du 28 juillet 1824, la dernière de celles qui ont été rendues sur les chemins vicinaux, attribue au préfet le droit de reconnaître la vicinalité sur une délibération du conseil municipal.

Mais il faut bien comprendre que la vicinalité résulte non pas de l'arrêté du préfet, mais du fait de la plus ou moins grande fréquentation du chemin. Le préfet ne fait ici que *certifier, constater, reconnaître,* suivant l'expression de la loi.

Voilà pourquoi le Conseil-d'Etat et les tribunaux admettent que les arrêtés de vicinalité ont un effet rétroactif, et que, lorsqu'une contestation s'élève sur une question de petite voirie, il suffit que le chemin soit déclaré vicinal lors de l'examen de la contestation. Les tribunaux peuvent même, avant de faire droit, ordonner que le préfet sera consulté sur la vicinalité.

L'arrêté du préfet, rendu dans l'espèce, ne préjuge jamais les questions de propriété qui pourraient être soulevées par les riverains. Ainsi, après qu'un chemin a été déclaré vicinal, les particuliers peuvent réclamer devant les tribunaux la propriété de tout ou partie du sol ; seulement leurs droits de propriété sont commués par l'arrêté du préfet en un droit d'indemnité.

Les lois et les réglemens se taisent sur les chemins de traverse. L'intention du législateur a probablement été de mettre leur entretien à la charge du petit nombre de propriétaires qui en font un usage fréquent. Nous n'avons rien de spécial à en dire.

La loi dit que la vicinalité sera déclarée par un arrêté du préfet rendu sur une délibération du conseil municipal, mais elle n'attribue à personne le droit exclusif de provoquer cette déclaration. Il faut donc admettre qu'on rentre ici dans le droit commun, et que tous les intéressés pris individuellement ou collectivement ont le droit de solliciter cette mesure d'administration.

§ II. — *De la largeur des chemins vicinaux.*

L'art. 6 de la loi du 9 ventôse an XIII attribue à l'administration publique le droit de fixer la largeur des chemins vicinaux. En voici le texte :

« L'administration publique fera rechercher et reconnaître les anciennes limites des chemins vicinaux, et fixera, d'après cette reconnaissance, leur largeur, suivant les localités, sans pouvoir cependant, lorsqu'il sera nécessaire de l'augmenter, la porter au-delà de six mètres, ni faire aucun changement aux chemins vicinaux qui excèdent actuellement cette dimension. »

Nous ferons sur cet article deux remarques essentielles :

Le vague des mots *administration publique* a donné lieu à quelques doutes. On a cru pendant quelque temps que ces mots désignaient les conseils de préfecture, mais le Conseil-d'Etat a formellement décidé que la fixation de la largeur des chemins vicinaux était un acte purement administratif qui ne pouvait être attribué qu'aux préfets.

La loi du 28 juillet 1824 confirme cette jurisprudence, car son art. 1er confère aux préfets le droit de faire des actes tout-à-fait analogues à celui dont il est ici question.

En second lieu, la loi de l'an XIII défend de rien changer aux chemins vicinaux qui avaient plus de six mètres de largeur à l'époque de la promulgation de la loi. Pour comprendre cette disposition, il faut savoir que la largeur légale des chemins vicinaux avait jusqu'alors été réglée conformément à l'arrêt du Conseil-d'Etat du 6 février 1776, qui les désignait sous le nom de chemins particuliers, et fixait leur largeur à vingt-quatre pieds, c'est-à-dire à près de huit mètres. Nous croyons que la loi de l'an XIII a pour but de défendre à l'administration de diminuer cette largeur légale sur les chemins qui l'avaient conservée. Mais le surplus doit en être retranché conformément aux anciens réglemens, et considéré comme terrain vague.

§ III. — *Des fossés.*

Nous ne connaissons aucune loi, aucun règlement sur la propriété, le mode d'établissement et d'entretien des fossés des chemins vicinaux. Il est donc nécessaire de suivre la règle générale.

Si la commune ou les propriétaires riverains ont intérêt à l'établissement d'un fossé, la partie intéressée pourra le faire ouvrir sur son terrain, en se conformant toutefois aux réglemens ou usages locaux qui n'ont point été abrogés par le Code civil.

La commune ne pourra point obliger les propriétaires à en creuser un à frais communs et réciproquement; il faudra pour cela qu'il y ait consentement des deux parties.

Si le fossé est établi et que la propriété en soit contestée, on décidera la question conformément aux règles posées par le Code civil ; règles que nous avons exposées et discutées en parlant des fossés des grandes routes.

Le fossé devra *être curé* par le propriétaire, et à frais communs dans le cas de mitoyenneté.

§ IV. — *Des arbres et des bois qui bordent les chemins vicinaux.*

Le droit de plantation sur les chemins vicinaux ou dans leur voisinage, la propriété des arbres et des haies qui y sont plantés, ne sont régis par aucune loi formelle. Celle du 9 ventôse an XIII est la seule qui ait parlé de cette matière, et elle ne contient que la disposition dont voici le texte :

« Art. 7. A l'avenir nul ne pourra planter sur le bord des chemins vicinaux, même dans sa propriété, sans leur conserver la largeur qui leur aura été fixée en exécution de l'article précédent. »

On tire de là les conséquences suivantes :

1°. Aussitôt que la largeur d'un chemin vicinal a été fixée par l'autorité compétente, les riverains peuvent planter sur leur propriété sans aucune formalité, pourvu qu'ils ne commettent pas d'empiétemens.

2°. La loi n'accorde spécialement à personne le droit de planter sur le sol du chemin. L'administration peut donc conférer, dans chaque cas particulier, ce droit à qui bon lui semble. Elle l'abandonne ordinairement aux communes.

3°. Les propriétaires des arbres plantés sur les bords des chemins vicinaux peuvent les faire élaguer, abattre et remplacer, sans consulter l'administration des ponts-et-chaussées. Ils ne sont soumis qu'aux réglemens forestiers ordinaires.

4°. Les arbres plantés de temps immémorial sur le sol des chemins vicinaux, et de la propriété desquels personne ne peut justifier, appartiennent à l'Etat; mais celui-ci en accorde ordinairement la jouissance absolue aux communes.

5°. Chacun peut faire valoir ses droits sur les haies et les arbres plantés le long des chemins vicinaux, en se conformant aux règles générales établies par le Code civil, règles que nous avons fait connaître en traitant des grandes routes.

§ V. — *Des murs, des alignemens.*

Il est de droit naturel que les particuliers qui veulent construire le long des chemins vicinaux soient tenus de ne pas anticiper sur la voie publique, sous peine d'être condamnés à l'amende et à la démolition des ouvrages. Mais aucun réglement ne les oblige à se pourvoir d'une permission spéciale. Nous devons cependant

dire que la jurisprudence du Conseil-d'Etat sur cette question a plusieurs fois varié; nous connaissons deux arrêts dans lesquels il a décidé qu'on ne pouvait pas bâtir sur les rues des bourgs et villages sans avoir obtenu un alignement du maire.

Le premier est du 3 juin 1818. Il renferme un considérant ainsi conçu :

« Considérant qu'aux termes des réglemens sur la voirie urbaine, c'est aux maires qu'il appartient de *donner et de faire exécuter* les alignemens dans les rues des villes, bourgs et villages qui ne sont pas routes royales ou départementales, sauf tout recours devant le Conseil-d'Etat. »

Le deuxième est du 4 mai 1826. Voici l'un des considérans et l'une des dispositions :

« Considérant.... que l'alignement dépendait de la petite voirie et n'aurait pu être donné que par le maire de S..., sauf recours devant l'administration supérieure....

» Le sieur L.... se retirera devant le maire de S.... pour demander l'alignement à suivre sur la Rue-Basse; il effectuera le reculement qui lui sera prescrit. »

Le premier de ces deux arrêts est doublement remarquable en ce qu'il était question, dans l'espèce, d'une construction faite sur un *chemin vicinal;* et que le Conseil-d'Etat a prononcé comme pour une rue, assimilant ainsi ces deux espèces de voies publiques.

Essayons d'expliquer comment, en l'absence de réglemens spéciaux, le Conseil-d'Etat a pu adopter une jurisprudence pareille.

Les lois du 14 décembre 1789 et celles du 24 août 1790 chargent les corps municipaux de la police des rues et chemins ; il est donc bien certain que si quelqu'un a le droit de donner un alignement en matière de petite voirie, ce ne peut-être que le maire qui, par la loi du 28 pluviôse an VIII, est seul chargé de l'administration de la commune.

Toute la question se réduit donc à savoir si ce droit appartient à quelqu'un. Or, la loi du 16 septembre 1807 s'exprime ainsi :

« Art. 52. Dans les villes, les alignemens pour l'ouverture des nouvelles rues, pour l'élargissement des anciennes qui ne font point partie d'une grande route, ou pour tout autre objet d'utilité publique, seront donnés par les maires conformément au plan dont les projets auront été adressés aux préfets, transmis avec leur avis au ministre de l'intérieur, et arrêtés en Conseil-d'Etat.

» En cas de réclamation de tiers intéressés, il sera de même statué en Conseil-d'Etat, sur le rapport du ministre de l'intérieur. »

Remarquons d'abord que cet article n'est relatif qu'aux rues des *villes.* Pour arriver à la jurisprudence actuelle, il a donc fallu : en premier lieu que le Conseil-d'Etat étendît la disposition aux rues des bourgs et des villages; ensuite qu'il admît que les chemins vicinaux obéissent au régime établi pour les rues.

Il faut ensuite observer que la loi n'autorise les maires à donner les alignemens qu'en vertu d'un plan arrêté en Conseil-d'Etat, et on ne dit dans aucune des deux ordonnances citées par nous que cette formalité eût été remplie.

Nous reconnaissons qu'il est à la fois utile et convenable que les maires puissent donner des alignemens, sauf recours à l'autorité supérieure. Mais nous voudrions que ce droit leur fût accordé par une loi ou par des réglemens rendus en vertu d'une loi. Car l'extension donnée par le Conseil-d'Etat à la loi de 1807 nous paraît excéder les bornes dans lesquelles l'*administration* devrait se renfermer.

§ VI. — *Ouverture et entretien des chemins vicinaux.*

Lorsque la corvée eut été abolie, la loi du 6 octobre 1791 mit l'entretien des chemins vicinaux à la charge des communes dont ils traversaient le territoire. Des lois postérieures décidèrent que les frais seraient couverts à l'aide des ressources ordinaires de chaque commune; mais l'insuffisance de ces faibles moyens devint bientôt manifeste, et un arrêté du gouvernement du 4 thermidor an X autorisa à y suppléer à l'*aide de la prestation en nature.* Le nouvel impôt diffère de la corvée puisqu'il est prélevé par tête sur les citoyens de tous les rangs et de toutes les conditions.

En 1818 on essaya de le supprimer et de le remplacer par des centimes additionnels extraordinaires; mais il fut rétabli par la loi du 28 juillet 1824 qui forme l'état actuel de la législation sur cette matière. En voici le texte :

Loi du 28 juillet 1824.

« Art. 1er. Les chemins reconnus, par un arrêté du préfet sur une délibération du conseil municipal, pour être nécessaires à la communication des communes, sont à la charge de celles sur le territoire desquelles ils sont établis, sauf le cas prévu par l'art. 9 ci-après.

» Art. 2. Lorsque les revenus des communes ne suffisent point aux dépenses ordinaires de ces chemins, il y est pourvu par des prestations en argent ou en nature, au choix des contribuables.

» Art. 3. Tout habitant chef de famille ou d'établissement à titre de propriétaire, de régisseur, de fermier, ou de colon partiaire, qui est porté sur l'un des rôles des contributions directes, peut être tenu, pour chaque année :

» 1o. A une prestation qui ne peut excéder deux journées de travail ou leur valeur en argent, pour lui et pour chacun de ses fils vivant avec lui, ainsi que pour chacun de ses domestiques mâles, pourvu que les uns et les autres soient valides et âgés de vingt ans accomplis;

» 2o. A fournir deux journées, au plus, de chaque bête de trait ou de somme, de chaque cheval de selle ou d'attelage de luxe, et de chaque charrette, en sa possession pour son service ou pour le service dont il est chargé.

» Art. 4. En cas d'insuffisance des moyens ci-dessus, il pourra être perçu sur tout contribuable jusqu'à cinq centimes additionnels au principal de ses contributions directes.

» Art. 5. Les prestations et les cinq centimes mentionnés dans l'article précédent seront votés par les conseils municipaux, qui fixeront également le taux de la conversion des prestations en nature. Les préfets en autoriseront l'imposition. Le recouvrement en sera poursuivi comme pour les contributions directes; les dégrèvemens prononcés sans frais, les comptes rendus comme pour les autres dépenses communales.

» Dans le cas prévu par l'article 4, les conseils municipaux devront être assistés des plus imposés, en nombre égal à celui de leurs membres.

» Art. 6. Si des travaux indispensables exigent qu'il soit ajouté par des contributions extraordinaires au produit des prestations, il y sera pourvu, conformément aux lois, par des ordonnances royales.

» Art. 7. Toutes les fois qu'un chemin sera habituellement ou temporairement dégradé par des exploitations de mines, de carrières, de forêts, ou de toute autre entreprise industrielle, il pourra y avoir lieu à obliger les entrepreneurs ou propriétaires à des subventions particulières, lesquelles seront, sur la demande des communes, réglées par les conseils de préfecture, d'après des expertises contradictoires.

» Art. 8. Les propriétés de l'Etat et de la couronne contribueront aux dépenses des chemins communaux dans les proportions qui seront réglées par les préfets en conseil de préfecture.

» Art. 9. Lorsqu'un même chemin intéresse plusieurs communes, et en cas de discord entre elles sur la proportion de cet intérêt et des charges à supporter, ou en cas de refus de subvenir auxdites charges, le préfet prononce, en conseil de préfecture, sur la délibération des conseils municipaux, assistés des plus imposés, ainsi qu'il est dit à l'article 5.

» Art. 10. Les acquisitions, aliénations et échanges ayant pour objet les chemins communaux, seront autorisés par arrêtés des préfets en conseil de préfecture, après délibération des conseils municipaux intéressés, et après enquête *de commodo et incommodo*, lorsque la valeur des terrains à acquérir, à vendre ou à échanger, n'excédera pas 3,000 francs.

» Seront aussi autorisés par les préfets, dans les mêmes formes, les travaux d'ouverture ou d'élargissement desdits chemins et l'extraction des matériaux nécessaires à leur établissement, qui pourront donner lieu à des expropriations pour cause d'utilité publique, en vertu de la loi du 8 mars 1810, lorsque l'indemnité due aux propriétaires pour les terrains ou pour les matériaux n'excédera pas la même somme de 3,000 francs. »

Nous croyons que le dernier article doit être considéré comme abrogé par la loi de 1833 sur l'expropriation pour cause d'utilité publique. On peut voir dans les notes du chapitre Ier les motifs sur lesquels nous nous fondons.

Tous les administrateurs qui ont appliqué la loi du 28 juillet 1834 ont reconnu qu'elle renferme beaucoup de lacunes et d'imperfections; bien que notre but soit plutôt de faire connaître l'état actuel de la législation sur les routes que d'indiquer les réformes à opérer, nous en parlerons succinctement en expliquant les principales dispositions de la loi actuelle :

Art 1er. — *De la prestation en nature.*

Tous les économistes reconnaissent que la prestation en nature est à la fois un impôt immoral et improductif.

Il est immoral, parce qu'il pèse autant sur le pauvre que sur le riche, tandis que la justice voudrait qu'il les atteignît en raison de leur fortune.

Il est improductif parce qu'il applique les hommes à un travail auquel ils ne sont pas exercés, et qu'ils exécutent presque toujours à contre-cœur. Aussi peut-on affirmer que cet impôt, dont le montant est évalué en France à plus de vingt millions, ne donne pas d'aussi bons résultats que ceux qu'on obtiendrait avec le tiers de cette somme bien employée.

Cet impôt était cependant maintenu par la dernière loi présentée aux Chambres, loi qui n'a pas été discutée, et qui était du reste excellente à quelques égards.

La manière dont il doit être aujourd'hui perçu est réglée par l'art. 3 de la loi de 1824 ; il en résulte que, pour y être soumis, ils faut être porté sur l'un des rôles des contributions directes.

La loi entend par habitant le possesseur de l'immeuble.

Le mineur âgé de moins de vingt ans, la veuve, la fille qui se met chef d'établissement, sont assujettis à la prestation pour leurs domestiques ; les veuves le sont aussi pour leurs enfans.

L'instruction d'octobre 1824 étend cette qualification de domestiques aux secrétaires, aux précepteurs, aux intendans, etc.

Sont dispensés de la prestation, les interdits et tous ceux que l'autorité locale a déclarés non valides pour cause de vieillesse ou de maladie.

Les individus soumis à la prestation pourront s'en affranchir, non-seulement en payant une redevance en nature, mais encore en faisant exécuter leur tâche par tel ouvrier valide qu'ils jugeront convenable de choisir.

Les expressions *bête de trait ou de somme*, contenues dans la loi, doivent être interprétées conformément à l'usage du pays.

Par ces mots : *journée de cheval, journée de charrette*, il faut entendre *la journée du cheval sans son conducteur*. La journée du conducteur doit donc être comptée pour une journée d'homme.

Les chevaux et les bœufs qui ne sont pas destinés à être attelés, ne sont pas soumis à la prestation ; tels sont, par exemple, les étalons et les poulains.

Art. 2. — *Lacunes et insuffisance de la loi.*

L'un des plus grands vices de la loi est de n'armer l'administrateur que de pouvoirs tout-à-fait insuffisans pour maintenir les chemins en bon état.

Ainsi, elle ne dit pas que les communes seront tenues de s'imposer, mais qu'elles pourront le faire ; elle n'investit pas l'autorité supérieure du droit de faire réparer d'office les chemins aux frais des communes, lorsque celles-ci s'acquittent de ce devoir avec négligence ; enfin elle ne parle pas des moyens de recouvrer la prestation, et des délais dans lesquels le recouvrement devrait avoir lieu.

Il eût été aussi à désirer qu'un réglement d'administration publique, annexé à la loi, organisât un service actif sur les chemins vicinaux ; ce service aurait pu être dirigé par des commissaires voyers chargés de faire des projets de réparation, de dresser les devis d'entretien et d'utiliser les ressources que la loi met à la disposition des municipalités. Il n'est aucun administrateur qui ne sente aujourd'hui la nécessité de faire surveiller l'entretien des chemins vicinaux par des hommes responsables, institués *ad hoc*, et plus en dehors des petites intrigues de localité que ne le sont les maires ou leurs adjoints.

Enfin on désire depuis long-temps que les chemins vicinaux soient divisés en plusieurs classes, eu égard à leur importance. Notre système administratif permet d'établir entre eux une classification naturelle ; de même que la loi a établi dans les départemens des arrondissemens, des cantons et des communes, les chemins qui sont aujourd'hui confondus sous la dénomination générique de *vicinaux*, pourraient être distingués en chemins d'arrondissemens, chemins cantonnaux et communaux. Les communes seraient exclusivement chargées du soin d'entretenir les derniers ; les autres seraient réparés à l'aide d'un impôt prélevé sur le canton ou l'arrondissement tout entier.

§ VII. — *De la petite voirie, du contentieux en matière de chemins vicinaux.*

Art. 1er. — *De la compétence.*

Les distinctions que nous avons établies, en parlant des grandes routes, sur la compétence respective des autorités administratives et judiciaires, s'appliquent aux chemins vicinaux ; ainsi il faut admettre les principes suivans :

Les maires et les préfets administrent, mais ne jugent pas ; lorsqu'un chemin est dégradé, que la viabilité est compromise, ils doivent ordonner que les lieux soient remis en état, inviter même ceux qui sont accusés d'avoir commis le dégât à le réparer. Mais si ceux-ci refusent, ils ne peuvent ni les y condamner, ni les frapper d'une amende. Ils doivent les traduire devant les juges compétens :

Les tribunaux administratifs sont des tribunaux d'exception qui ne peuvent connaître que des cas qui leur sont formellement réservés par une loi.

Toutes les affaires contentieuses qui ne sont pas réservées aux tribunaux administratifs doivent être soumises aux juges ordinaires.

Nous allons essayer de déterminer les limites de ces compétences diverses.

I. — *Compétence de l'autorité administrative.*

La police des chemins vicinaux est confiée au maire. C'est ce qui résulte de la loi du 24 août 1790, combinée avec celle du 28 pluviôse an VIII.

La première s'exprime ainsi :

« TITRE II, Art. 3. — Les objets de police confiés à la vigilance et à l'autorité des *corps municipaux* sont :

» 1°. Tout ce qui intéresse la commodité du passage

dans les rues, quais, places et voies publiques; ce qui comprend le nettoiement, l'illumination, l'enlèvement des encombremens, la démolition ou la réparation des bâtimens menaçant ruine, l'interdiction de rien exposer aux fenêtres ou autres parties des bâtimens qui puisse nuire par sa chute, et celle de ne rien jeter qui puisse blesser ou endommager les passans, ou causer des exhalaisons nuisibles. 2°.... »

La loi du 28 pluviôse an VIII, en chargeant le maire d'administrer la commune, lui confère évidemment le droit que la loi de 1790 accordait aux corps municipaux.

Nous pensons que le maire ne peut prendre aucune mesure avant d'avoir obtenu un arrêté du préfet. Il y a pour cela deux raisons :

D'abord la loi n'appliquant aucun fonds à l'entretien des chemins non classés, le maire ne peut pas faire exécuter de travaux à leur surface sans avoir préalablement fait déclarer leur vicinalité, ou au moins obtenu une autorisation formelle du préfet.

En second lieu, les limites d'un chemin vicinal ne pouvant être fixées que par un acte du préfet, tant que cet acte n'existe pas, les riverains pourraient être jusqu'à un certain point admis à nier l'anticipation.

Dans tous les cas, c'est au maire à traduire le contrevenant devant le tribunal de simple police et à requérir l'amende contre lui. Il doit prendre cette mesure sans même consulter l'autorité supérieure.

II. — *Compétence des tribunaux administratifs.*

La seule loi qui règle la compétence des conseils de préfecture en matière de chemins vicinaux est celle du 9 ventôse an XIII.

L'art. 8 porte :

« Les poursuites en contravention aux dispositions de la présente loi seront portées devant les conseils de préfecture, sauf le recours au Conseil-d'État. »

Or, il n'est question dans la loi que des limites des chemins vicinaux, de leur largeur et des plantations effectuées sur leurs bords. Il faut donc admettre que les contraventions sur les trois points sont les seules dont les Conseils de préfecture puissent être saisis.

C'est dans ce sens que la loi fut interprétée par le ministre de l'intérieur, dans une circulaire écrite au préfet, le 7 prairial an XIII (27 mai 1805). Il prescrit de porter devant les conseils de préfecture tous les délits qui tendent à changer la largeur ou la direction que l'administration a fixées, tels que les envahissemens, les empiétemens, les plantations d'arbres, etc.

Puis il ajoute :

« D'autres délits, tels que dépôts de fumier, matériaux ou autres encombremens, fouillemens de terres, enlèvemens de bornes ou de pierres, comblemens de fossés, ou autres dégradations nuisant au bon état des chemins et au libre usage de la voie publique.

« Ces détériorations, soit qu'elles soient commises par les riverains, soit qu'elles soient attribuées à d'autres habitans, sont des délits de police dont la connaissance n'a point été retirée à l'autorité judiciaire. Ils doivent être constatés journellement par le garde champêtre ou autres officiers de police municipale, pour être ensuite

dénoncés au juge de paix, et réprimés par voie d'amendes et d'indemnités. »

On a long-temps agité la question de savoir, si même dans les cas prévus par la loi du 9 ventôse an XIII, les conseils de préfecture devaient prononcer à la fois sur les dommages-intérêts et sur l'amende. Le texte de la loi de l'an XIII pourrait faire croire l'affirmative. Mais le Conseil-d'État est aujourd'hui de l'avis contraire. La jurisprudence est même tout-à-fait fixée sur cette question. Nous pourrions citer plusieurs arrêts dans lesquels elle a été positivement résolue. Nous nous bornerons à celui du 16 mai 1827. Il renferme le considérant suivant :

« Considérant que les conseils de préfecture sont compétens, aux termes de la loi du 28 février 1805 (9 ventôse an XIII) pour faire cesser les usurpations sur les chemins vicinaux, mais qu'ils ne le sont pas pour prononcer des amendes contre les auteurs desdites usurpations, que ces amendes ne peuvent être appliquées aux contrevenans que par les tribunaux de police.... qu'ainsi le conseil de préfecture de... a excédé ses pouvoirs en condamnant M... à l'amende, etc.»

III. — *Compétence des tribunaux civils.*

La loi ôte aux juges de paix la connaissance de toutes les questions possessoires en matière de chemins vicinaux, mais elle laisse aux tribunaux de première instance celle des questions de propriété.

L'arrêté d'un préfet qui déclare un chemin vicinal et qui fixe ses limites, n'a d'autre effet que de convertir les droits de propriété que peuvent avoir les riverains sur tout ou partie du sol en un droit d'indemnité. Mais l'indemnité ne peut être réglée que par les tribunaux. Outre que cela est de droit commun, cette question a été formellement jugée dans le sens que nous venons d'indiquer par le Conseil-d'État et la Cour de cassation.

Les tribunaux civils sont juges non-seulement de la propriété du sol, mais encore de celle des arbres et des haies qui y sont plantés

IV. — *Compétence des tribunaux de simple police et de police correctionnelle.*

Toutes les amendes en matière de chemins vicinaux doivent être prononcées :

Par les tribunaux de police lorsqu'elles n'excèdent pas 15 francs. (Art. 137 et 138 du Code d'instruction criminelle.)

Par les tribunaux correctionnels lorsqu'elles excèdent cette somme.

Les délits de contravention en matière de petite voirie peuvent être accompagnés d'actes plus ou moins criminels; tels que voies de fait contre des agens de l'administration, rébellion contre la force armée. Nous n'avons rien à dire sur toutes ces circonstances; elles doivent être poursuivies et jugées dans la forme ordinaire.

FOND DE LA MATIÈRE.

Les peines qui peuvent être appliquées en matière de chemins vicinaux sont les suivantes :

Art. 1er. Les cultivateurs ou tous autres qui auront *dégradé* ou *détérioré*, de quelque manière que ce soit, des chemins publics, ou usurpé sur leur largeur, seront condamnés à la réparation ou à la restitution et à une amende qui ne pourra être moindre de 3 livres ni excéder 24 livres.

(*Loi du* 6 *octobre* 1791 , titre 2 , article 40.)

Art. 2. Tous les autres délits commis sur des chemins vicinaux doivent être punis conformément aux dispositions du Code pénal que nous avons déjà fait connaître en parlant des délits de grande voirie.

CHAPITRE VI.

DES CHEMINS DE HALAGE.

On donne le nom de *marche-pieds* ou *chemins de hâlage* aux voies qui existent le long des rivières navigables ou flottables pour le service de la navigation.

Les chemins de hâlage diffèrent des routes ordinaires en ce qu'ils ne font point partie du domaine de l'État. Le sol en appartient aux riverains. Le public ne les possède qu'à titre de servitude ; il en a la jouissance et non la propriété.

Cette servitude a été maintenue par les art. 556 et 650 du Code civil.

L'art. 556 porte : « L'alluvion profite au propriétaire riverain, soit qu'il s'agisse d'un fleuve ou d'une rivière navigable, flottable ou non ; à la charge dans le premier cas de laisser le marche-pied ou chemin de hâlage , conformément aux réglemens. »

L'art. 650 met au nombre des servitudes légales établies pour l'utilité publique le marche-pied le long des rivières navigables ou flottables.

Il faut bien remarquer que cette servitude est établie dans un but spécial, et que le public ne peut en user que pour le service de la navigation ou du flottage. Ainsi on ne peut pas déposer sur les chemins de hâlage les matières provenant du curage des fleuves ; on ne peut pas y élever des constructions, ou exécuter à leur surface des travaux qui aggravent la servitude, tels que des déblais et des remblais. On ne peut pas non plus y entreposer des marchandises ou des matériaux.

On doit en user avec modération, comme de toutes les servitudes. Ainsi, il a été décidé que lorsque, par suite du débordement des eaux , le hâlage ne peut avoir lieu sans faire craindre des éboulemens ou des dégradations considérables , MM. les préfets peuvent interdire momentanément le passage.

Le décret du 22 janvier 1808 porte que les propriétaires riverains sont tenus de laisser le chemin de hâlage en quelque temps que la navigation ait été ou soit établie, mais qu'ils ont droit à une indemnité pour que la navigation s'établisse sur une rivière où elle n'existait pas.

Il arrive quelquefois que des éboulemens, des empiétemens de la rivière ou d'autres circonstances forcent de reculer le chemin de hâlage ; et nécessitent ainsi la destruction de quelques arbres ou de quelques bâtimens. En pareil cas, l'administration ne refuse jamais d'en payer la valeur, quoi-que cela ne soit pas de droit rigoureux. (*Décision de M. le directeur-général du* 27 *juillet* 1823.)

Enfin , le chemin de hâlage doit être entretenu aux frais de l'État ; cet entretien comprend même l'essartage des bois et broussailles qui croissent *naturellement* dans l'espace frappé de servitude. Il est clair que c'est là une des charges inséparables de la jouissance.

La largeur des chemins de hâlage a été fixée par l'art. 7, titre XXVIII de l'ordonnance des eaux-et-forêts de 1669. Cet article encore en vigueur est ainsi conçu :

« Les propriétaires des héritages aboutissans aux rivières navigables, laisseront le long des bords vingt-quatre pieds au moins (7m, 80) de place en largeur pour chemin royal et trait des chevaux, sans qu'ils puissent planter arbres, ni tenir clôture ou haie plus près de trente pieds (9m, 75) , du côté que les bateaux se tirent , et dix pieds (3m, 25) de l'autre côté, à peine de cinq cents livres d'amende, confiscation des arbres, et d'être les contrevenans contraints à réparer et remettre les chemins en état à leurs frais. »

Ces dispositions ont été renouvelées en partie par l'arrêté du gouvernement du 13 nivôse an V. Mais il n'est question dans cet arrêté ni de l'amende de cinq cents livres ni de la confiscation des arbres. On pourrait croire, d'après cela, qu'il n'y a plus lieu à appliquer cette pénalité. Cependant plusieurs arrêts du Conseil-d'État, notamment celui du 6 février 1828, prescrivent d'appliquer textuellement les dispositions de l'ordonnance de 1669.

L'arrêté du 13 nivôse an V est remarquable en ce qu'il contient une disposition spéciale sur les rivières flottables à bûches perdues. En voici le texte :

« Art. 2. Sont tous propriétaires d'héritage aboutissant aux rivières navigables, tenus de laisser le long des bords vingt-quatre pieds pour le trait des chevaux, sans pouvoir planter arbres, tirer clôture ni ouvrir fossés plus près du bord que de trente pieds. En cas de contravention, seront les fossés comblés, les arbres arrachés et les murs démolis aux frais des contrevenans, sans préjudice des réparations et dommages qu'ils peuvent avoir occasionés par leurs entreprises.

« Art. 3. Seront également tenus, tous propriétaires d'héritage aboutissant aux rivières et ruisseaux flottables à bûches perdues, de laisser le long des bords quatre pieds pour le passage des employés à la conduite des flots, sous les peines portées à l'article 2. »

La largeur voulue par les réglemens étant souvent plus grande qu'il n'est nécessaire pour le service de la navigation, le décret du 22 janvier 1808 a donné à l'administration le droit de la restreindre. L'art. 4 porte en effet :

« L'administration pourra, lorsque le service n'en souffrira pas, restreindre la largeur des chemins de halage, notamment quand il y aura antérieurement des clôtures en haies vives, murailles ou travaux d'art, ou des maisons à détruire. »

Mais ce droit n'est conféré qu'au préfet ou au ministre; et, lorsqu'il juge convenable de l'exercer, il doit prendre à cet effet un arrêté formel.

L'espace réservé de chaque côté des rivières navigables, pour le trait des chevaux et le marche-pied, doit se compter à partir du point que les eaux atteignent, lorsque la rivière est à plein bord ou prête à déborder. (*Décision du directeur-général, 4 février 1821.*)

Enfin, les chemins sur le bord des rivières où les marées se font sentir, doivent être praticables à toutes les époques de marées où la navigation est passible. (*Arrêt du conseil du 24 décembre 1818.*)

Parlons maintenant de la police et du contentieux en matière de halage.

Les réglemens que nous venons de citer règlent le fond de la question.

La police doit être exercée par l'autorité administrative.

Le contentieux doit être porté devant les tribunaux administratifs dans la forme voulue pour les routes ordinaires.

CHAPITRE VII.

DES ROUTES A BARRIÈRE.

Presque toutes les routes qui existent aujourd'hui en France ont été ouvertes et sont entretenues aux frais de l'Etat; le public en use de la manière la plus large; il ne paie point de rétribution.; il est seulement tenu d'observer les réglemens de police relatifs à la voirie.

C'est pourquoi, à une époque où le domaine de la Couronne n'était pas distinct de celui de l'Etat, et où toute l'autorité résidait dans les mains du roi, c'était un principe de notre droit public que les routes étaient la propriété du roi et que le roi était le grand voyer de France.

Dans quelques pays voisins, et notamment en Angleterre, un principe contraire a prévalu; les routes sont fermées de barrières; elles sont ouvertes et entretenues à l'aide d'un impôt qu'on prélève sur ceux qui les parcourent.

Notre but n'est pas d'examiner ici sur quels principes d'économie politique s'appuient ces deux systèmes; nous ferons seulement observer que le second n'est applicable que dans un pays où le commerce a déjà pris une certaine activité; il existe en France même plusieurs routes sur lesquelles un impôt de circulation modéré ne couvrirait pas les frais nécessités par un bon entretien.

On a cependant jugé convenable, sur plusieurs routes très-fréquentées, de concéder la rectification de quelques pentes à des particuliers, en leur accordant un péage de quelques années sur la partie rectifiée. Comme ces opérations deviennent chaque année plus importantes, à cause de l'activité croissante de l'industrie et du commerce, nous allons exposer,

en peu de mots, à quelles lois les concessionnaires sont soumis.

Les concessions de routes sont perpétuelles ou temporaires.

Les routes qui ont été concédées à perpétuité doivent être considérées comme la propriété particulière des concessionnaires; seulement ils n'en jouissent qu'à certaines conditions, qui sont stipulées dans un cahier des charges arrêté à l'avance, de concert avec l'administration. Les charges imposées sont ordinairement :

1°. Que la route sera constamment bien entretenue;

2°. Que les droits seront perçus d'après un tarif déterminé;

3°. Que les difficultés qui s'élèveront entre les concessionnaires et l'administration seront jugés par les tribunaux administratifs; mais qu'on portera devant les tribunaux ordinaires celles qui seront suscitées aux concessionnaires par les commerçans.

Nous devons du reste dire que jusqu'à présent on n'a concédé à perpétuité, en France, que des chemins de fer; les routes ordinaires ont toutes été concédées à temps.

En pareil cas, l'administration stipule qu'elle rentrera dans la propriété de la route après que les concessionnaires en auront joui pendant un temps déterminé; elle accorde à ceux-ci, pendant la durée de la jouissance, tous les droits dont elle use elle-même; de sorte que les parties de route qui leur ont été adjugées sont régies par les mêmes lois que les chemins publics proprement dits,

FIN.

TABLE

DES CHAPITRES.

Faute essentielle à corriger.

A la place des sept premières lignes du troisième paragraphe de la première colonne, page 3, lisez ce qui suit :

Soit A B (Pl. I. — 4) une ligne qui représente la direction d'une route. Menons par le point A une horizontale A Z. Prenons une longueur A K égale à un mètre, et élevons par le point K une perpendiculaire K H. Cette perpendiculaire sera la mesure de la pente de la route.

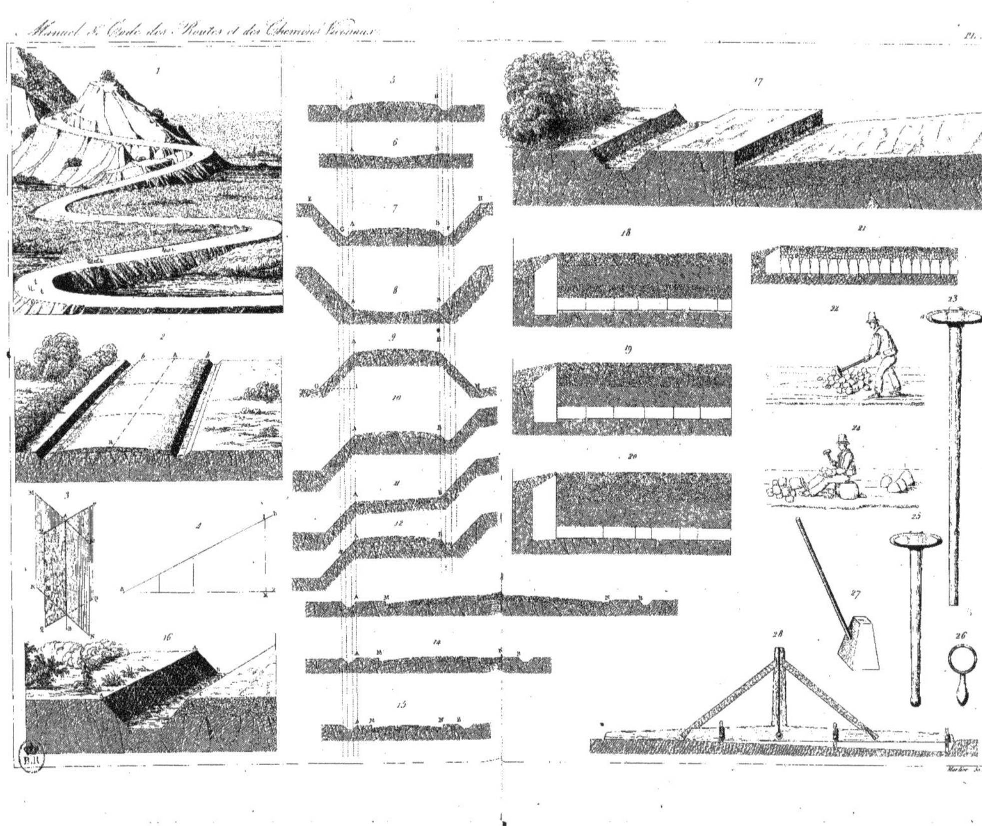

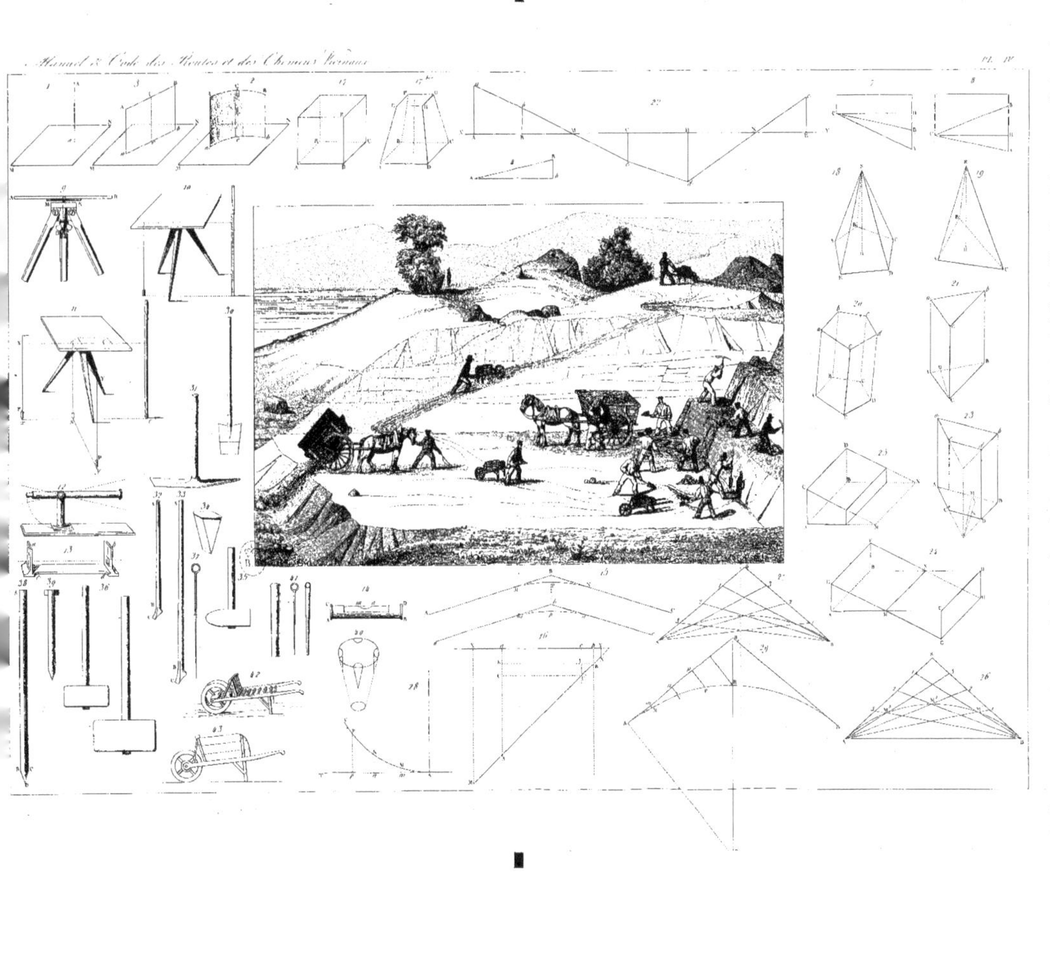

www.ingramcontent.com/pod-product-compliance
Ingram Content Group UK Ltd.
Pitfield, Milton Keynes, MK11 3LW, UK
UKHW022305070726
13614UKWH00002B/565